Scheld

Das Interne Rechnungswesen im Industrieunternehmen
Band 2: Teilkostenrechnung

Das Interne Rechnungswesen im Industrieunternehmen

Band 2: Teilkostenrechnung

mit Fragen, Aufgaben, Antworten und Lösungen

4., überarbeitete Auflage

Dr. Guido A. Scheld

Professor für Betriebswirtschaftslehre
insbesondere Rechnungswesen
an der Fachhochschule Jena

Fachbibliothek Verlag • Büren

Bibliografische Information Der Deutschen Bibliothek

Die Deutsche Bibliothek verzeichnet diese Publikation in der Deutschen Nationalbibliografie; detaillierte bibliografische Daten sind im Internet über http://dnb.ddb.de abrufbar.

ISBN 978-3-932647-50-5
4., überarbeitete Auflage April 2009

Silbeker Weg 33
D-33142 Büren
Tel.: 02951/93048
Fax: 02951/93047
E-Mail: verlag@fachbibliothek.de
www.fachbibliothek.de

Druck und Buchbinderei:
Janus Druck
Rudolf-Diesel-Straße 12
D-33178 Borchen

Printed in Germany

Vorwort zur Schriftenreihe

Die Thematik „Das Interne Rechnungswesen im Industrieunternehmen“ umfasst insgesamt vier Bände mit folgenden Titeln:

Band 1: Istkostenrechnung
Band 2: Teilkostenrechnung
Band 3: Plankostenrechnung
Band 4: Moderne Systeme der Kosten- und Leistungsrechnung

Alle Bände sind einheitlich gestaltet und bestehen stets aus einem Textteil und mehreren Übungsteilen. Sie bauen zwar begrifflich, systematisch und methodisch aufeinander auf, sind jedoch auch unabhängig voneinander zu verwenden.

Das Schwergewicht dieser Schriftenreihe liegt primär in dem Bemühen, das umfangreiche Gebiet des Internen Rechnungswesens im Industriebetrieb verständlich und möglichst einfach darzustellen. Sie will dem Leser den Zugang zu den Methoden und Techniken der Kosten- und Leistungsrechnung sowie zu den Problemen dieser Instrumente ermöglichen. Neben dieser eher rein praktischen Handhabung sollen die Lehr- und Übungsbücher aber auch über die Entwicklungsrichtungen und neueren wissenschaftlichen Erkenntnisse informieren und den Leser anregen, sich mit dem Thema weiter auseinander zu setzen.

Damit die Lehrbuchreihe auch für das Selbststudium eingesetzt werden kann, sind jedem Hauptkapitel die jeweiligen Lernziele vorangestellt. Lernziele haben die Aufgabe, Aussagen zu den erwarteten Lernleistungen und deren Niveaus zu machen. Detaillierte Gliederungen, umfassende Literaturempfehlungen und umfangreiche Stichwortverzeichnisse erleichtern zudem den Umgang mit den Inhalten und runden das Lehrkonzept ab.

Eine Vielzahl von Fragen und Aufgaben unterschiedlichen Typs und mit unterschiedlichem Anforderungsgrad ermöglicht eine optimale Lernerfolgssicherung und -kontrolle. Die Schriftenreihe arbeitet durchgehend mit praktischen Fällen, erstens, weil die schriftlichen Prüfungen meist aus Fällen bestehen und zweitens, weil man erfahrungsgemäß nur das vollkommen verinnerlicht und auf Dauer behält, was man sich anhand praktischer Übungen selbst erarbeitet hat. Das Einprägen und Verstehen des Lernstoffes wird unter anderem durch viele instruktive und praktische Beispiele, Grafiken, Schaubilder, Tabellen und Zusammenfassungen sowie Merksätze gefördert.

Mit dem primären Ziel der Praxisorientierung wendet sich die Schriftenreihe daher vor allem an Studierende der Fachhochschulen, Universitäten und Akademien sowie an Teilnehmer von Fort- und Weiterbildungsveranstaltungen, denen eine systematische Einführung in das Interne Rechnungswesen in Industrieunternehmen vermittelt werden soll. Aber auch Praktiker können dieses mehrbändige Werk nutzen, um das früher einmal Gelernte wieder aufzufrischen bzw. sich über neuere Entwicklungen in diesem Bereich zu informieren.

Dozenten und Referenten werden durch eine kostenlos zur Verfügung gestellte elektronische Foliensammlung auf Basis von MS PowerPoint© unterstützt. Diese kann über das Internet abgerufen werden unter:

http://www.bw.fh-jena.de
Studiengänge
Bachelor
Studienschwerpunkte
Rechnungswesen/Controlling
Foliensammlung

Die Foliensammlung ist band- und kapitelweise sortiert und wird in unregelmäßigen Abständen aktualisiert.

Jena, im Frühjahr 2009 Guido A. Scheld

Vorwort zur 4. Auflage

Die vorliegende vierte Auflage ist gegenüber der dritten Auflage konzeptionell unverändert. Die Inhalte wurden aktualisiert und – sofern erforderlich – überarbeitet. Im geringfügigen Umfang wurden Aufgaben und Lösungen ergänzt. Ferner wurden kleinere Fehler und Ungenauigkeiten herausgenommen.

Durch die europäische Harmonisierung des Hochschulwesens gewinnen Lernziele immer mehr an Bedeutung. Sie sind insbesondere für das Selbststudium eine wertvolle Hilfe. Aus diesem Grunde sind jedem Hauptkapitel die jeweiligen Lernziele vorangestellt.

Für das Anfertigen zahlreicher Grafiken und für die Erstellung des Stichwortverzeichnisses bin ich meiner studentischen Hilfskraft Frau Sandra Franke zu Dank verpflichtet.

Ich würde mich freuen, wenn die vierte Auflage sowohl in der Lehre als auch in der Praxis eine ebenso positive Aufnahme finden würde, wie die Vorauflagen. Wie jedes Werk lebt auch dieses Fachbuch von der kritischen Begleitung ihrer Benutzer. Für konstruktive Hinweise zur Verbesserung der vierten Auflage bin ich daher auch weiterhin dankbar.

Jena, im Frühjahr 2009 Guido A. Scheld

Vorwort zur 1. Auflage

Der vorliegende zweite Band „Teilkostenrechnung" behandelt die Grundfragen der ein- und mehrstufigen Deckungsbeitragsrechnung sowie der Relativen Einzelkostenrechnung. Der zweite Band ergänzt somit die im ersten Band ausschließlich vorgestellte dreistufige Vollkostenrechnung um eine Teilkostenrechnung. Insofern baut Band 2 auf Band 1 auf. Durch bewusst kleingehaltene und überschaubare Lernschritte und eine anschauliche Sprache ist der Einsatz aber auch für Einsteiger möglich. Besonderen Akzent habe ich auf die Systematik gelegt, welche die ansonsten kaum übersehbare Fülle von Methoden und Techniken der Teilkostenrechnung übersichtlich gliedert und in einen sachlichen Zusammenhang bringt.

Die Entwicklung der Teilkostenrechnung beruht auf Mängeln der Vollkostenrechnung, für eine Reihe betrieblicher Fragestellungen und Entscheidungsproblemen die richtigen Informationen zur Verfügung stellen zu können. Bei der Teilkostenrechnung wird nur ein Teil der Kosten auf die Produkte oder Aufträge umgelegt, und zwar nur der Teil, der beschäftigungsabhängig ist respektive den Kostenträgern eindeutig und verursachungsgerecht zugerechnet werden kann. Die übrigen Kosten bleiben für die Kalkulation unberücksichtigt. Dadurch lassen sich zahlreiche und betriebswirtschaftlich wichtige Entscheidungsprobleme lösen, auf welche die Vollkostenrechnung keine Antwort geben kann. Die wesentlichen Auswirkungen der Teilkostenrechnung beziehen sich auf die Kostenträgerrechnung, die daher sehr ausführlich dargestellt wird. In der Kostenarten- und in der Kostenstellenrechnung sind jedoch die Voraussetzungen für die weitere Verrechnung zu schaffen.

Zu den bedeutendsten Problembereichen der Teilkostenrechnung insbesondere der Deckungsbeitragsrechnung werden zudem Übungsaufgaben und Kontrollfragen entwickelt, die vom Studierenden eigenständig gelöst werden sollen. Um jedoch den Leser bei der Bearbeitung der Aufgaben bzw. Beantwortung der Fragen zu unterstützen sowie eine Kontrolle der eigenen Lösungen zu ermöglichen, sind zu jeder Übung richtige Antworten und Musterlösungen angefügt. Es empfiehlt sich, diese Übungsmöglichkeit möglichst oft und selbstkritisch wahrzunehmen.

Das vorliegende Lehr- und Übungsbuch wendet sich gleichermaßen an die Studierenden an Fachhochschulen, Universitäten und Akademien sowie an Praktiker.

Mein Dank gilt meinen studentischen Hilfskräften namentlich Herr Alexander Körbs und Frau Jana Thiele, die in mühevoller Kleinarbeit nahezu alle Grafiken, Tabellen und sonstigen Übersichten mit Excel oder Corel Draw erstmalig erstellen mussten. Bei der Anfertigung der Übungsaufgaben inkl. Lösungen waren mir ferner Frau Jana Diefenbacher und Herr Tino Kind eine wertvolle Hilfe. Die schreibtechnische Korrektur hat ebenfalls Frau Jana Diefenbacher übernommen.

Autor und Verlag waren bemüht, ein Lehrbuch frei von Druck- und Sachfehlern zu erstellen und zu publizieren. Ebenso soll die Konzeption den Bedürfnissen der Studierenden und der Praktiker gleichermaßen entsprechen. Sollten trotz unserer Bemühungen Fehler oder Schwächen aufzufinden sein, so bedanken wir uns schon jetzt für Ihre Anregungen und kritischen Hinweise.

Jena, im Herbst 1998 Guido A. Scheld

Inhaltsverzeichnis

Seite

Seite

Abkürzungsverzeichnis

a	bezeichnet als absolutes Glied den Ordinatenabstand
abh.	abhängig
Abt.	Abteilung
AfA	Abschreibung
AG	Aktiengesellschaft
akt. Eigenleistung	aktivierte Eigenleistung
allg.	allgemein
Apr	April
Aufl.	Auflage
Aug	August
ausgabenw.	ausgabenwirksam(-e)
b	bezeichnet die Steigung der gesuchten Gerade
BAB	Betriebsabrechnungsbogen
BEA	Break-Even-Absatz
BEM	Break-Even-Menge
BEP	Break-Even-Point
Besch.	Beschäftigungsgrad
betr.	betrieblich
BEU	Break-Even-Umsatz
BK	Betriebskosten
Bsp.	Beispiel
BWL	Betriebswirtschaftslehre
bzw.	beziehungsweise
ca.	circa
cbm	Kubikmeter
DB	Deckungsbeitrag
DBU	Deckungsbeitrag in Prozent des Umsatzes
Dez	Dezember
d.h.	das heißt
Diss.	Dissertation
DM	Deutsche Mark

€	Euro
EDV	Elektronische Datenverarbeitung
EK	Einzelkosten
etc.	et cetera
evtl.	eventuell
EWGK	Entwicklungsgemeinkosten
f	fix
f. bzw. ff.	folgende, fortfolgende
F	Fertigungsbereich
Feb	Februar
FGMK	Fertigungsgemeinkosten
folg.	folgende
FEK	Fertigungseinzelkosten
Fert.	Fertigung
FK	Fixkosten oder Fertigungskosten
FRKO	Frachtkosten
G	Gewinn oder Gesamtunternehmen
GEWZ	Gewinnzuschlag
GFK	Gesamtfertigungskosten
ggf.	gegebenenfalls
GK	Gemeinkosten
GmbH	Gesellschaft mit beschränkter Haftung
GMK	Gesamtmaterialkosten
h	Stunde(-n)
HGB	Handelsgesetzbuch
HK	Herstellkosten
Hrsg.	Herausgeber
i	Einzelwerte von x; d.h. i = 1,...,n
Ident.-Nr.	Identifikationsnummer
i.d.R.	in der Regel
IKR	Industriekontenrahmen
inkl.	inklusive
J.	Jahr(-e)

jährl.	jährlich(-e, -er)
Jan	Januar
Jul	Juli
Jun	Juni
k	Stückkosten
K	Gesamtkosten
kalk.	kalkulatorisch(-e, -er)
Kap.	Kapazität, Kapitel
kg	Kilogramm
KG	Kommanditgesellschaft
Ko.	Kosten
KoSt	Kostenstelle(-n)
kum.	kumuliert
kWh	Kilowattstunden
l	Liter
LSP	Leitsätze für die Preisermittlung auf Grund von Selbstkosten (bei öffentlichen Aufträgen)
lt.	laut
m	Meter
M	Materialbereich
Mär	März
Masch.	Maschine(-n)
Mat.	Material
m.a.W.	mit anderen Worten
ME	Mengeneinheit(-en)
MEK	Materialeinzelkosten
MGK	Materialgemeinkosten
Min.	Minuten
Mio.	Millionen
MK	Materialkosten
Mon.	Monat
NE	Nettoerlös(-e)
NERP	Nettorichtpreis
Nov	November

Nr.	Nummer
oh.	ohne
OHG	Offene Handelsgesellschaft
o.J.	ohne Jahresangabe
Okt	Oktober
o.O.	ohne Ort
OS	Optimierungsspalte
p	proportional oder Preis
P	Produkt
prim.	primär
Prod.	Produkt, Produktion
prop.	proportional(-e, -er)
PROV	Provision
Q	zu minimierender Abstand
qm	Quadratmeter
Qt.	Quartal
R	Reagibilitätsgrad
re.	Rechts
Repar.	Reparatur
S.	Seite
SEK	Sondereinzelkosten
sek.	sekundär
Sep	September
SK	Selbstkosten
SKBO	Skonto/Bonus
SKEK	Externe Selbstkosten
s.o.	siehe oben
sog.	so genannt(-e, -er, -en)
SOKF	Sondereinzelkosten der Fertigung
SOKK	Sondereinzelkosten der Konstruktion
SOKV	Sondereinzelkosten des Vertriebs
sonst.	sonstige
St.	Stück

Std.	Stunde(-n)
t	Jahr(-e), Tonne
tatsächl.	tatsächlich(-e, -er, -en)
TDM	Tausend Deutsche Mark
T€	Tausend Euro
Tsd.	Tausend
U	Umsatz
u.a.	unter anderem, und andere
UE	Umsatzerlös(-e)
usw.	und so weiter
u.U.	unter Umständen
V	Variator
var.	variabel
Vertr.	Vertrieb
Verw.	Verwaltung
vgl.	vergleiche
VPKO	Verpackungskosten
Vt	Vertrieb
VTGK	Vertriebsgemeinkosten
V+V	Vertrieb und Verwaltung
Vw	Verwaltung
VWGK	Verwaltungsgemeinkosten
Wd	Wand
Wo.	Woche
x	Absatzmenge
Y_i	tatsächlich gemessene Y-Werte
Y_i^*	Y-Werte der gesuchten Trenngerade
z.B.	zum Beispiel

1 Vollkostenrechnung versus Teilkostenrechnung

Lernziele

Durch die europäische Harmonisierung des Hochschulwesens gewinnen Lernziele immer mehr an Bedeutung. Sie sind insbesondere für das Selbststudium eine wertvolle Hilfe. Aus diesem Grunde sind jedem Hauptkapitel die jeweiligen Lernziele vorangestellt. Doch bevor die Lernziele des ersten Kapitels en détail ausgearbeitet werden, sollen vorab die **Lernziele des zweiten Bandes** „Teilkostenrechnung" vorgestellt werden:

- ☞ Verstehen der wesentlichen Unterschiede zwischen Voll- und Teilkostenrechnung (ein- und mehrstufig) sowie der unterschiedlichen Verwendungsmöglichkeiten der daraus resultierenden Kosteninformationen;
- ☞ Die Fachterminologie der Deckungsbeitragsrechnung kennen und erklären können;
- ☞ Die Vorgehensweise und Anwendungsvoraussetzungen der ein- und mehrstufigen Deckungsbeitragsrechnung erläutern und kritisch beurteilen können;
- ☞ Die Verfahren zur Kostenauflösung kennen, anwenden und beurteilen können;
- ☞ Die Schritte zur Aufstellung eines Teilkosten-BAB beschreiben sowie die innerbetriebliche Leistungsverrechnung und Kalkulationssatzermittlung praktisch durchführen können;
- ☞ Die einstufige Deckungsbeitragsrechnung als Entscheidungsinstrument im Vertriebs-, Produktions- und Beschaffungsbereich auch bei komplexeren Problemen gezielt einsetzen können;
- ☞ Die Betriebsergebnisrechnung auf Teilkostenbasis skizzieren können;
- ☞ Die mehrstufige Deckungsbeitragsrechnung und mögliche Erweiterungen beschreiben und anhand einfachen Datenkonstellationen praktisch anwenden können;
- ☞ Die Vorzüge der mehrstufigen Deckungsbeitragsrechnung gegenüber der einstufigen Variante herausarbeiten können;
- ☞ Das Grundkonzept der Relativen Einzelkostenrechnung von *Riebel* einschließlich Grundrechnung beschreiben und beurteilen können.

Um die Methoden und Techniken der Kosten- und Leistungsrechnung beherrschen zu lernen, wird es nicht ausreichen, den Text passiv aufgenommen und verstanden zu haben. Es wird unerlässlich sein, zusätzlich aktiv tätig zu werden und die beigefügten

Fragen und Aufgaben zu lösen. Nur so lässt sich der Stoff in dem erforderlichen Maße anwenden und beherrschen lernen.

Nachdem die Lernziele des zweiten Bandes überblicksartig vorgestellt wurden, sollen als nächstes die **Lernziele des ersten Kapitels** beschrieben werden:

- Sie sollen die wesentlichen Unterschiede zwischen Voll- und Teilkostenrechnung sowie die unterschiedlichen Verwendungsmöglichkeiten der daraus resultierenden Kosteninformationen verstehen;
- Ihnen ist die Problematik der Vollkostenrechnung bewusst.

Vollkostenrechnung

Obwohl im ersten Band fast ausschließlich die Vollkostenrechnung vorgestellt wurde, hat sie doch einige nicht unwesentliche Nachteile, die im Folgenden kurz aufgezeigt werden sollen.

In der bisherigen Darstellung der Kosten- und Leistungsrechnung ist an zahlreichen Stellen zum Ausdruck gekommen, dass die **verursachungsgerechte Verteilung** der Gemeinkosten ein unlösbares Problem darstellt. Dennoch wurden diese Kosten nach irgendwelchen **Verteilungsschlüsseln** auf die Kostenträger verrechnet. Das Problem beginnt bereits bei der Zuordnung der Kostenarten insbesondere der Kostenstellengemeinkosten auf die vorhandenen Kostenstellen. Bereits an dieser Stelle werden Verteilungsschlüssel unumgänglich. Diese Zurechnung erfolgt bei einem Teil der Stellengemeinkosten wiederum nicht direkt auf die Hauptkostenstellen, sondern zunächst über so genannte Hilfskostenstellen wie Allgemeine Kostenstellen und Fertigungshilfskostenstellen. Von diesen Hilfskostenstellen werden die Kosten dann abermals mit Hilfe von Bezugsgrößen auf die Hauptkostenstellen verteilt, bevor sie auf die Kostenträger umgelegt werden können. Insgesamt sind bis zu diesem Zeitpunkt bereits zwei Verteilungsschlüssel angewandt worden. Als Ergebnis erhält der Kostenrechner die Selbstkosten des Produktes nach **Zuschlagskalkulation**, die aber mit den "tatsächlichen" Selbstkosten nicht mehr viel gemeinsam haben müssen. Ironisch wird das Umlegen der Kosten auch als UMLÜGEN bezeichnet.

> Unter **Vollkostenrechnung** wird ein Kostenrechnungssystem verstanden, das alle Kosten auf die Kostenträger umlegt. Alle anfallenden Kosten, ob Einzel- bzw. Gemeinkosten oder variable bzw. fixe Kosten, werden auf die produzierten Erzeugnisse verteilt. Dabei müssen die Gemeinkosten nach einem teilweise willkürlichen Schlüssel auf die Kostenträger umgelegt werden, was nicht selten zu Fehlkalkulationen und Fehlentscheidungen führen kann.

Die Vollkostenrechnung verstößt in doppelter Hinsicht **gegen das Verursachungsprinzip**:

1. Die **Gemeinkosten**, die für alle bzw. mehrere Kostenträger gemeinsam anfallen, z.B. Abschreibungen und Gehalter, werden im Rahmen der Kostenstellenrechnung auf die einzelnen Produkte zum Teil willkürlich **aufgeschlüsselt**.
2. Darüber hinaus werden die **Fixkosten** (z.B. ebenfalls Abschreibungen und Gehälter) auf die Kostenträger verteilt und damit **proportionalisiert**;

Dennoch ist die Vollkostenrechnung als Entscheidungshilfe für die Preisbildung und Preisbeurteilung auch heute noch von großer Bedeutung. Denn in der Marktwirtschaft können Unternehmen nur überleben, wenn sie auf lange Sicht **volle Kostendeckung** über den Verkaufserlös erhalten und darüber hinaus noch einen **angemessenen Gewinn** erzielen. Unter diesem Aspekt haben Vollkostenrechnungssysteme auch weiterhin eine Daseinsberechtigung. Die dargelegten systemimmanenten Mängel können durch Ergänzung eines weiteren Rechnungssystems, zum Beispiel einer Teilkostenrechnung, reduziert bzw. sogar beseitigt werden.

<u>Teilkostenrechnung</u>

Die Teilkostenrechnung versucht die Mängel, die alle Rechnungssysteme auf Vollkostenbasis unvermeidbar aufweisen, zu umgehen.

> In der **Teilkostenrechnung** werden nicht alle, sondern nur ein Teil – z.B. die variablen Kosten – auf die Kostenträger verteilt. Die Restkosten – z.B. Fixkosten – bleiben bei der Teilkostenrechnung anfangs unberücksichtigt und werden entweder als Block oder stufenweise in die Erfolgsrechnung übernommen.

Es werden nach dem **Verursachungsprinzip** (*Kausalitätsprinzip*) nur solche Kosten auf die Erzeugnisse verteilt, die durch die Kostenträger verursacht sind. Die Systeme der Teilkostenrechnung verzichten damit aber nicht auf die Deckung der Restkosten, sondern nur auf deren Proportionalisierung. Eine Unternehmung, die nach dem erwerbswirtschaftlichen Prinzip arbeitet, muss auf lange Sicht alle Kosten im Verkaufspreis erstattet bekommen und noch einen ausreichenden Gewinn erwirtschaften. Somit sind auch die Restkosten letztendlich aus dem Periodengewinn zu decken. Dazu müssen die Gesamtkosten der Unternehmung in einzelne Kostenbestandteile aufgespalten werden. Diese Trennung der Gesamtkosten in einzelne Kostenbestandteile bezeichnet man auch als *Kostenauflösung*.

Varianten der Teilkostenrechnung

Bildet die Trennung von variablen und fixen Kostenbestandteilen die Grundlage für die Teilkostenrechnung, führt dieses zur **Deckungsbeitragsrechnung**. Die andere Variante der Teilkostenrechnung, die **Einzelkostenrechnung**, spaltet die Gesamtkosten des Betriebes in relative Einzelkosten und Gemeinkosten auf. Bei beiden Verfahren steht die Anwendung der Rechnung für betriebliche Entscheidungen im Vordergrund. Die unternehmerische Intention des Einsatzes dieser Kostenrechnungssysteme liegt dabei im Sammeln von Informationen über die sich aus einer Beschäftigungs- oder Kostenverschiebung ergebenden Kostenrelationen, die unter Einsatz der Vollkostenrechnung allein nicht gewonnen werden können.

Die Bedeutung der Teilkostenrechnung für unternehmerische Entscheidungen soll an einem kleinem Beispiel zur Deckungsbeitragsrechnung herausgestellt werden.

Beispiel: Vollkostenrechnung versus Deckungsbeitragsrechnung

In der Möbelfabrik "Holz & Hobel"-GmbH werden drei Produkte hergestellt: ein Stuhl, ein Tisch und ein Schrank. Die produzierten Holzerzeugnisse werden in der gleichen Periode abgesetzt, d.h., es entstehen keine Lagerbestände. Der Controller ermittelt das Betriebsergebnis einmal nach der Vollkostenrechnung und ein anderes Mal nach der Deckungsbeitragsrechnung. Es stehen ihm für den Abrechnungsmonat Mai folgende Daten zur Verfügung (vgl. Däumler, K.-D./Grabe, J.: Kostenrechnung I, S. 101 ff. oder Koch, J.: Kosten- und Leistungsrechnung, S. 167 f.):

Produkt	verkaufte Stück/Monat	Verkaufs-preis/Stück	gesamte Stückkosten	variable Stückkosten
Stuhl	250 Stück	100 €	120 €	75 €
Tisch	150 Stück	500 €	450 €	250 €
Schrank	120 Stück	900 €	720 €	580 €

zu a) Betriebsergebnis nach der Vollkostenrechnung

In der Vollkostenrechnung wird der Betriebserfolg aus der Differenz zwischen Umsatzerlösen und gesamten Produktkosten ermittelt.

Produkt	Stückgewinn	Gesamtgewinn
Stuhl	- 20 €	- 5.000 €
Tisch	+ 50 €	+ 7.500 €
Schrank	+ 180 €	+ 21.600 €
Summe		+ 24.100 €

Kennzeichen der Vollkostenrechnung ist es, dass sie alle im Unternehmen anfallenden Kosten in ihrer vollen Höhe auf die einzelnen Kostenträger verteilt.

zu b) Betriebsergebnis nach der Deckungsbeitragsrechnung

Da den Artikeln in der Deckungsbeitragsrechnung nur die variablen Kosten zugerechnet werden dürfen, ermittelt man zunächst für alle Produkte den Stückdeckungsbeitrag. Dieser Deckungsbeitrag pro Stück multipliziert mit der Produktions- bzw. Verkaufsmenge ergibt den gesamten Deckungsbeitrag pro Erzeugnis und als Summe den Deckungsbeitrag für die gesamte Produktpalette. Um das Betriebsergebnis zu ermitteln, werden anschließend vom Gesamtdeckungsbeitrag die Fixkosten als Block abgezogen.

Produkt	Stückdeckungsbeitrag	gesamter Deckungsbeitrag
Stuhl	+ 25 €	+ 6.250 €
Tisch	+ 250 €	+ 37.500 €
Schrank	+ 320 €	+ 38.400 €
DB		+ 82.150 €
- Fixkosten		- 58.050 €
Betriebsergebnis		+ 24.100 €

Wie man aus dem Beispiel erkennt, ist der Betriebserfolg bei beiden Methoden gleich hoch. Er beträgt sowohl in der Vollkostenrechnung als auch in der Deckungsbeitragsrechnung 24.100 €. Lediglich der Lösungsweg ist ein anderer. Das Beispiel zeigt aber auch, dass es oft vorteilhaft sein kann, die Gesamtkosten in variable und fixe Bestandteile aufzuspalten, um Fehlentscheidungen zu vermeiden. Ein Vollkostenrechner hätte hier sicherlich die falsche Entscheidung getroffen und den Artikel Stuhl mit einem Stückverlust von 20 € aus dem Produktionsprogramm herausgenommen.

Schon aus diesem kleinen Beispiel wird die enorme Bedeutung der Deckungsbeitragsrechnung als Entscheidungsinstrument offensichtlich. Sie soll daher im Folgenden schwerpunktmäßig dargestellt werden. Abgeschlossen wird der zweite Band mit der „Relativen Einzelkostenrechnung“ von *Riebel,* welches wohl hinsichtlich der verursachungsgerechten Kostenzuordnung das konsequenteste Kostenrechnungssystem von allen darstellt, dessen praktische Anwendbarkeit allerdings umstritten ist.

Kontrollfragen und -aufgaben zu Kapitel 1

1/1. Skizzieren Sie die Vollkosten- und Teilkostenrechnung!

1/2. Welches ist der zentrale Einwand gegen die Vollkostenrechnung?

1/3. Was heißt Fixkostenproportionalisierung?

1/4. Welche Gefahren ergeben sich aus einer Proportionalisierung der Fixkosten?

1/5. Beurteilen Sie, ob die folgenden Behauptungen richtig sind oder nicht! Kennzeichnen Sie das entsprechende Feld mit einem Kreuz! Es können mehrere Antworten richtig sein. (Frage entnommen aus: Däumler, K.-D./Grabe, J.: Kostenrechnung I, S. 132)

Teilkostenrechnungssysteme

Nr.	Behauptungen	richtig	falsch
1)	berücksichtigen im Rahmen der Produktkalkulation grundsätzlich nur entscheidungsrelevante Kosten,		
2)	führen zu höheren Betriebsergebnissen als die Vollkostenrechnungssysteme,		
3)	verzichten auf eine Proportionalisierung der fixen Kosten,		
4)	sind geeignet zur Festlegung kurzfristiger Preisuntergrenzen.		

1/6. In der Literatur liest man oft, dass in den letzten Jahren der Anteil der Fixkosten im Vergleich zu den variablen Kosten gestiegen ist. Welche Gründe könnten dafür verantwortlich sein?

1/7. Was bedeutet „Einzelkostenrechnung“?

2 Deckungsbeitragsrechnung

Lernziele

Nach dem Studium des zweiten Kapitels sollte folgendes Wissen vorhanden sein:

- ☞ Ihnen sollte die Fachterminologie der Deckungsbeitragsrechnung bekannt sein;
- ☞ Sie sollen die Vorgehensweise und Anwendungsvoraussetzungen der ein- und mehrstufigen Deckungsbeitragsrechnung erläutern und kritisch beurteilen können;
- ☞ Sie sollen die beschriebenen Verfahren zur Kostenauflösung kennen, anwenden und beurteilen können;
- ☞ Sie sollen die Schritte zur Aufstellung eines Teilkosten-BAB beschreiben sowie die innerbetriebliche Leistungsverrechnung und Kalkulationssatzermittlung praktisch durchführen können;
- ☞ Sie sollen die Besonderheiten der Maschinenstundensatzrechnung auf Teilkostenbasis herausstellen können;
- ☞ Sie sollen den Fixkostenaufschlagssatz errechnen und im Rahmen der Produktkalkulation anwenden können;
- ☞ Sie sollen das Konzept der differenzierenden Zuschlagskalkulation auf die einstufige Teilkostenrechnung übertragen können;
- ☞ Sie sollen die Deckungsbeitragsrechnung als Entscheidungsinstrument im Vertriebs-, Produktions- und Beschaffungsbereich auch bei komplexeren Problemen gezielt und sicher einsetzen können;
- ☞ Sie sollen mit dem absoluten und relativen Deckungsbeitrag sicher umgehen können;
- ☞ Sie sollen die Technik der grafischen Methode und des Simplex-Algorithmus am Beispiel einfacher praktischer Probleme anwenden können;
- ☞ Ihnen sollte die Problematik der Deckungsbeitragsrechnung bei Verbundprodukten bekannt sein;
- ☞ Sie sollen das Umsatz- und Gesamtkostenverfahren auf Teilkostenbasis skizzieren können;
- ☞ Sie sollen die Bedeutung der Break-Even-Analyse und die Nutzung dieses Instrumentes als Planungs-, Kontroll- und Steuerungsinstrument erkennen können;
- ☞ Sie sollen die Technik der Break-Even-Analyse im Einproduktbetrieb beherrschen;

- ☞ Ihnen sollte das Konzept der Lebenszykluskostenrechnung auf Teilkostenbasis bekannt sein;
- ☞ Sie sollen in der Lage sein darzulegen, in welchen Aspekten die Fixkostendeckungsrechnung über die einstufige Variante hinausgeht und welche Vorteile sie gegenüber diesem einfachen System der Teilkostenrechnung aufweist;
- ☞ Sie sollen unterschiedliche Varianten (hinsichtlich der Anzahl der Stufen) der Fixkostendeckungsrechnung diskutieren können;
- ☞ Sie sollen einen Schichtkostenbogen anhand betrieblicher Daten aufstellen können;
- ☞ Sie sollen das Konzept der differenzierenden Zuschlagskalkulation auf die Fixkostendeckungsrechnung übertragen können;
- ☞ Sie sollen eine Produktkalkulation sowohl nach der progressiven als auch retrograden Kostenträgerstückrechnung aufstellen können;
- ☞ Sie sollen mit der retrograden Betriebsergebnisrechnung (im Rahmen der mehrstufigen Deckungsbeitragsrechnung) vertraut sein;
- ☞ Sie sollen im Einzelnen anhand praktischer Beispiele darlegen können, warum die Fixkostendeckungsrechnung in besonderem Maße geeignet ist, Kosten- und Leistungsinformationen für die Fundierung verschiedener unternehmerischer Entscheidungen zu liefern;
- ☞ Sie sollen die Bedeutung der Fixkostendeckungsrechnung und die Nutzung dieses Instrumentes als Planungs-, Kontroll- und Steuerungsinstrument erkennen können;
- ☞ Sie sollen in der Lage sein, je nach praktischer Fragestellung, Erweiterungen der mehrstufigen Deckungsbeitragsrechnung hinsichtlich weiterer Hierarchisierungskriterien durchführen zu können.

2.1 Grundlegende Darstellung

Notwendigkeit der Deckungsbeitragsrechnung

Es gibt eine Reihe von Kosten, die sich mit der Anzahl der hergestellten Erzeugnisse ändern. So wird sich sicherlich das für das Produkt benötigte Material bei einer Produktionsveränderung erhöhen oder reduzieren. Auch der Fertigungslohn lässt sich verhältnismäßig genau für ein einzelnes Produkt ermitteln. Man bezeichnet diese Kosten als *variable Kosten* oder *leistungsabhängige Kosten*.

> **Variable Kosten** sind Kosten, die sich direkt mit der Beschäftigung (Ausbringungsmenge) verändern.

Lässt sich ein linearer Gesamtkostenverlauf in Abhängigkeit von der Ausbringungsmenge bzw. Beschäftigung erkennen, spricht man auch von *proportionalen Kosten* oder *Grenzkosten*. Man unterstellt somit, dass für jedes produzierte Stück variable Kosten in derselben Höhe anfallen. Proportionale Kosten sind somit nicht mit variablen Kosten gleichzusetzen, sondern ein Spezialfall von diesen.

> **Proportionale Kosten** sind Kosten, die sich in Bezug auf die Beschäftigung proportional verhalten, für die sich also ein linearer Kostenverlauf in Abhängigkeit von der Beschäftigung ergibt.

Anders ist es allerdings mit den Kosten für die Maschineninanspruchnahme wie zum Beispiel die Abschreibungen. Der Abschreibungsbetrag wird sich kaum ändern, wenn ein Stück mehr oder weniger hergestellt wird. Er wird sogar dann anfallen, wenn überhaupt nicht produziert wird. Die Abschreibungen sind ganz einfach unabhängig von der Ausbringungsmenge. (Eine Ausnahme bildet lediglich die leistungsabhängige Abschreibung.) Noch deutlicher wird das beispielsweise beim Lohn für den Pförtner. Dieser Lohn fällt monatlich in gleicher Höhe an, unabhängig davon, ob viele oder wenige Produkte gefertigt wurden. Kosten, die trotz Änderung der Ausbringungsmenge bzw. Beschäftigung unverändert bleiben, bezeichnet man als fixe Kosten oder *Fixkosten*. Andere Bezeichnungen für den gleichen Sachverhalt sind *leistungsunabhängige Kosten*, *zeitabhängige Kosten*, *Periodenkosten*, *Strukturkosten* oder *Kosten der Betriebsbereitschaft*.

> **Fixkosten** fallen ohne Rücksicht darauf an, ob viel, wenig oder überhaupt nicht produziert wird. Sie sind vielmehr unabhängig von der betrieblichen Leistung und bleiben i.d.R. für eine Abrechnungsperiode unverändert. Man bezeichnet sie daher auch als leistungsunabhängige Kosten.

Die Folge für die Stückkalkulation ist, dass bei sinkender Beschäftigung die Kosten für Abschreibungen, für den Pförtner und auch für viele andere Kosten auf weniger Einheiten verteilt werden müssen. Dadurch entfällt auf jedes einzelne produzierte Stück ein entsprechend größerer Kostenanteil. Dasselbe Erzeugnis „verursacht“ also angeblich bei schlechter Beschäftigung wesentlich mehr Kosten als bei guter Konjunktur. Ein derartiges Vorgehen führt sehr schnell zu überhöhten und nicht mehr konkurrenzfähigen Preisen. Man **kalkuliert sich "aus dem Markt"**, weil jeder verlorengegangene Auftrag die Stückkosten aufgrund der unveränderten Fixkostenlast für die verbleibenden Erzeugnisse weiter erhöht.

Hinzu kommt eine unverkennbare Tendenz in der Marktwirtschaft zu **höherer Automatisierung und Mechanisierung**. Zunehmende Automatisierung und Mechanisierung führen aber zu höheren Fixkostenblöcken, die dadurch eine immer größer werdende Bedeutung für die Kosten- und Leistungsrechnung erhalten. Das Dilemma wird also ceteris paribus in der Zukunft noch deutlicher.

Einen Ausweg bietet die **Deckungsbeitragsrechnung**, auch als *Grenzkostenrechnung* oder in der amerikanischen Literatur als *Direct Costing* bezeichnet. Sie lässt als eine Ausprägung der Teilkostenrechnung alle Kosten aus der Stückkostenkalkulation heraus, die völlig unabhängig von der Ausbringungsmenge sowieso anfallen. D.h., die Deckungsbeitragsrechnung berücksichtigt ausschließlich die variablen Kosten und kommt somit weitgehend ohne die fragwürdige Proportionalisierung von Fixkosten aus. Entscheidungskriterium sind hier nicht mehr die Selbstkosten eines Erzeugnisses, sondern ist der so genannte Deckungsbeitrag.

> Da sich die fixen Kosten nicht in direkter Abhängigkeit von der Anzahl verkaufter oder produzierter Einheiten verändern, und man deshalb die „echten“ Vollkosten eines Produktes nie ermitteln kann, wurde die Deckungsbeitragsrechnung entwickelt. Diese berücksichtigt ausschließlich die variablen Kosten.

Es sei aber an dieser Stelle schon frühzeitig klargestellt, dass in der Deckungsbeitragsrechnung als Variante der Teilkostenrechnung – wie in der Vollkostenrechnung – alle Kosten im Rahmen der Kostenartenrechnung erfasst werden und in die Kostenstellenrechnung sowie in die Kostenträgerzeitrechnung einfließen. Lediglich im Zuge der Kostenträgerstückrechnung und somit in der Produktkalkulation erfolgt ausschließlich eine Konzentration auf variable Kosten.

Deckungsbeitrag

Der Deckungsbeitrag verbindet das Kostendenken mit dem Umsatzdenken. Ausgangspunkt der Deckungsbeitragsrechnung ist der **Nettoerlös** – manchmal auch als *Nettopreis* bezeichnet – eines Produktes. Diesem Nettoerlös werden die **variablen Selbstkosten** des Erzeugnisses gegenübergestellt. Es handelt sich dabei im Allgemeinen um Werkstoffe, Fertigungslöhne und Sondereinzelkosten sowie um verschiedene im Vertriebsbereich anfallende Kosten wie Verpackungen, Provisionen, Frachtkosten, Skonti etc. Diese Kostenarten lassen sich relativ einfach und genau ermitteln. Die variablen Selbstkosten eines Produktes oder Auftrages stellen die absolute Preisuntergrenze dar, die beim Verkauf keinesfalls unterschritten werden sollte.

Die Differenz zwischen dem Nettoerlös und den beschäftigungsabhängigen Kosten bezeichnet man als **Deckungsbeitrag** oder gelegentlich auch als *Bruttogewinn* oder *Grenzerfolg* und im englischen Sprachgebrauch als *contribution margin*. Aus ihm müssen der große Block der Fixkosten und der ertragsabhängigen Kosten (EE-Steuern) gedeckt werden. Ebenso sollte noch ein Gewinn übrigbleiben (siehe auch Übersicht 2/1). Es gilt allgemein: Je höher der Deckungsbeitrag, desto höher ist ceteris paribus der Gewinn des Unternehmens.

Übersicht 2/1: Ermittlung und Verwendung des Deckungsbeitrages

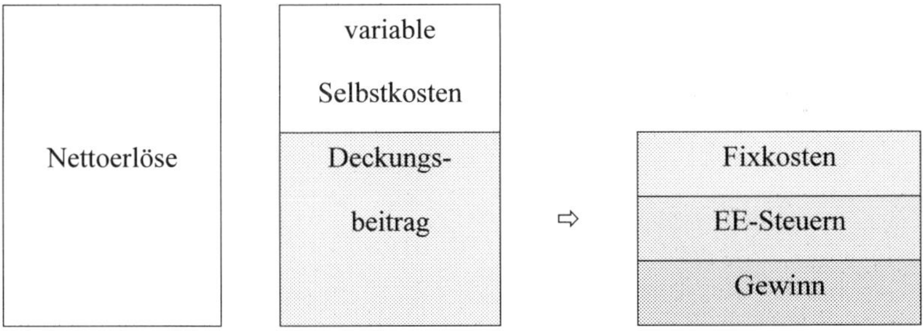

Je nach Fragestellung ist mal der *Stückdeckungsbeitrag* und mal der *Periodendeckungsbeitrag* von Interesse.

Stückdeckungsbeitrag	=	Stücknettoerlös - variable Stückselbstkosten
Periodendeckungsbeitrag	=	Stücknettoerlös * Absatzmenge
		- variable Stückselbstkosten * Absatzmenge

	=	(Stückerlös - variable Stückkosten) * Menge
Gewinn vor Steuern	=	Periodendeckungsbeitrag - Fixkosten der Periode

Der **Stückdeckungsbeitrag** ist der Differenzbetrag zwischen dem Stücknettoerlös und den variablen Stückselbstkosten. Er ist der Beitrag, den der Kostenträger zur Deckung der fixen Kosten, der Ertragsteuern und zur Erzielung eines Gewinns erbringt.

Der **Periodendeckungsbeitrag** ist der Differenzbetrag zwischen den Nettoerlösen einer Periode und den periodenbezogenen variablen Selbstkosten. Er ist der Beitrag, den alle Kostenträger zur Deckung der fixen Kosten, der Ertragsteuern und zur Erzielung eines Gewinns erbringen.

Der Deckungsbeitrag pro Einheit ist immer dann wesentlich, wenn bei einem Kunden oder in einem Marktsegment ein mengenmäßiger Engpass besteht. Die Produkte mit einem hohen Stückdeckungsbeitrag sind dann zu fördern. Ist der Engpass der Umsatz des Kunden, das Marktvolumen oder der Marktsättigungsgrad, dann ist der Deckungsbeitrag in Prozent eine wichtige Kennziffer.

Deckungsbeitrag in Prozent

Für bestimmte betriebliche Entscheidungen wird der Deckungsbeitrag häufig prozentual ausgedrückt, d.h., es wird ermittelt, wie viel **Prozent des Nettoerlöses** der Deckungsbeitrag ausmacht:

$$\text{Deckungsbeitrag in \%} = \frac{\text{Stückdeckungsbeitrag}}{\text{Stücknettoerlös}} * 100$$

Der Prozentwert wird auch als *Bruttoerfolgsspanne*, *Deckungsfaktor*, *Deckungsgrad* oder *Deckungsbeitragsintensität* bezeichnet. Häufig wird er auch mit *DBU* abgekürzt. Der DBU ist im Gegensatz zum Nettogewinn je Produkt von der Ausbringungsmenge unabhängig und gibt exakt an, wie viel das einzelne Erzeugnis zur Deckung der fixen und ertragsabhängigen Kosten sowie zur Gewinnerzielung prozentual beigetragen hat bzw. welche Produkte den relativ größeren Beitrag zum Erfolg erbringen. Dieser Prozentsatz ist u.a. auch deshalb wichtig, weil er unter bestimmten Voraussetzungen als Entscheidungsgrundlage bei Preisverhandlungen dienen kann, insbesondere, um die maximalen Nachlässe für ein Produkt bzw. Auftrag vorzugeben.

Beispiel: Ermittlung der Bruttoerfolgsspanne

Nettoerlöse für Lampenschirm "Behaglich"	50,00 €
Variable Kosten für Lampenschirm "Behaglich"	20,00 €

Deckungsbeitrag	30,00 €

Der Deckungsbeitrag beträgt in diesem Fall 30,00 € bzw. 60 % des Nettoerlöses.

Der Deckungsbeitrag in Prozent ist nicht nur für das einzelne Produkt von Interesse, sondern auch als durchschnittlicher **prozentualer Deckungsbeitrag für das Gesamtunternehmen**; also als Verhältnis des gesamten Deckungsbeitrages zum gesamten Nettoumsatz in der betrachteten Periode. Dieser Wert liefert einen Anhaltspunkt dafür, wie hoch der Deckungsbeitrag im Durchschnitt je Produkt sein muss, um bei konstantem Absatz und bei gegebenen Fixkosten den vorliegenden Betriebserfolg zu erreichen.

$$\text{Deckungsbeitrag in \%} = \frac{\text{Periodendeckungsbeitrag}}{\text{Periodennettoerlöse}} * 100$$

Kapazitätsgrad

Eine weitere wichtige Kennziffer ist der Kapazitätsgrad, der das **Verhältnis des Deckungsbeitrages zu den Fixkosten** zum Ausdruck bringt.

$$\text{Kapazitätsgrad in \%} = \frac{\text{Periodendeckungsbeitrag}}{\text{Periodenfixkosten}} * 100$$

Da einerseits die Periodenfixkosten in erster Linie durch das Leistungsvermögen verursacht werden und sich andererseits der Periodendeckungsbeitrag auf eine bestimmte Absatzmengen bezieht, drückt der Quotient die Angemessenheit der vorhandenen Kapazität im Verhältnis zur Marktsituation aus (vgl. Hieke, H.: Teilkosten- und Deckungsbeitragsrechnung, S. 27). Ist der Kapazitätsgrad gleich eins bedeutet dies, dass die Deckungsbeiträge gerade ausreichen, die Fixkosten zu decken. Die Gewinnschwelle wird zwar erreicht, aber es wird noch kein Gewinn erzielt (vgl. hierzu insbesondere Kapitel 2.2.4.3.1 „Break-Even-Analyse“).

Lineare Abhängigkeit von der Beschäftigung

Die Berechnung der Deckungsbeiträge (Stück- oder Periodendeckungsbeiträge) ist bestimmt durch die Funktion der Erlöse und der Teilkosten. Die Preis-Absatz-Funktionen bestimmen das Verhältnis zwischen Absatzmenge und Verkaufspreis einer Produktart. Diese Preis-Absatz-Funktionen können linearer oder nichtlinearer Art sein. Auch die Teilkosten können linear, degressiv, progressiv oder s-förmig verlaufen. Lineare periodenbezogene Deckungsbeiträge, die zu konstanten Stückdeckungsbeiträgen führen, setzen eine **lineare Erlös- und Teilkostenfunktion** voraus. Davon wird im Folgenden zur Vereinfachung der Sachverhalte ausgegangen. Im Übrigen wird im ganz überwiegenden Teil des Schrifttums geschlossen, dass für die Kosten- und Leistungsrechnung im Allgemeinen von einem linearen Verlauf insbesondere der Gesamtkostenkurve auszugehen ist (vgl. Scherrer, G.: Kostenrechnung, S. 37).

Behandlung der Fixkosten

Die **Fixkosten** (und Ertragsteuern) werden nur als Ganzes in einem Block dem Deckungsbeitrag aller Fabrikate gegenübergestellt. Eine Verteilung dieser Kosten auf die einzelnen Produkte findet definitionsgemäß nicht statt. Das Ergebnis dieser Rechnung ist der **Gewinn**. Er lässt sich nur für einen Zeitabschnitt ermitteln, für ein einzelnes Produkt ist er irreal.

Der Gedanke, die Fixkosten als die verbundenen Kosten mehrerer Produkte zu betrachten und nur als Block in die Betriebsergebnisrechnung zu übernehmen ist nicht neu. Derartige Ansätze finden sich bereits in den dreißiger Jahren bei *Eugen Schmalenbach* und bei dem amerikanischen Fachkollegen *J.M. Clark*.

Systeme und Verfahren der Deckungsbeitragsrechnung

Wenn auch in diesem Kapitel schwerpunktmäßig die Deckungsbeitragsrechnung auf **Istkostenbasis** erläutert wird, sei doch erwähnt, dass jede Teilkostenrechnung auch auf Basis der **Plankosten** oder **Normalkosten** durchgeführt werden kann.

Je nach Komplexitätsgrad des Unternehmens und gefordertem Genauigkeitsgrad der Kalkulation lässt sich das interne Rechnungswesen zur einstufigen oder zur mehrstufigen Deckungsbeitragsrechnung ausbauen. Während die **einstufige Deckungsbeitragsrechnung** auf jegliche Verrechnung der fixen Kosten auf die Kostenträger verzichtet, versucht die **mehrstufige Deckungsbeitragsrechnung** – auch als *Fixkostendeckungsrechnung* bezeichnet – eine Aufspaltung des Fixkostenblocks. Bei geringer Komplexität und einfachen Produktionsstrukturen reicht die einstufige Deckungsbeitragsrechnung aus. Werden dagegen verschiedene Sortimente bzw. mehrere Warengruppen mit unter Umständen abweichenden Vertriebswegen und Marketingstrategien vertrieben, scheint die mehrstufige Variante zweckmäßiger zu sein.

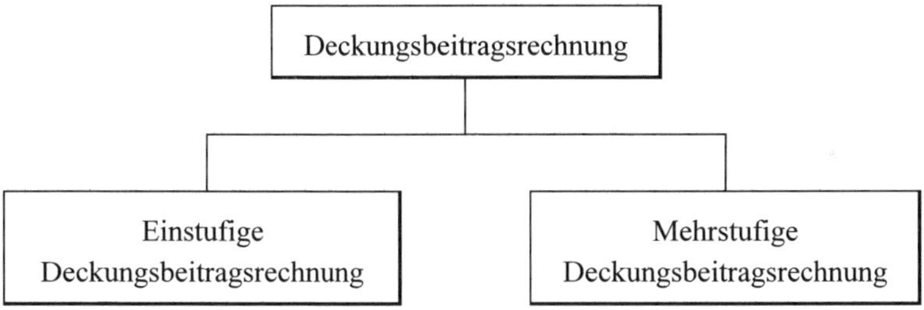

Eine solche Einteilung wird auch in den folgenden Kapiteln vorgenommen.

2.2 Einstufige Deckungsbeitragsrechnung

2.2.1 Grundlegende Darstellung

Grundaufbau der einstufigen Deckungsbeitragsrechnung

Der Deckungsbeitrag beinhaltet den Überschuss der Nettoerlöse über die variablen Selbstkosten für die realisierte Menge. Der Deckungsbeitrag ist wiederum um die fixen Kosten der Periode zu reduzieren, um zum Betriebsergebnis zu gelangen. Die einstufige Deckungsbeitragsrechnung kennt nur **einen einzigen Fixkostenblock**. Sie hat damit folgenden Aufbau:

	Nettoerlöse
-	variable Selbstkosten
=	Deckungsbeitrag
-	fixe Kosten
=	Betriebserfolg (Gewinn)

Die **variablen Kosten** – variable Herstell- und Selbstkosten – umfassen alle proportionalen Einzel- und Gemeinkosten und können nach folgendem Schema ermittelt werden:

	Fertigungsmaterial
+	variable Materialgemeinkosten
+	Fertigungslöhne
+	variable Fertigungsgemeinkosten
=	variable Herstellkosten (Grenz-Herstellkosten)
+	variable Verwaltungsgemeinkosten
+	variable Vertriebsgemeinkosten
=	variable Selbstkosten

Wie zu erkennen ist, gehören zu den variablen Kosten nicht nur die verrechnungstechnisch unproblematischen Einzelkosten, sondern auch Teile der Gemeinkosten, die von mehreren Erzeugnissen gemeinsam verursacht werden. Daraus folgt, dass auch im Rahmen der Deckungsbeitragsrechnung auf eine **Gemeinkostenschlüsselung nicht ganz verzichtet** werden kann. Die oben genannte Definition der variablen Kosten kann daher um einen Nebensatz ergänzt werden.

> **Variable Kosten** sind Kosten, die sich direkt mit der Beschäftigung (Ausbringungsmenge) verändern und direkt oder indirekt einem Kostenträger zugerechnet werden können.

Deckungsbeitragsrechnung als Entscheidungsinstrument

Eine typische Situation aus dem betrieblichen Alltag kann vielleicht besser als längere Ausführungen die Ziele und die Vorgehensweise der einfach gestuften Deckungsbeitragsrechnung deutlich machen.

Beispiel: Deckungsbeitragsrechnung als Entscheidungsgrundlage im Vertriebsbereich

Die Verkaufsabteilung eines Sportartikelherstellers, der noch genügend freie Kapazitäten besitzt, könnte einen weiteren Auftrag buchen. Ein Kunde interessiert sich für 200 Paar Turnschuhe. Der Kunde hat aber eine ganz konkrete Preisvorstellung für diese Sportschuhe von maximal 8.000 €. Von der Kalkulationsabteilung werden die Selbstkosten dieses Auftrages nach der Zuschlagskalkulationsmethode mit 9.500 € ermittelt. Da man keinen Verlust einfahren will, wird der Auftrag abgelehnt. Das erscheint auf den ersten Blick richtig, denn offenbar bringt der Zusatzauftrag einen Verlust von 1.500 €.

Trotzdem ist diese Entscheidung der Geschäftsleitung falsch!

Die Selbstkosten aus der Vollkostenrechnung bestehen sowohl aus variablen als auch aus fixen Kosten. Die fixen Kosten fallen unabhängig von dem zusätzlichen Auftrag an. Nehmen wir einmal an, die variablen Kosten des Auftrages betragen 4.800 €. Das Unternehmen müsste den Auftrag annehmen, da er einen zusätzlichen Erfolgsbeitrag (= Deckungsbeitrag) von 8.000 € - 4.800 € = 3.200 € erbringt.

Dass dieser zusätzliche Deckungsbeitrag auch tatsächlich den Gesamtgewinn steigert, zeigt die nachstehende Tabelle.

	ohne Zusatzauftrag (Annahme)	Zusatzauftrag	Gesamt
Umsatzerlöse	150.000 €	8.000 €	158.000 €
Kosten			
• fixe Kosten	100.000 €		100.000 €
• variable Kosten	25.000 €	4.800 €	29.800 €
(Zusatz-)Gewinn	25.000 €	3.200 €	28.200 €

D.h. zu jedem Preis, der 4.800 € übersteigt (= variable Kostengrenze), müsste das Unternehmen den Zusatzauftrag annehmen, wollte es nicht zusätzlichen Gewinn verschenken. Preisinterdependenzen sind im Beispiel ausgeschlossen. Als vorläufiges Fazit lässt sich demnach festhalten:

Stehen Produktionskapazitäten leer, ist die Übernahme eines Zusatzauftrages vorteilhaft, wenn die **Erlöse höher sind als die variablen Selbstkosten**. Die variablen Stückselbstkosten stellen die absolute Preisuntergrenze dar.

Im Übrigen sind bei dieser Entscheidung die eventuell günstigeren Beschaffungspreise aufgrund von zusätzlichen Mengenrabatten zu kalkulieren.

Negativer Deckungsbeitrag

Liegen die **Erlöse unter den variablen Selbstkosten**, so ergeben sich negative Deckungsbeiträge. Bei jeder zusätzlichen Produktfertigung erhöht sich der Betriebsverlust in Höhe der Veränderung dieser negativen Deckungsbeiträge.

Liegen die **Erlöse unter den proportionalen Selbstkosten**, dann führt eine Zunahme der Beschäftigung zu einer Steigerung des Betriebsverlustes.

Problematik des Deckungsbeitrages als Preisuntergrenze

Die Nutzung des Deckungsbeitrages als Richtschnur für die absolute Preisuntergrenze ist allerdings – um Missverständnisse auszuschließen – **nur kurzfristig möglich** und richtig. Langfristig ist es selbstverständlich, dass die gesamten Kosten eines Produktes im Angebotspreis gedeckt werden müssen, will das Unternehmen nicht an seiner Substanz zehren. Auf lange Sicht muss ein Unternehmen, dessen Umsatzerlöse fortlaufend an der Preisuntergrenze liegen, aufgrund der Finanzmittel- und Substanzverringerung in Liquiditätsschwierigkeiten geraten und insolvent werden.

Kurzfristig genügt ein Verkaufspreis in Höhe der variablen Stückselbstkosten (**kurzfristige Preisuntergrenze**). Langfristig müssen die gesamten Selbstkosten gedeckt werden, die Verkaufspreise also mindestens den Stückselbstkosten entsprechen (**langfristige Preisuntergrenze**).

Im Übrigen sprechen sich Sonderkonditionen unter den Abnehmern oft sehr schnell herum und wirken sich unter Umständen negativ auf zukünftige Preisverhandlungen mit anderen Kunden aus.

Sichtweisen für Preisuntergrenzen

In den bisherigen Ausführungen ist der Begriff „Preisuntergrenze" häufiger gefallen, ohne ihn jedoch näher zu kennzeichnen. Dies soll in diesem Abschnitt nachgeholt werden. Die **Preisuntergrenze** ist diejenige Preisstellung, zu der eine in Erwägung gezogene Maßnahme, z.B. die Annahme eines Auftrages, unter Berücksichtigung eines bestimmten Zielsetzung gerade noch durchgeführt wird, bei deren Unterschreitung dagegen die Maßnahme unterlassen wird. Eines der wichtigsten Ziele betrieblicher Betätigung ist die Erzielung mindestens kostendeckender Preise.

Als **Preisuntergrenze** bezeichnet man denjenigen Preis, der mindestens erzielt werden muss, um die Kosten zu decken. Man unterscheidet diesbezüglich zwischen einer kostenorientierten (langfristigen bzw. kurzfristigen) und liquiditätsorientierten Preisuntergrenze.

In einer erweiterten Form der Deckungsbeitragsrechnung kann man noch zwischen einer kostenmäßigen und liquiditätsmäßigen Preisuntergrenze differenzieren. Die **kostenorientierte kurzfristige Preisuntergrenze** beinhaltet ausschließlich die variablen Selbstkosten eines Erzeugnisses und hat absoluten Charakter. Vernachlässigt wird hierbei, dass einige Fixkosten kurzfristig ausgabenwirksam werden. Zu denken ist hier beispielsweise an Gebühren, Beiträge und Versicherungsprämien. Die Preisuntergrenze wird dadurch relativiert. Die **liquiditätsorientierte Preisuntergrenze** liegt daher grundsätzlich oberhalb der kostenmäßigen kurzfristigen Preisuntergrenze. Im Unterschied zu diesen beiden kurzfristigen Preisuntergrenzen gibt es noch die **kostenorientierte langfristige Preisuntergrenze**. Sie geht ausschließlich vom *Vollkostenprinzip* aus, wonach auf lange Sicht mindestens solche Preise gefordert werden müssen, die alle Kosten des Unternehmens decken. Naturgemäß ist die langfristige Preisuntergrenze nur sehr schwer und ungenau zu ermitteln.

Deckungsbeitragsrechnung in Mehrproduktbetrieben

In der Praxis muss man davon ausgehen, dass die Mehrzahl der Unternehmen nicht ein einheitliches Erzeugnis, sondern eine Vielzahl oftmals sehr unterschiedlicher Artikel oder Modelle herstellt. Hier hat die Deckungsbeitragsrechnung die Aufgabe, den verschiedenen Fabrikaten die bei ihrer Fertigung entstandenen variablen Kosten zuzurechnen.

	Nettoerlöse I		Nettoerlöse II		Nettoerlöse X
-	variable Kosten I	-	variable Kosten II	-	variable Kosten X
=	Deckungsbeitrag I	=	Deckungsbeitrag II	=	Deckungsbeitrag X
		-	fixe Kosten		
		=	Betriebserfolg		

In Mehrproduktunternehmen gilt, dass die Summe aller Deckungsbeiträge der einzelnen Produkte dazu dienen muss, die Summe aller Fixkosten abzudecken und darüber hinaus noch einen Gewinn (nach Ertragssteuern) zu erzielen.

Beispiel: Deckungsbeitragsrechnung als Entscheidungsgrundlage im Produktionsbereich

Die "Saubere Umwelt"-GmbH fertigt drei Produkte. Die Artikelerfolgsrechnung auf Vollkostenbasis liefert folgende Informationen:

Produkte	A	B	C	Gesamt
Erlöse	18.000 €	14.000 €	8.000 €	40.000 €
Kosten EK+GK	14.000 €	11.000 €	11.000 €	36.000 €
Gewinn	4.000 €	3.000 €	- 3.000 €	4.000 €

Die Fixkosten (z.B. für Gehälter, Gebäudeabschreibungen und Pensionen) betragen zusammen 18.000 €. Die variablen Selbstkosten insbesondere für Materialbeschaffung verteilen sich auf die Produkte A, B und C mit 5.000 €, 9.000 € und 4.000 €.

Auf dieser Grundlage wird vom Management die folgende Entscheidung getroffen: Produkt C soll eliminiert werden, da es einen Verlust einfährt und ohne Produkt C das Gesamtergebnis um 3.000 € höher ausfallen würde.

Wie beurteilen Sie diese Entscheidung?

Diese Entscheidung ist falsch, wie eine Auflösung der Kosten in fixe und variable Bestandteile zeigt.

Produkte	A	B	C	Gesamt
Erlöse	18.000 €	14.000 €	8.000 €	40.000 €
variable Kosten	5.000 €	9.000 €	4.000 €	18.000 €
Deckungsbeitrag	13.000 €	5.000 €	4.000 €	22.000 €
Fixkosten				18.000 €
Gewinn				4.000 €

Werden im Preis mehr Kosten als die Grenzkosten gedeckt, so trägt jedes Produkt noch zur Deckung der ohnehin anfallenden fixen Kosten bei, das gilt auch, wenn kein Gewinn, sondern insgesamt ein Verlust erwirtschaftet wird. Wie man im Beispiel deutlich erkennen kann, leistet das Produkt C einen Beitrag von 4.000 € zur Deckung der fixen Kosten. Ohne Produkt C wäre der Gewinn also um 4.000 € geringer, da die Fixkosten in Höhe von 18.000 € ex definitione auch nach Eliminierung von Produkt C in voller Höhe anfallen würden.

Auch dieses Beispiel aus dem betrieblichen Alltag eines Mehrproduktunternehmens macht deutlich, dass das Ziel der Deckungsbeitragsrechnung darin besteht, Informationen zur Abstützung betrieblicher Entscheidungen bereitzustellen und zur Entscheidungsreife zu verarbeiten. Typisch ist, dass mehrere betriebliche Teilbereiche (hier Beschaffung, Produktion und Vertrieb) an der Entscheidungsfindung beteiligt sind.

2.2.2 Kostenartenrechnung

Vorgehensweise und Kostenauflösung

Für die Deckungsbeitragsrechnung ist eine Aufteilung der Kosten nach ihrer Abhängigkeit von der Beschäftigung vorzunehmen. Je nachdem, ob sich eine Kostenart bei unterschiedlichen Beschäftigungsgraden verändert oder nicht, ist sie als variabel oder als fix zu klassifizieren; auch Zwischenstufen sind denkbar. Zwischenstufen – so genannte **Mischkosten** oder *semivariable Kosten* – entstehen immer dann, wenn eine Kostenart zum Teil beschäftigungsabhängig und zum Teil beschäftigungsunabhängig ist. Dieses kommt in der betrieblichen Praxis relativ häufig vor. Ein Beispiel hierfür sind etwa die Hilfslöhne von Wartungs- und Reinigungspersonal.

Mischkosten bestehen sowohl aus variablen als auch aus fixen Bestandteilen.

Sind die Kosten nur zum Teil beschäftigungsabhängig, ist eine *Kostenauflösung bzw. -spaltung* notwendig. Dabei kann es vorkommen, dass gleiche Kostenarten je nach Kostenstelle und Bezugsgröße unterschiedlich zugeordnet werden können. Anhand der Kostenart „Hilfslöhne" lässt sich dieses Problem gut verdeutlichen. So gibt es Hilfslöhne, die für reine Bereitschaftsleistungen anfallen und damit in voller Höhe den fixen Kosten zuzurechnen sind. Hierzu zählen beispielsweise die Hilfslöhne für den Pförtner.

Andere Hilfslöhne verhalten sich weitgehend proportional zur Bezugsgröße. Dieses ist oft bei Fertigungs- oder Transportarbeiten der Fall. Ähnliches ist auch bei den Stromkosten festzustellen. So ist der Strom für den Betrieb der Maschinen variabel, für die Werkstattbeleuchtung dagegen fix. Werden solche Kosten nicht getrennt erfasst, sondern in einer Größe ausgewiesen, z.B. als „Hilfslöhne" oder „Stromkosten", ist auch hier eine Kostenspaltung notwendig.

Der Einteilung in fixe und variable Bestandteile vorgelagert ist die Leistungsanalyse des Betriebes, d.h. die Suche nach den richtigen **Maßstäben der Betriebsleistung**. Diese Maßstäbe werden auch als *Beschäftigung* bezeichnet. Hat man diese nämlich gefunden, so hat man gleichzeitig die wichtigste Vorarbeit für die Kostenaufspaltung geleistet. Sie ist der Schlüssel zur richtigen Kostenauflösung.

Um Preissteigerungen als Grund für Kostenerhöhungen auszuschließen, müssen alle **Preisveränderungen vorab neutralisiert** werden. Für die Kostenaufspaltung in fixe und variable Bestandteile ist also die Mengenkomponente und nicht die Preiskomponente entscheidend.

Es erscheint daher aus didaktischen Gesichtspunkten heraus sinnvoll, zunächst einige Vorbemerkungen zur Ermittlung der Beschäftigung und Eliminierung der Preisveränderung einzufügen, bevor die verschiedenen Verfahren der Kostenauflösung und die Ausbaustufen und Anwendungsbereiche der Deckungsbeitragsrechnung näher erläutert werden.

2.2.2.1 Ermittlung der Beschäftigung

Die Einteilung der Kosten in fixe und variable Bestandteile hat die Abhängigkeit der totalen Periodenkosten vom Produktionsvolumen im Auge. Die Messung dieses Volumens durch den Umsatz wäre zu ungenau, weil dieser durch das rechnerische Produkt aus Menge und Preis ermittelt wird. Damit würden Preisänderungen zu einer Verzerrung führen. Es ist daher üblich, das **Produktionsvolumen in Mengeneinheiten** wie Stück, h, m, qm, kg, t oder Fahrtkilometer zu messen.

In einem **Einproduktbetrieb** ist das sicherlich problemlos möglich. Komplizierter wird das Auffinden von Maßstäben der Beschäftigung in **Mehrproduktbetrieben**. Auch unter solchen Voraussetzungen müssen sich die variablen Kosten für jedes einzelne Erzeugnis ermitteln lassen, und zwar unabhängig von den übrigen Produkten. Das Instrument dazu ist – wie in der Vollkostenrechnung – die Kostenstellenrechnung. Die Gemeinkosten werden mit Hilfe eines Betriebsabrechnungsbogens auf die einzelnen Kostenstellen verteilt. Im Unterschied zur traditionellen Kostenrechnung findet bei der Umlage aber bereits eine Aufspaltung in fixe und variable Bestandteile statt. (Ansatzpunkte zur Ermittlung und Umlage der variablen Kosten in Unternehmen, die mehrere unterschiedliche Produkte herstellen, finden sich im nächsten Kapitel mit der Überschrift „Kostenstellenrechnung".)

Eine solche Kostenauflösung ist im **Fertigungsbereich** einfacher als im **Verwaltungsbereich**, da Fertigungskostenstellen im Gegensatz zu Verwaltungskostenstellen einen hohen Anteil an variablen Kosten aufweisen und dort eher Beschäftigungsmaßstäbe gefunden werden können. Im Verwaltungsbereich zeigt es sich als äußerst schwierig, geeignete Bezugsgrößen für die Beschäftigung zu finden. Aber auch in den Fertigungskostenstellen ist es in praxi nicht immer ganz einfach genaue und eindeutige Maßstäbe der Kostenverursachung zu erkennen. Im Einzelfall greift man daher auf mehrere Bezugsgrößen je Kostenstelle zurück.

2.2.2.2 Eliminierung von Preisveränderungen

Um fixe und variable Kosten eindeutig voneinander trennen zu können, sind alle Preisveränderungen – ob Preissteigerungen oder -reduzierungen – unbedingt vorab zu eliminieren. Das gilt nicht nur für den Beschäftigungsmaßstab (s.o.), sondern auch für die Istkosten, die bei verschiedenen Beschäftigungsgraden verglichen werden sollen.

<u>Beispiel:</u> Eliminierung von Preissteigerungen

In einem holzverarbeitenden Betrieb wird die Kostenart „Materialverbrauch Spanplatten" näher untersucht. Da sich die gesamte Produktionsmenge im Vergleich zur Vorperiode um 5 % verringert hat, müsste auch eine entsprechende Reduzierung der Kostenart „Materialverbrauch Spanplatten" zu verzeichnen sein. Der Betrag dieser Kostenart ist jedoch unverändert geblieben. Zunächst deutet das Ergebnis darauf hin, dass die betrachtete Kostenart fix ist, doch dieses erscheint aus technischen und ökonomischen

Gründen heraus unlogisch. Nach näherer Betrachtung stellt sich heraus, dass der Zulieferer die Spanplattenpreise um ebenfalls 5 % erhöht hat, was dazu führt, dass sich Produktionssenkung und Preiserhöhung gegenseitig kompensieren. Ohne die Preiserhöhung hätten sich die Kosten tatsächlich vermindert. Daher ist die Kostenart „Materialverbrauch Spanplatten“ eindeutig als variabel einzustufen.

Hat man den Beschäftigungsmaßstab verbindlich festgelegt und die Preissteigerungen eliminiert, kann man mehrere Verfahren zur Kostenauflösung heranziehen, die im Folgenden näher untersucht und kritisch beurteilt werden sollen.

2.2.2.3 Verfahren der Kostenauflösung

Grundsätzliche Vorgehensweise der Kostenauflösung

Oft handelt es sich in der betrieblichen Praxis weder um reine fixe noch um reine variable Kosten, sondern um **Mischkosten**, die noch der *Kostenaufspaltung bzw. -auflösung* bedürfen. Die Auflösung der Betriebskosten in fixe und variable Teile wird unter Kostenrechnern als ein Hauptproblem der Kostenrechnung und vor allem der Deckungsbeitragsrechnung angesehen. Bei vielen gilt es schlechthin als das Kernproblem der Deckungsbeitragsrechnung. Von der richtigen Kostenauflösung hängt es aber ab, ob die Kostenrechnung als entscheidungsorientiertes Informationssystem verwendet werden kann. Gerade, wenn man aus Wettbewerbsgründen äußerst knapp kalkulieren muss, ist eine exakte Kostenspaltung besonders wichtig.

Unter **Kostenauflösung** oder *Kostenspaltung* versteht man die Aufteilung eines Kostenbetrages in variable und fixe Bestandteile.

Die Kostenauflösung wird für jede Kostenstelle und jede einzelne Kostenart durchgeführt.

Verfahren der Kostenauflösung

Folgende Verfahren der Kostenauflösung werden unterschieden:

(1) 100 %-Verfahren;
(2) 50 %/50 %-Verfahren;
(3) Grafische Kostenauflösungsverfahren;
(4) Mathematische Kostenauflösungsverfahren;
(5) Buchtechnisch-statistische Kostenauflösung;
(6) Mathematisch-statistische Kostenauflösungsverfahren;
(7) Analytische Verfahren der Kostenauflösung.

(1) 100 %-Verfahren

Vorgehensweise

Um den Arbeits- und Rechenaufwand in der Praxis zu minimieren, hat man lange Zeit, insbesondere in Klein- und Mittelbetrieben, bei der Zuordnung der Kosten diese entweder zu 100 % den Fixkosten oder zu 100 % den variablen Kosten zugeteilt. **Mischkosten hat man einfachheitshalber zu 100 % in den variablen Bereich** gebucht. Dadurch lagen die Kostenrechner bei der Ermittlung der absoluten Preisuntergrenze eines Erzeugnisses stets auf der sicheren Seite, d.h. die so kalkulierten Preise haben die variablen Kosten immer voll gedeckt.

Beurteilung

Das 100 %-Verfahren hat den Vorteil, dass es in der Anwendung sehr einfach ist. Allerdings ist die Kostenauflösung gerade bei Mischkosten mehr oder weniger willkürlich, so dass eine exakte Kostenanalyse nicht möglich ist. Dieses Verfahren sollte daher nur bei Kostenarten angewandt werden, die entweder ausschließlich variabel oder ausschließlich fix sind.

(2) 50 %/50 %-Verfahren

Vorgehensweise

Fast ebenso einfach wie das 100 %-Verfahren ist das 50 %/50 %-Verfahren. Reine Fixkosten werden zu 100 % den fixen Kosten und reine variable Kosten zu 100 % den variablen Kosten zugerechnet. **Mischkosten** werden entsprechend der dem Verfahren zugrunde liegenden 50:50-Regel **mit gleichen Anteilen auf fixe und variable Kosten verteilt**.

Beurteilung

Die Vorteile dieses Verfahrens liegen sicherlich in der Einfachheit und dem geringen Arbeitsaufwand. Der Nachteil besteht darin, dass dieses Verfahren die Kosten nur sehr grob auflöst und dadurch Fehlentscheidungen möglich sind.

Beispiel: Kostenauflösung im Fertigungsbereich

Fertigungsbereich	Monat August		
Kostenarten (in T€)	Σ	variable	fix
Fertigungslöhne	265	265	
Hilfslöhne	92	46	46
Stromkosten	18	9	9
Heizungskosten	25		25
Reparaturkosten	14	7	7
Reinigungskosten	18	9	9
Telefon, Porto	4		4
Versicherungsprämien	35		35
kalkulatorische Abschreibungen	72		72
kalkulatorische Zinsen	22		22
kalkulatorische Wagnisse	13		13
Σ	578	336	242
in %		58,13 %	41,87 %

Mit zunehmender Verfeinerung der Kostenrechnung und moderneren Verfahren einerseits sowie zunehmendem Preiswettbewerb andererseits sollte ein solch grobes Verfahren nicht mehr genügen. Denn man beachte, dass die Genauigkeit der Kostenauflösung letztendlich die Aussagefähigkeit der Deckungsbeitragsrechnung bestimmt. Es bieten sich dann die folgenden, genaueren Verfahren der Kostenauflösung an.

(3) Grafische Kostenauflösungsverfahren (Streupunktdiagramme)

Beschreibung des grafischen Kostenauflösungsverfahrens

Bei der grafischen Kostenauflösung werden für die betrachteten Kostenarten die in den vergangenen Perioden entstandenen Istkosten und die dabei realisierte Beschäftigung festgehalten. Diese Menge von empirisch ermittelten Gesamtkosten- und Beschäftigungspunkten wird derart in ein *Streupunktdiagramm* (Streuungsdiagramm) eingezeichnet, dass die Ordinatenwerte die Kostenausprägung und die Abzisse die Bezugsgröße wiedergeben (vgl. Übersicht 2/2). Anschließend wird durch die Punktwolke **freihändig** eine Gerade (auch *Ausgleichsgerade* genannt) gezeichnet, deren Abweichung von den Streupunkten möglichst gering zu halten ist. Idealerweise wird die Ausgleichsgerade so in das Diagramm gelegt, dass sich die Abweichungen der Punkte von dieser Geraden in der Summe ausgleichen, also die Abweichungen nach oben und die nach unten insgesamt gleich groß sind.

In der Mehrzahl der Fälle existiert nämlich keine einfache mathematische Funktion, auf deren Funktionskurve alle beobachteten Werte liegen. Man beschränkt sich daher darauf, eine Funktion zu zeichnen, welche die im Streupunktdiagramm erkennbare Grundtendenz des Zusammenhangs beschreibt. Etwaige Ausreißer können unberücksichtigt bleiben.

Die Steigung der Geraden gibt die variablen und der Schnittpunkt der Geraden mit der Kostenachse die fixen Kosten an. Die variablen Stückkosten errechnet man üblicherweise dadurch, dass man von den Gesamtkosten die abgelesenen Fixkosten subtrahiert und die so ermittelten gesamten variablen Kosten dann durch die Beschäftigung dividiert.

Übersicht 2/2: Streupunktdiagramm

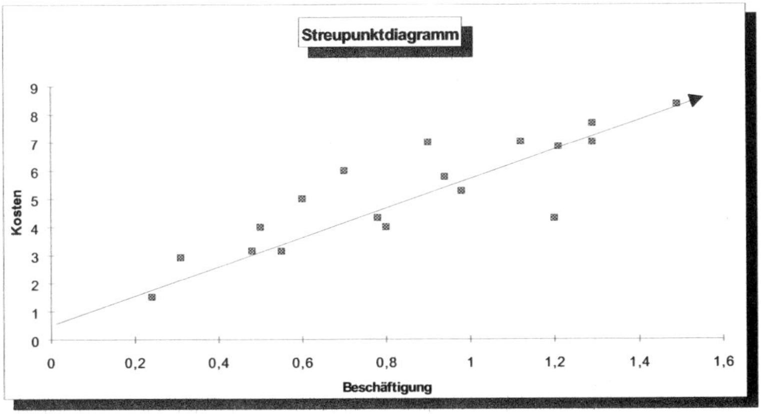

In der Praxis wird die Punktwolke der Istwerte noch durch einen **Durchschnittswert** ergänzt, der als Orientierungspunkt dient und das Zeichnen der Ausgleichsgeraden etwas vereinfachen soll. Dieser Durchschnittswert ermittelt sich als arithmetisches Mittel aus den Kostengrößen und den Bezugsgrößen. Die gesuchte Gerade soll durch diesen Durchschnittspunkt gehen, der zugleich als Drehachse für die Gerade dient.

Kritische Betrachtung der Streupunktdiagramme

Die grafische Kostenauflösung ist ein **sehr einfach** anzuwendendes Verfahren. Mit Hilfe eines Tabellenkalkulationsprogramms lassen sich die notwendigen Berechnungen, die Ergebnisse und die Grafik in wenigen Arbeitsschritten und in einem Arbeitsblatt erstellen. Als Vorteil dieses Verfahrens kann ebenfalls gesehen werden, dass es **alle Werte verwendet** und sich nicht nur auf einige wenige beschränkt.

Zusammengefasst zeichnet sich das Kostenauflösungsverfahren durch folgende Nachteile aus:

☹ durch das freihändige Einzeichnen einer Ausgleichsgeraden lässt sich eine gewisse Willkür nicht vermeiden. Es kommt daher bei verschiedenen Personen zu mehr oder weniger abweichenden Ergebnisse;

- ☹ in den Kostengrößen sind u.U. auch zufällige Größen und Störungen, z.B. kurzfristige Überbeanspruchung einer Kostenstelle oder teilweiser Maschinenstillstand, sowie Auswirkungen von Erfassungsfehlern enthalten;
- ☹ Voraussetzung dieses Verfahrens ist, dass man genügend Werte einzeichnen kann, d.h., dass genügend Beschäftigungsschwankungen in der Vergangenheit aufgetreten sind, so dass die Kosten bei verschiedenen Beschäftigungsgraden ermittelt werden können. Bei einer Punktballung ist dieses Verfahren nicht anwendbar.
- ☹ zwischenzeitliche Änderungen des Produktionsverfahrens und des Produktionsprogramms sowie Rationalisierungsmaßnahmen beeinflussen die Aussagefähigkeit des Verfahrens u.U. maßgeblich;
- ☹ eine gegebenenfalls vorhandene Kostenremanenz bleibt unberücksichtigt;
- ☹ das Verfahren ist vergangenheitsbezogen. Der Kostenverlauf wird in Abhängigkeit von der Istbeschäftigung vergangener Perioden dargestellt. Die Zukunft wird in keiner Weise berücksichtigt.

Exkurs: Kostenremanenz

Eine besondere Problematik im Rahmen der Deckungsbeitragsrechnung stellt die Kostenremanenz dar. Kostenremanenz bedeutet, dass die Kosten bei rückläufiger Beschäftigung nicht in gleichem Maße sinken, wie sie bei steigender Beschäftigung zunehmen (remanere = zurückbleiben). Zum Beispiel können bei einem kurzfristigen Beschäftigungsrückgang die vorhandenen Anlagen und Maschinen aus ökonomischen Gründen nicht sofort stillgelegt und die betroffenen Arbeitnehmer aus rechtlichen und sozialen Gründen nicht sofort entlassen werden. Die Übersicht 2/3 zeigt den typischen Kostenverlauf bei Remanenz.

Übersicht 2/3: Kostenremanenz

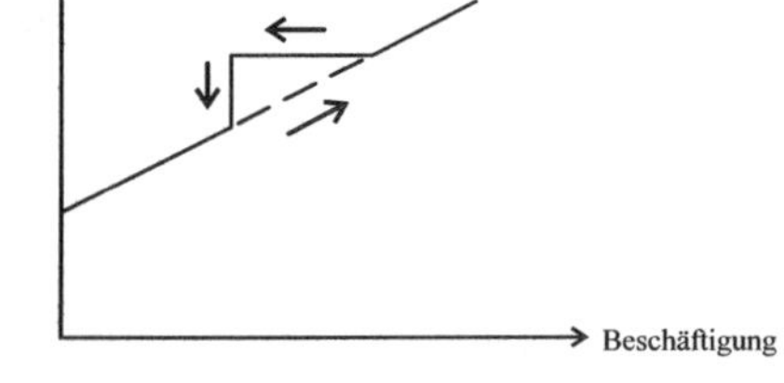

Bei allen Entscheidungen müssen solche Kostenremanenzen grundsätzlich berücksichtigt werden.

(4) Mathematische Kostenauflösungsverfahren

Beschreibung des mathematischen Kostenauflösungsverfahrens

Bei dem von *Schmalenbach* erstmals verwendeten mathematischen Verfahren wird ebenso wie bei der grafischen Methode versucht, aus den Zahlen der Vergangenheit und den dort vorliegenden Beziehungen zwischen der Kostenhöhe und dem dazugehörigen Beschäftigungsgrad auf die Höhe der fixen und variablen Kosten zu schließen. Es werden die **Kosten von zwei Beschäftigungsgraden miteinander verglichen**, d.h. zueinander ins Verhältnis gesetzt. Der Kostenzuwachs besteht aus variablen Kosten oder so genannten Grenzkosten. Als Grenzkosten bezeichnet man in der Plankostenrechnung den Kostenzuwachs, der durch die Herstellung der jeweils letzten Produktionseinheit entsteht.

Bei genauerer Betrachtung stellt man fest, dass die mathematische Methode sehr viel Ähnlichkeit mit dem grafischen Verfahren hat. Die mathematische Methode kann auch als eine vereinfachte Variante der grafischen Vorgehensweise aufgefasst werden, nämlich als ein Streupunktdiagramm mit lediglich zwei Koordinatenwerten.

Die variablen Stückkosten werden also anhand von empirisch ermittelten Gesamtkosten (Kosten 1 und Kosten 2) für zwei verschiedene Beschäftigungsgrade (Besch.1 und Besch.2) ermittelt. Das mathematische Verfahren wird daher auch als *Differenzen-Quotienten-Verfahren*, *Zweipunkt-Verfahren* oder als *High-Low-Points Method* bezeichnet.

$$\text{var. Stückkosten} = \frac{\text{Kosten 1} - \text{Kosten 2}}{\text{Besch. 1} - \text{Besch. 2}}$$

Oder allgemein ausgedrückt:

$$\text{var. Stückkosten} = \frac{\text{Kostendifferenz}}{\text{Beschäftigungsdifferenz}}$$

Die Fixkosten kann man errechnen, indem man die ermittelten variablen Stückkosten mit der Ausbringungsmenge des ersten oder zweiten zugrunde gelegten Beschäftigungsgrades multipliziert und das Ergebnis von den Gesamtkosten subtrahiert. Die Differenz zeigt die Höhe der fixen Kosten an.

$$\text{Fixkosten} = \text{Kosten 1} - (\text{var. Stückkosten} * \text{Besch. 1})$$

oder

$$\text{Fixkosten} = \text{Kosten 2} - (\text{var. Stückkosten} * \text{Besch. 2})$$

Diese Vorgehensweise setzt voraus, dass der Kostenverlauf geradlinig ist und keine sprungfixen Kosten enthält. Die zur Differenzbildung benötigten beiden Wertepaare sind so auszuwählen, dass zum einen die beiden Bezugsgrößen möglichst weit auseinander liegen, und zum anderen die Werte repräsentativ sind, d.h., die Wertepaare müssen frei von außerordentlichen Einflüssen sein.

Beispiel: Mathematische Kostenauflösung

Bei 400 h Maschinenlaufzeit fallen 1.000 € für Betriebsstoffe an, bei 300 h Maschinenlaufzeit dagegen nur 800 €.

$$\text{var. Betriebsstoffkosten je Maschinenstunde} = \frac{1.000\,€ - 800\,€}{400\,h - 300\,h}$$

$$= \frac{200\,€}{100\,h} = 2\,€/h$$

D.h., die Gesamtkosten für Betriebsstoffe setzen sich zusammen aus 200 € (= 1.000 € - 2 €/h * 400 h) Fixkosten und 2 €/h beschäftigungsabhängiger Anteil.

Alternativ lässt sich das Beispiel auch wie folgt lösen: Aus den Informationen werden zwei Gleichungen generiert, die nach den Fixkosten aufgelöst und dann gleichgesetzt werden:

$K_1 = K_{1fix} + k_{1var} * x_1$
$K_2 = K_{2fix} + k_{2var} * x_2$

Nach Umstellung erhält man jeweils:

$K_{1fix} = K_1 - k_{1var} * x_1$
$K_{2fix} = K_2 - k_{2var} * x_2$

Da die Fixkosten und die variablen Stückkosten bei beiden Gleichungen identisch sein müssen, folgt daraus:

$K_1 - k_{var} * x_1 = K_2 - k_{var} * x_2$

Mit Zahlen eingesetzt ergibt sich:

$1.000\text{ €} - k_{var} * 400\text{ h} = 800\text{ €} - k_{var} * 300\text{ h}$
$200\text{ €} - k_{var} * 400\text{ h} = - k_{var} * 300\text{ h}$
$200\text{ €} = k_{var} * 100\text{ h}$
$k_{var} = 2\text{ €/h}$

$K_{fix} = 800\text{ €} - 2\text{ €/h} * 300\text{ h} = 200\text{ €}$

Ebenfalls möglich ist die folgende Berechnungsvariante: Bei einer Produktionserhöhung von einem Drittel steigen die Kosten um 25 %, d.h., bei einer Produktionssteigerung von 100 % würden die Gesamtkosten um 75 % zunehmen. Daraus folgt, dass die variablen Kosten 75 % und die Fixkosten 25 % betragen, also:

K_{fix} = 25 % von 800 € = 200 € und
K_{var} = 75 % von 800 € = 600 € bzw. pro Stunde umgerechnet
k_{var} = 600 € / 300 h = 2 €/h

Kritische Betrachtung des Kostenauflösungsverfahrens

Der Hauptvorteil des mathematischen Kostenauflösungsverfahrens besteht darin, dass es **relativ einfach anzuwenden** ist.

Zusammengefasst zeichnet sich das mathematische Kostenauflösungsverfahren durch folgende Nachteile aus:

- ☹ Der Nachteil der mathematischen Kostenauflösung ist die mangelnde Genauigkeit. Wenn K_1 und K_2 vom Gesamtdurchschnitt abweichen, so wird das Ergebnis nicht die tatsächliche Kostenstruktur widerspiegeln. Das gilt sowohl für die variablen Kosten als auch für die fixen Kosten, die rechnerisch als Residualgröße entstehen;
- ☹ das Verfahren ist vergangenheitsbezogen. Die Zukunft wird in keiner Weise berücksichtigt;
- ☹ die Kostengrößen dürfen keine außergewöhnlichen Umstände und singuläre Ereignisse sowie Auswirkungen von Erfassungsfehlern enthalten, weil sonst die Ergebnisse massiv beeinflusst werden;
- ☹ die Beschäftigung muss in der Vergangenheit in einem größeren Bereich geschwankt haben, da sich sonst die Abhängigkeit der Kosten bei abweichenden Beschäftigungsgraden nicht angeben lässt. Je kürzer das beobachtete Intervall ist, desto geringer stellt sich die Genauigkeit der errechneten Werte ein;
- ☹ das Verfahren ist nur dann anzuwenden, wenn ausgeschlossen ist, dass sprungfixe Kosten vorliegen;
- ☹ Änderungen des Produktionsverfahrens etc. beeinflussen die Aussagefähigkeit der Verfahren maßgeblich;
- ☹ eine gegebenenfalls vorhandene Kostenremanenz bleibt unberücksichtigt.

Erweiterte mathematische Kostenauflösung

Die mathematische Kostenauflösungsmethode lässt sich dadurch verbessern, dass man die **Mittelwerte aus den verschiedenen Kosten- und Beschäftigungsgrößen** ermittelt und diese dann für „Kosten 1" und „Kosten 2" bzw. „Beschäftigung 1" und „Beschäftigung 2" einsetzt. D.h., es werden zwei Gruppen von Kosten- und Beschäftigungswerten gebildet. Die eine Gruppe nimmt die Zahlen bei niedriger, die andere Gruppe die Zahlen bei hoher Beschäftigung auf.

Beispiel: Erweiterte mathematische Methode

Ausgangsdaten	Maschinen-stunden (h)	Reparatur-kosten (€)
Januar	3.750	4.200
Februar	4.000	4.500
März	5.400	5.500
April	5.000	5.250
Mai	4.750	4.900
Juni	6.000	5.700
Juli	6.700	6.500
August	3.900	4.750
September	4.950	5.000
Oktober	3.900	4.450
November	4.300	4.650
Dezember	5.250	5.500

Quelle: In Anlehnung an Giesen, H./Heck, A./Reisel, R.: Plankostenrechnung, S. 43 ff.

Aus dem Datenbestand werden zwei Gruppen von Kosten- und Beschäftigungsverhältnissen gebildet.

	niedrige Beschäftigung	
Monate	h	€
Januar	3.750	4.200
Februar	4.000	4.500
Mai	4.750	4.900
August	3.900	4.750
Oktober	3.900	4.450
November	4.300	4.650
Σ	24.600	27.450
∅	4.100	4.575

	hohe Beschäftigung	
Monate	h	€
März	5.400	5.500
April	5.000	5.250
Juni	6.000	5.700
Juli	6.700	6.500
September	4.950	5.000
Dezember	5.250	5.500
Σ	33.300	33.450
∅	5.550	5.575

Grafisch betrachtet sieht die Aufspaltung folgendermaßen aus:

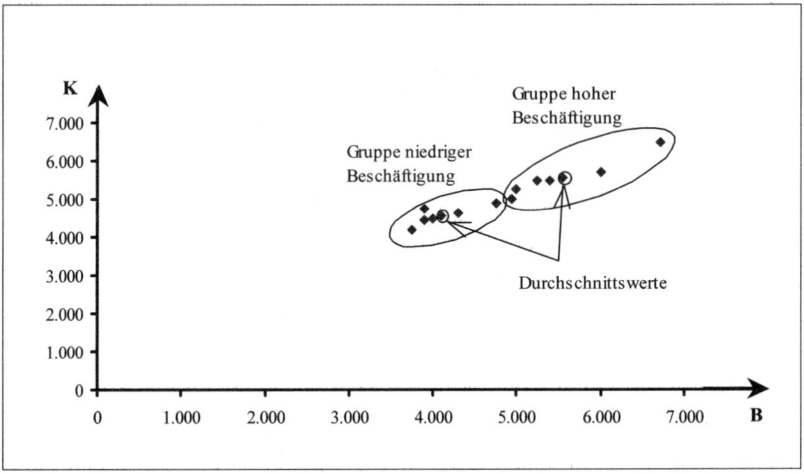

Durch die Durchschnittsbildung sind zwei Punkte der Ausgleichsgeraden bestimmt. Werden diese in die Formel für die mathematische Methode eingesetzt, ergibt sich:

$$\text{var. Stückkosten} = \frac{5.575\,€ - 4.575\,€}{5.550\,h - 4.100\,h} \approx 0{,}6896551\,€/h$$

$$\text{Fixkosten} = 5.575\,€ - 5.550\,h * 0{,}6896551\,€/h \approx 1.747{,}41\,€$$

Die Gesamtkostenfunktion lautet damit: y = 1.747,41 € + 0,6897 €/h * x

(5) Buchtechnisch-statistische Kostenauflösung

Vorgehensweise bei der buchtechnisch-statistischen Methode

Ein Verfahren, das der mathematischen Methode sehr ähnlich ist, ist die buchtechnisch-statistische Kostenauflösung. Falls mindestens zwei Vergangenheitswerte von unterschiedlichen Beschäftigungsgraden bekannt sind, kann die Kostenaufspaltung mit Hilfe dieser Methode durchgeführt werden.

Ausgangspunkt ist wieder die Überlegung, dass die verschiedenen Kostenarten unterschiedlich auf Beschäftigungsänderungen reagieren. Die Reaktion der einzelnen Kostenarten auf die Beschäftigungsschwankungen wird bei der buchtechnisch-statistischen Kostenauflösungsmethode durch den so genannten *Reagibilitätsgrad* zum Ausdruck gebracht, aus dem bereits direkt die variablen Kosten abgelesen werden können. Die fixen Kosten erhält man durch Subtraktion der variablen Kosten von den Gesamtkosten.

Ermittlung des Reagibilitätsgrades

Der **Reagibilitätsgrad** R ist der Quotient aus prozentualer Kostenänderung und prozentualer Beschäftigungsänderung.

$$R = \frac{(\text{Kosten 2} - \text{Kosten 1}) / \text{Kosten 1}}{(\text{Besch. 2} - \text{Besch. 1}) / \text{Besch. 1}}$$

Der Reagibilitätsgrad gibt an, um wie viel Prozent sich die Kosten ändern, wenn sich die Beschäftigung um ein Prozent ändert. Ein Reagibilitätsgrad von 0,7 heißt beispielsweise, dass 70 % der Gesamtkosten variable Kosten sind. Der Rest in Höhe von 30 % sind dann Fixkosten. Ist der Reagibilitätsgrad 1, dann handelt es sich um reine variable Kosten, denn proportionale Kosten verändern sich definitionsgemäß im gleichen Verhältnis wie die zugehörige Beschäftigung. Steigt also beispielsweise die Ausbringungsmenge um 5 %, so steigen auch die Kosten um 5 %.

$$R = \frac{5\,\%}{5\,\%} = 1{,}0$$

Gelegentlich kann es vorkommen, dass der Reagibilitätsgrad R > 1 ist, d.h. die Kosten verändern sich prozentual stärker als der Beschäftigungsgrad. In solchen Fällen liegen *progressive Kostenstrukturen* vor. Steigt beispielsweise die Beschäftigung um 10 % und steigen die Kosten um 18 % liegt ein Reagibilitätsgrad von R = 1,8 vor.

$$R = \frac{18\,\%}{10\,\%} = 1{,}8$$

Der Reagibilitätsgrad einer Kostenart kann von Kostenstelle zu Kostenstelle unterschiedlich sein und ist somit stets kostenstellenweise zu ermitteln.

Variator

Der Reagibilitätsgrad kann nun zum Variator erweitert werden. Der Variator ist der auf 10 % Beschäftigungsschwankung umgerechnete Reagibilitätsgrad. Der nächste Schritt besteht also darin, dass man den Reagibilitätsgrad mit dem Faktor 10 multipliziert. So erhält man den so genannten **Variator** V.

$$V = R * 10$$

oder

$$V = \frac{\text{variable Kosten}}{\text{Gesamtkosten}} * 10$$

Der Variator ist bei rein proportionalen Kosten stets gleich 10 und bei rein fixen Kosten immer gleich 0. In der Regel liegt er aber zwischen diesen beiden Extremen, da sich die Kosten im Allgemeinen aus fixen und variablen Teilen zusammensetzen. Sind beispielsweise 70 % der Gesamtkosten variable Kosten, so wäre der Variator V = 7.

Der Variator kommt insbesondere in der Plankostenrechnung zum Einsatz. Dort gibt er an, um wie viel Prozent sich die Plankosten ändern, wenn der Beschäftigungsgrad um 10 % variiert.

Beispiel: Buchtechnisch-statistische Kostenauflösung

In einer Fertigungskostenstelle sollen die variablen und fixen Kosten mit Hilfe der Variatormethode ermittelt werden. Aus dem internen Rechnungswesen liegen folgende Vergangenheitswerte vor:

Quartal	Maschinen-laufzeit	Kosten für Reinigung
I. Quartal	450 h	16.000 €
II. Quartal	600 h	20.000 €

Zunächst wird aus den beiden Kostengrößen einerseits und den beiden Maschinenzeiten andererseits der Reagibilitätsgrad R errechnet:

$$R = \frac{(20.000\text{ €} - 16.000\text{ €}) / 16.000\text{ €}}{(600\text{ h} - 450\text{ h}) / 450\text{ h}} \approx \frac{0,25}{0,33} \approx 0,75$$

Ein Reagibilitätsgrad von R = 0,75 heißt nichts anderes, als dass 75 % der Gesamtkosten variabel sind, also:

Variable Kosten = $R * K_1 = 0,75 * 16.000$ € = 12.000 €/Qt.
Fixe Kosten = $K_1 - K_{var} = 16.000$ € - 12.000 € = 4.000 €/Qt.
oder
Fixe Kosten = $K_1 * (1 - R) = 16.000$ € * 0,25 = 4.000 €/Qt.

Der Variator der Kostenart „Reinigung“ wäre dann: V = 0,75 * 10 = 7,5. Verbal ausgedrückt bedeutet dies, dass bei einer Beschäftigungsänderung (hier Veränderung der Maschinenlaufzeit) von 10 % die Kosten um 7,5 % variieren.

Kritische Betrachtung der buchtechnisch-statistischen Methode

Zusammengefasst zeichnet sich das buchtechnisch-statistische Kostenauflösungsverfahren durch folgende Nachteile aus:

☹ das Verfahren ist vergangenheitsbezogen. Die Zukunft wird in keiner Weise berücksichtigt;
☹ in den Kostengrößen dürfen keine zufälligen Größen und Störungen sowie Auswirkungen von Erfassungsfehlern enthalten sein;
☹ die Beschäftigung muss in der Vergangenheit in einem größeren Bereich geschwankt haben, da sich sonst die Abhängigkeit der Kosten bei abweichenden Beschäftigungsgraden nicht angeben lässt;

☹ Änderungen des Produktionsverfahrens etc. beeinflussen die Aussagefähigkeit der Verfahren maßgeblich;

☹ eine gegebenenfalls vorhandene Kostenremanenz bleibt unberücksichtigt.

(6) Mathematisch-statistische Kostenauflösungsverfahren

Überblick und Strukturierung

Die mathematisch-statistischen Kostenauflösungsverfahren beruhen ebenfalls auf einer Auswertung von Vergangenheitszahlen. Die Bestimmung der Kostenfunktion wird jedoch im Gegensatz zur grafischen Kostenauflösung mit exakten Verfahren durchgeführt. Der Vorzug gegenüber der mathematischen Vorgehensweise liegt darin, dass mehr als zwei Wertepaare in die Untersuchung einbezogen werden können. Solche exakten Verfahren bezeichnet man in der Statistik als **Regressionsanalysen**.

Die einfachste Form der Regressionsanalyse ist die **lineare Einfachregression**. Einfachregression bedeutet, dass die Beziehung nur zwischen zwei Variablen, z.B. Kosten und Beschäftigung, untersucht wird. Linear deutet auf einen gleichgerichteten proportionalen Zusammenhang zwischen abhängiger und unabhängiger Variable hin. Den linearen Funktionen kommen in dem internen Rechnungswesen eine besondere Bedeutung zu. Einmal hat es sich gezeigt, dass viele Zusammenhänge zwischen Kosten- und Leistungsdaten zumindest näherungsweise recht gut durch lineare Funktionen abgebildet werden können. Zum anderen ist es in vielen Fällen möglich, nicht-lineare Funktionen durch geeignete Koordinationstransformationen oder stufenweiser Betrachtung zu linearisieren. Dies ist vorteilhaft, da lineare Funktionen rechnerisch relativ einfach zu handhaben sind.

Bekannte **Methoden der linearen Einfachregression** sind:

☞ Methode der kleinsten Quadrate;

☞ Maximum-Likelihood-Methode.

Methode der kleinsten Quadrate

Unter den prinzipiell unendlich vielen Regressionsgeraden, die durch eine empirisch ermittelte Punktwolke gelegt werden können, ist nun die zu finden, welche die in der Punktwolke vorhandene Grundtendenz möglichst am besten beschreibt. Die Statistik favorisiert in diesen Fällen die Methode der kleinsten Quadrate, d.h., man minimiert die Summe der Quadrate der einfachen senkrechten Abweichungen zwischen der gesuchten Geraden und den tatsächlich gemessenen Werten. Dabei bedeutet „senkrecht“, dass die Abstände parallel zur y-Achse minimiert werden. Formal lässt sich das wie folgt beschreiben:

$$\mathbf{Q} = \Sigma \; (y_i - y^*_i)^2$$

mit	Q	ist zu minimieren
	y_i	tatsächlich gemessene Y-Werte, z.B. Kosten
	y^*_i	Y-Werte der gesuchten Trenngeraden
	i	Einzelwerte von x, d.h. $i = 1, ..., n$

Die Y-Werte selbst ergeben sich aus der für lineare Funktionen üblichen Funktion:

$$y^*_i = a + b * x_i$$

mit	a	bezeichnet als absolutes Glied den Ordinatenabschnitt
	b	bezeichnet die Steigung der gesuchten Geraden

Bei Anwendung der Methode der kleinsten Quadrate sind nun die Regressionskoeffizienten a und b so zu bestimmen, dass die nachstehende Funktion ein Minimum annimmt:

$$Q(a, b) = \Sigma \; (y_i - y^*_i)^2 \quad \text{oder}$$

$$= \Sigma \; (y_i - a - b \; x_i)^2$$

Die y_i und x_i sind hier als beobachtete Messwerte konstante Größen, a und b sind die Veränderlichen. Es handelt sich also um ein Problem der Extremwertbestimmung einer Funktion mit zwei Variablen. Eine notwendige Bedingung für das Vorliegen eines Extremwertes besteht bekanntlich darin, dass die beiden ersten partiellen Ableitungen Null ergeben. Auf die einzelnen Rechenschritte soll aus Vereinfachungsgründen an dieser Stelle verzichtet werden. Als Ergebnis erhält man zwei Bestimmungsgleichungen für die unbekannten Regressionskoeffizienten a und b. Diese Gleichungen werden in der Literatur auch häufig als *Kleinste-Quadrate-Normalgleichungen* bezeichnet.

$$a = \frac{\Sigma x^2_i \, \Sigma y_i - \Sigma x_i \, \Sigma x_i y_i}{n \, \Sigma x^2_i - (\Sigma x_i)^2}$$

$$b = \frac{n \, \Sigma x_i y_i - \Sigma x_i \, \Sigma y_i}{n \, \Sigma x^2_i - (\Sigma x_i)^2}$$

Beispiel: Methode der kleinsten Quadrate

Die Kostenrechnungsabteilung eines mittelständischen Unternehmens will den Zusammenhang zwischen Energiekosten und Beschäftigung für die Kostenstelle 317 "Montage" untersuchen. Die Jahresbetrachtung zeigt folgende Monatswerte:

Monate	Jan	Feb	Mär	Apr	Mai	Jun	Jul	Aug	Sep	Okt	Nov	Dez
Besch. in h	930	990	1200	1300	1100	800	240	500	560	1500	1300	300
Kosten in €	5800	5300	6800	7000	7000	4300	1500	3200	3100	8300	7700	3000

Trägt man die Beobachtungswerte in ein Koordinatensystem ein, so erkennt man, dass hier ein linearer Zusammenhang besteht.

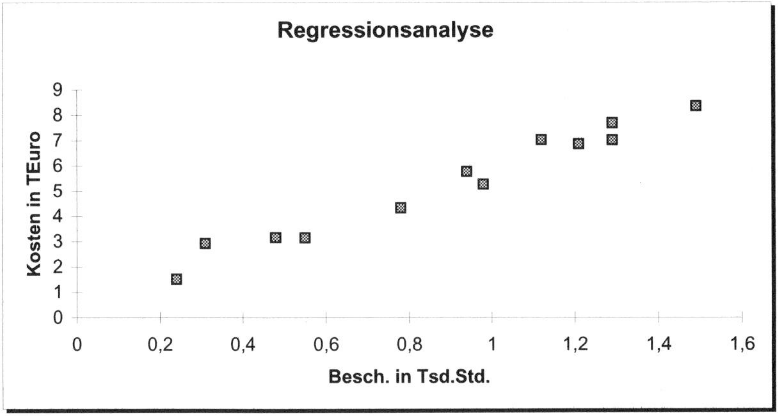

Die zur Ermittlung der Regressionskoeffizienten erforderlichen Summen lassen sich am besten anhand der folgenden Arbeitstabelle errechnen:

Monat	x_i	y_i	x^2_i	$x_i y_i$
Januar	930	5.800	864.900	5.394.000
Februar	990	5.300	980.100	5.247.000
März	1.200	6.800	1.440.000	8.160.000
April	1.300	7.000	1.690.000	9.100.000
Mai	1.100	7.000	1.210.000	7.700.000
Juni	800	4.300	640.000	3.440.000
Juli	240	1.500	57.600	360.000
August	500	3.200	250..000	1.600.000
September	560	3.100	313.600	1.736.000
Oktober	1.500	8.300	2.250.000	12.450.000
November	1.300	7.700	1.690.000	10.010.000
Dezember	300	3.000	90.000	900.000
Summe	10.720	63.000	11.476.200	66.097.000

Als Ergebnis erhält man also:

n	=	12
Σx_i	=	10.720 h
Σx^2_i	=	11.476.200 h^2

$\Sigma\, y_i \quad = \quad 63.000\ €$

$\Sigma\, x_i\, y_i \quad = \quad 66.097.000\ h * €$

$a \quad = \quad 633{,}4778 \quad \approx \quad 633{,}48\ €$

$b \quad = \quad 5{,}1677487 \quad \approx \quad 5{,}17\ €/h$

Die Kleinste-Quadrate-Regressionsfunktion lautet ergo:

$$y^* \quad = \quad 633{,}48\ € \quad + \quad 5{,}17\ €/h \quad * \quad x$$

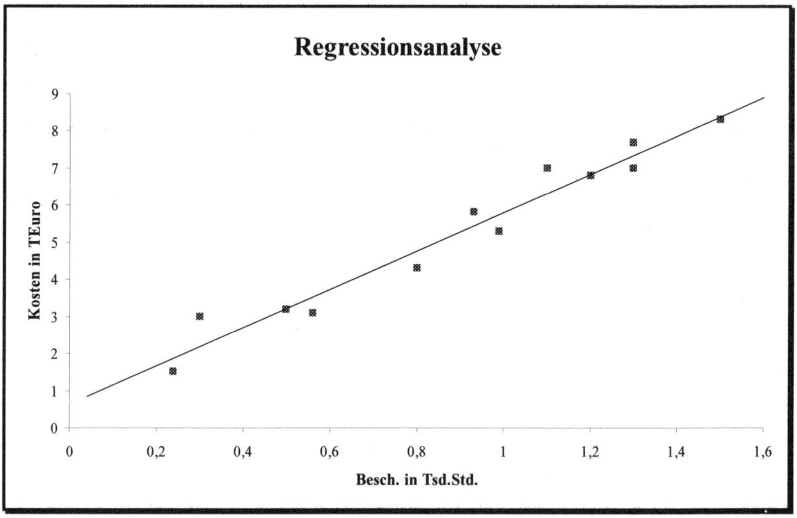

Die Fixkosten betragen 633,48 €, die variablen Kosten belaufen sich auf ca. 5,17 € pro produktiver Personalstunde.

Bestimmtheitsmaß

Um die Güte der Regressionsanalyse zu bestimmen, gibt es in der Statistik das so genannte Bestimmtheitsmaß. Je näher die Maßgröße bei 1 liegt, um so besser ist die Qualität der ermittelten Regressionsfunktion. Das Bestimmtheitsmaß liegt dabei zwischen den beiden Extremen 0 und 1. Auf Einzelheiten sei an dieser Stelle verzichtet und stattdessen auf die entsprechende Fachliteratur verwiesen.

Kritische Betrachtung des Kostenauflösungsverfahrens

Zusammengefasst zeichnet sich das Kostenauflösungsverfahren durch folgende Nachteile aus:

- ☹ Nachteilig wirkt sich der hohe Rechenaufwand aus. Mit steigender Zahl von Kostenstellen und Kostenarten ist unter Wirtschaftlichkeitsgesichtspunkten nur eine maschinelle Verarbeitung vertretbar;
- ☹ das Verfahren ist vergangenheitsbezogen. Die Zukunft wird in keiner Weise berücksichtigt;
- ☹ in den Kostengrößen sind u.U. auch zufällige Größen und Störungen sowie Auswirkungen von Erfassungsfehlern enthalten. Der Grad der Ungenauigkeit erhöht sich hier in dem Maße, in dem die genannten Größen beispielsweise zu Nichtlinearitäten führen;
- ☹ die Beschäftigung muss in der Vergangenheit in einem größeren Bereich geschwankt haben, da sich sonst die Abhängigkeit der Kosten bei abweichenden Beschäftigungsgraden nicht angeben lässt;
- ☹ Änderungen des Produktionsverfahrens etc. beeinflussen die Aussagefähigkeit der Verfahren maßgeblich;
- ☹ Hinzu kommt, dass ohne eine gesonderte Kostenanalyse Unwirtschaftlichkeiten, Kostenremanenzen und ähnliche Einzelfaktoren nicht erkannt und somit für eine spätere Kostenplanung auch nicht ausgesondert werden können.

Weiterführende Methoden der mathematisch-statistischen Kostenauflösung

Kompliziertere Abhängigkeiten zwischen den Istkosten und der Kosteneinflussgröße lassen sich durch die Vorgabe nicht-linearer Kostenfunktionen darstellen. Ebenso können mit den *Methoden der multiplen Regressionsanalyse* drei oder mehrere Bezugsgrößen gleichzeitig berücksichtigt werden. Auch *Simulationsverfahren* gewinnen zunehmend an Bedeutung.

(7) Analytische Verfahren der Kostenauflösung

Wie in den Kritikpunkten zu den bisherigen Verfahren zum Ausdruck kam, ist eine Kostenaufspaltung auf der Grundlage von Vergangenheitsdaten immer mit Mängeln behaftet. Bei den analytischen Verfahren – auch *planerisch-synthetischen Methoden* genannt – werden daher die fixen und variablen Kosten **unabhängig von Vergangenheitswerten** getrennt. Diese Gruppe von Verfahren zeichnet sich dadurch aus, dass die Kostenauflösung von einem Fachmann aufgrund von Verbrauchsanalysen, arbeitswissenschaftlichen Untersuchungen, Messungen und Berechnungen sowie aufgrund von Schätzungen und Erfahrungs- und Vergleichswerten durchgeführt wird. Als Entscheidungshilfe für die Bestimmung der fixen Kosten wird die Aufrechterhaltung der Betriebsbereitschaft mit der hypothetischen Frage herangezogen, welche Kostenanteile auch bei einem Beschäftigungsgrad von Null entstünden.

2.2.3 Kostenstellenrechnung

Bei Mehrproduktbetrieben ist als Voraussetzung einer Kostenträgerrechnung das Vorhandensein einer Kostenstellenrechnung zu nennen. In der Kostenstellenrechnung sind die verschiedenen Gemeinkosten des Betriebes jeweils an den Orten ihrer Entstehung möglichst verursachungsgerecht zu buchen. Anschließend werden die Zuschlagssätze für die Produktkalkulation entwickelt. Insofern unterscheidet sich die Deckungsbeitragsrechnung kaum von der Vollkostenrechnung. Auch der Ablauf der Kostenstellenrechnung in der Teilkostenrechnung erfolgt grundsätzlich wie bei der Vollkostenrechnung, jedoch sind **variable und fixe Kosten getrennt** zu behandeln.

> In der **Kostenstellenrechnung auf Teilkostenbasis** werden für jede Kostenstelle entweder nur variable oder variable und fixe Kosten getrennt ausgewiesen.

Das Instrument hierfür ist nach wie vor der **Betriebsabrechnungsbogen** (BAB), der auf Vollkostenbasis in nahezu allen Unternehmen vorhanden ist. Er muss lediglich etwas erweitert werden, um im Rahmen der Deckungsbeitragsrechnung einsatzfähig zu sein.

Diesen für Zwecke der Deckungsbeitragsrechnung erweiterten Betriebsabrechnungsbogen bezeichnet man auch kurz als *Teilkosten-BAB*.

2.2.3.1 Aufbau und Ablauf des Teilkosten-BAB

Bedeutung des BAB in der Deckungsbeitragsrechnung

Der Betriebsabrechnungsbogen auf Teilkostenbasis – kurz *Teilkosten-BAB* – ist fundamentaler Bestandteil der Deckungsbeitragsrechnung. Mit ihm ist eine wirksame Kostenplanung und -kontrolle möglich, weil die Kostenstellen mit den kurzfristig relevanten Kosten belastet werden. Der Teilkosten-BAB liefert zudem wichtige Informationen für betriebliche Entscheidungen wie zum Beispiel für kurzfristige *Make-or-Buy-Entscheidungen*. Auf der Vertriebsseite sind mit Hilfe des Teilkostenansatzes kurzfristige Preisuntergrenzen ermittelbar.

> Der **Teilkosten-BAB** ist das abrechnungstechnische Bindeglied zwischen der Kostenstellen- und Kostenträgerrechnung.

Aufbau des Teilkosten-BAB

Der Betriebsabrechnungsbogen in der Teilkostenrechnung ist grundsätzlich genauso aufgebaut wie der BAB in der Vollkostenrechnung. Er unterscheidet sich nur durch die **Aufspaltung der Gemeinkosten in fixe und variable Bestandteile**.

Variabel heißt hierbei immer, die Kosten verhalten sich proportional zur Anzahl der Kostenträger und sie verändern sich gleichzeitig mit der Beschäftigung der Kostenstelle. Die zu wählenden Bezugsgrößen müssen insofern zwei Funktionen gleichzeitig erfüllen: Sie müssen in der Kostenstellenrechnung und in der Kostenträgerrechnung einsetzbar sein. Man spricht in diesem Zusammenhang auch von **Bezugsgrößen mit doppelter Funktion**.

Ablauf der BAB-Erstellung

Der Ablauf des BAB in der Deckungsbeitragsrechnung entspricht der Vorgehensweise in der Vollkostenrechnung, d.h., es sind die gleichen Schritte mit nahezu gleichem Inhalt durchzuführen.
In einem ersten Schritt werden die gesamten **Kosten auf alle Kostenstellen verteilt**. Dabei werden fixe und variable Kosten je Kostenstelle getrennt erfasst und zugeordnet. Im Allgemeinen werden zu diesem Zweck für jede Kostenstelle zwei Spalten eingerichtet. Findet die Kostenspaltung bereits in der Kostenartenrechnung statt, so gelangen die fixen Kosten direkt in die Kostenträgerzeitrechnung. Der Umweg über die Kostenstellenrechnung ist dann nicht mehr erforderlich. Die Kostenträgereinzelkosten, die über die Kostenstellenrechnung geführt werden können, zählen zu den proportionalen Kosten.
An die Umlage der primären Gemeinkosten schließt sich die **innerbetriebliche Leistungsverrechnung** an. Im Unterschied zur Vollkostenrechnung werden bei der Deckungsbeitragsrechnung aber nur die variablen Kosten auf die Hauptkostenstellen umgelegt. Die Fixkosten verbleiben unverändert auf den Hilfs- und Nebenkostenstellen.
Nach der innerbetrieblichen Leistungsverrechnung erfolgt die **Bildung von Kalkulationssätzen** für die Hauptkostenstellen. Die Gemeinkostenzuschlagssätze werden dem Prinzip entsprechend nur für die variablen Kostenbestandteile pro Hauptkostenstelle bzw. -bereich errechnet.
Die Fixkosten werden, sofern sie in die Kostenstellenrechnung einfließen, für jede Kostenstelle getrennt gesammelt und aufaddiert. Die Summe aller Fixkosten dient zur Ermittlung des **Fixkostenaufschlagssatzes** und gelangt unverteilt in die Betriebsergebnisrechnung. Dieser Schritt ist insofern im Gegensatz zur Vollkostenrechnung neu.
In einem letzten Schritt wird wie bei der Vollkostenrechnung die **Kosten- bzw. Wirtschaftlichkeitskontrolle** mit Hilfe von Kennzahlen durchgeführt.

Vorgehensweise bei der Teilkosten-BAB-Erstellung

Die Vorgehensweise bei der Erstellung eines Betriebsabrechnungsbogens auf Teilkostenbasis lässt sich in **fünf Schritte** gliedern:

1. Verteilung der primären Gemeinkosten auf die Kostenstellen (Trennung in variable und fixe Kosten);

2. Verteilung der sekundären variablen Gemeinkosten auf die Hauptkostenstellen (innerbetriebliche Leistungsverrechnung der variablen Gemeinkosten);

3. Bildung von variablen Kalkulationssätzen für jeden Kostenbereich bzw. jede Kostenstelle;

4. Ermittlung des Fixkostenaufschlagssatzes;

5. Kosten- bzw. Wirtschaftlichkeitskontrolle durch Kennzahlenbildung.

2.2.3.2 Verteilung der primären Gemeinkosten

In dem ersten Schritt werden die gesamten **Kostenträgergemeinkosten auf alle Hilfs-, Neben- und Hauptkostenstellen verteilt**. Fixe und variable Kosten sind zu diesem Zweck zu trennen. Die Verfahren zur Trennung der variablen und fixen Kosten wurden bereits im vorhergehenden Kapitel beschrieben.

Für die weitere Behandlung der Fixkosten im Betriebsabrechnungsbogen gibt es grundsätzlich drei Möglichkeiten:

1. Findet die **Kostenspaltung bereits in der Kostenartenrechnung** statt, so gelangen die fixen Kosten direkt in die Kostenträgerzeitrechnung. Der Umweg über die Kostenstellenrechnung ist dann nicht mehr erforderlich.
2. Eine andere Möglichkeit der Fixkostenerfassung besteht darin, die fixen Kosten kostenartenweise und summarisch in einer **separaten Spalte über alle Kostenstellen** zu sammeln. In den Kostenstellen werden dann nur die variablen Kosten geführt.
3. In den einzelnen Kostenstellen werden die fixen und variablen Kostenbestandteile getrennt aufgenommen. Im Allgemeinen werden zu diesem Zweck für jede Kostenstelle zwei oder drei Spalten eingerichtet. Diese Variante wird favorisiert und ist für eine wirksame Kostenkontrolle unerlässlich.

Der Spaltenkopf einer Kostenstelle mit differenzierten Informationen und drei Spalten ist im folgenden Beispiel wiedergegeben.

Beispiel: Trennung in variable und fixe Gemeinkosten

Die angefallenen Gemeinkosten wurden mit der mathematischen Methode in variable und fixe Kosten aufgespalten.

BAB	Fräserei		
September	Gesamtkosten	variable Kosten	fixe Kosten
Gemeinkostenlöhne	25.000 €	8.500 €	16.500 €
Hilfslöhne	1.600 €	1.300 €	300 €
Mehrarbeitszuschläge	230 €	230 €	0 €
Gehälter	1.100 €	0 €	1.100 €
Sozialkosten	21.070 €	6.800 €	14.270 €
Hilfsstoffe	150 €	80 €	70 €
Reparaturkosten	800 €	620 €	180 €
Kalk. Abschreibungen	3.500 €	1.800 €	1.700 €
Kalk. Zinsen	850 €	0 €	850 €
Stromkosten	2.800 €	1.450 €	1.350 €
Wasserkosten	4.400 €	3.900 €	500 €
Raumkosten	1.600 €	0 €	1.600 €
Transportkosten	700 €	700 €	0 €
$\sum$	63.800 €	25.380 €	38.420 €

2.2.3.3 Innerbetriebliche Leistungsverrechnung

Im Rahmen der Teilkostenrechnung muss – wie bereits erwähnt – im BAB eine Aufspaltung in variable und fixe Gemeinkostenbestandteile erfolgen. Das bedeutet für die innerbetriebliche Leistungsverrechnung, dass nur die variablen primären Gemeinkosten einer Hilfskostenstelle in das Verrechnungsverfahren einbezogen werden. Die sonst übliche Proportionalisierung der fixen Kosten findet in der Teilkostenrechnung nicht statt. Die Fixkosten aller Kostenstellen werden zu einem Block zusammengefasst und direkt in die Betriebsergebnisrechnung übernommen.

Im Zuge der innerbetrieblichen Leistungsverrechnung werden nur die **variablen Gemeinkosten** auf die Hauptkostenstellen umgelegt.

<u>Beispiel:</u> Innerbetriebliche Leistungsverrechnung

Der Betriebsbuchhaltung stehen am Ende des Abrechnungsmonats März nach Verteilung der primären Gemeinkosten folgende Daten zur Verfügung (vgl. auch Däumler, K.-D./Grabe, J.: Kostenrechnung I, S. 274 f.):

BAB	Allg. KoSt				Hauptkostenstellen							
Werte in T€	Strom		Repar.		Mat.		Fert.		Verw.		Vertr.	
Pro Monat	var	fix	var	fix	var	fix	var	fix	var	fix	var	fix
∑ prim. GK	6	2	8	6	7	18	25	62	0	15	6	22

Die Leistungsabgaben der allgemeinen Kostenstellen an andere Kostenstellen können Sie der folgenden Tabelle entnehmen:

Leistungsinanspruchnahme durch die Kostenstellen	Leistungsabgabe der allg. Kostenstellen: Stromstelle	Leistungsabgabe der allg. Kostenstellen: Reparaturstelle
Stromstelle		500 Stunden
Reparaturstelle	8.000 kWh	
Materialstelle	12.000 kWh	650 Stunden
Fertigungsstelle	9.000 kWh	1.050 Stunden
Verwaltung	5.000 kWh	130 Stunden
Vertrieb	6.000 kWh	170 Stunden
Summe	40.000 kWh	2.500 Stunden

Es soll die innerbetriebliche Leistungsverrechnung nach dem Stufenleiterverfahren vorgenommen werden! Die Reihenfolge der allgemeinen Kostenstellen kann beibehalten werden.

Stromverrechnungssatz = 6.000 € / 40.000 kWh = 0,15 €/kWh

Reparaturverrechnungssatz = (8.000 € + 1.200 €) / (2.500 h - 500 h) = 4,6 €/h

BAB	Allg. KoSt				Hauptkostenstellen							
Werte in T€	Strom		Repar.		Mat.		Fert.		Verw.		Vertr.	
Pro Monat	var	fix	var	fix	var	fix	var	fix	var	fix	var	fix
∑ prim. GK	6	2	8	6	7	18	25	62	0	15	6	22
Umlage Strom			1,2		1,8		1,35		0,75		0,9	
Umlage Repar.					2,99		4,83		0,598		0,782	
∑ sek. GK	0	2	0	6	11,79	18	31,18	62	1,348	15	7,682	22

Wenn sämtliche primäre Kosten der Kostenstellen in fixe und variable Bestandteile getrennt, innerbetriebliche Leistungsverrechnungen durchgeführt und die Summen der Hauptkostenstellen gebildet wurden, lassen sich die Kalkulationssätze je Bezugsgrößenmengeneinheit berechnen.

2.2.3.4 Bildung von Kalkulationssätzen

Die Kalkulationssätze werden wie in der Vollkostenrechnung im unteren Teil des Betriebsabrechnungsbogens errechnet. Ziel der Bildung von Kalkulationssätzen ist die Ermittlung der **variablen Gemeinkostenzuschlagssätze** (*Grenzkostensätze*) je Hauptkostenstelle, die wiederum in die Kostenträgerstückrechnung einfließen.

> Die Kalkulationssätze werden für die **variablen Gemeinkosten** der Hauptkostenstellen ermittelt. Nur diese werden auf die Kostenträger verrechnet.

Beispiel: Bildung des variablen Gemeinkostenzuschlagssatzes

In der Kostenstelle Fräserei leistete man im Monat September 1.269 Fertigungsstunden. Die angefallenen Gemeinkosten wurden mit der mathematischen Methode in variable und fixe Kosten aufgespalten. Die Aufteilung der primären Gemeinkosten auf die einzelnen Kostenstellen ist dem folgenden Auszug aus dem BAB zu entnehmen (vgl. auch Däumler, K.-D./Grabe, J.: Kostenrechnung I, S. 244 f.).

Auszug aus BAB	Fräserei		
September	Gesamtkosten	variable Kosten	fixe Kosten
Gemeinkostenlöhne	25.000 €	8.500 €	16.500 €
Hilfslöhne	1.600 €	1.300 €	300 €
Mehrarbeitszuschläge	230 €	230 €	0 €
Gehälter	1.100 €	0 €	1.100 €
Sozialkosten	21.070 €	6.800 €	14.270 €
Hilfsstoffe	150 €	80 €	70 €
Reparaturkosten	800 €	620 €	180 €
Kalk. Abschreibungen	3.500 €	1.800 €	1.700 €

Kalk. Zinsen	850 €	0 €	850 €
Energiekosten	2.800 €	1.450 €	1.350 €
Wasserkosten	4.400 €	3.900 €	500 €
Raumkosten	1.600 €	0 €	1.600 €
Transportkosten	700 €	700 €	0 €
Σ	63.800 €	25.380 €	38.420 €

Es soll der variable Gemeinkostenzuschlagssatz ermittelt werden!

Als Ergebnis des BAB auf Teilkostenbasis lassen sich variable Gemeinkostenzuschlagssätze für jede Kostenstelle ermitteln, die in der Kostenträgerstückrechnung eingesetzt werden. Für die Kostenstelle Fräserei ergibt sich für den Monat September folgender Zuschlagssatz:

$$\text{Var. GK-Zuschlagssatz} = \frac{\text{Variable Gemeinkosten}}{\text{Bezugsgröße}}$$

$$= \frac{25.380\ €}{1.269\ h} = 20{,}00\ €/h$$

Als Bezugsgröße wurden im Beispiel die Fertigungsstunden gewählt. Dabei wird – wie in der traditionellen Vollkostenrechnung – unterstellt, dass alle Kostenarten dieser Kostenstelle ausnahmslos von dieser einen Bezugsgröße abhängen. Da dieses jedoch in der Praxis nicht immer der Fall ist, werden häufig **mehrere Bezugsgrößen** nebeneinander in einer Kostenstelle angewandt.

Beispiel: Ermittlung der Grenzkostensätze und Selbstkosten

(Das folgende Beispiel ist eine Fortführung des Beispiels zur innerbetrieblichen Leistungsverrechnung aus dem vorhergehenden Kapitel.)

Der Betriebsbuchhaltung stehen am Ende des Abrechnungsmonats März nach Verteilung der primären und sekundären Gemeinkosten folgende Daten zur Verfügung:

BAB	Allg. KoSt				Hauptkostenstellen							
Werte in T€	Strom		Repar.		Mat.		Fert.		Verw.		Vertr.	
Pro Monat	var	fix	var	fix	var	fix	var	fix	var	fix	var	fix
Σ prim. GK	6	2	8	6	7	18	25	62	0	15	6	22
Umlage Strom			1,2		1,8		1,35		0,75		0,9	
Umlage Repar.					2,99		4,83		0,598		0,782	
Σ sek. GK	0	2	0	6	11,79	18	31,18	62	1,348	15	7,682	22

An Materialeinzelkosten sind 235.800 € und an Fertigungseinzelkosten 38.975 € angefallen.

Aus den Daten lassen sich die Grenzkostensätze entwickeln und die variablen und gesamten Selbstkosten des Unternehmens für März ableiten:

	Bezeichnung	Kosten	Zuschlagssatz
	Materialeinzelkosten	235.800 €	
+	Variable Materialgemeinkosten	11.790 €	5 %
+	Fertigungseinzelkosten	38.975 €	
+	Variable Fertigungsgemeinkosten	31.180 €	80 %
=	Variable Herstellkosten	317.745 €	
+	Variable Verwaltungsgemeinkosten	1.348 €	≈ 0,42 %
+	Variable Vertriebsgemeinkosten	7.682 €	≈ 2,42 %
=	Variable Selbstkosten	326.775 €	
+	Fixkosten	125.000 €	
=	Gesamte Selbstkosten	451.775 €	

Die **Fixkosten** werden pro Kostenstelle gesammelt, aufaddiert und als Block den Deckungsbeiträgen der Fertigerzeugnisse gegenübergestellt. Für die Preis- und Angebotskalkulation lässt sich zudem ein Fixkostenaufschlagssatz bilden (vgl. nachfolgendes Kapitel). Alternativ dazu führen einige Unternehmen eine kombinierte Vollkosten-/Teilkosten-Kostenstellenrechnung durch, d.h. sie ermitteln sowohl einen Teilkosten-Verrechnungssatz als auch einen Vollkosten-Verrechnungssatz für jede Kostenstelle bzw. Kostenbereich.

2.2.3.5 Maschinenstundensatzrechnung

Notwendigkeit der Maschinenstundensatzrechnung

Die traditionelle Form der Zuschlagskalkulation basiert auf dem Grundgedanken, dass alle in der Fertigung angefallenen Gemeinkosten auf den Fertigungslohn bezogen werden. Der Zuschlagssatz, der sich aus dem Durchschnitt der Gemeinkosten ergibt, wird dann auf alle Fabrikate in gleicher Weise und in gleicher Höhe verrechnet. Eine Unterscheidung in maschinelle oder manuelle Arbeitsplätze findet nicht statt.

Diese allgemein übliche Zuschlagskalkulation vermag bei anhaltender Mechanisierung und Automatisierung der Fertigung keine hinreichend genaue Gemeinkostenzurechnung mehr zu gewährleisten. Das Ziel, möglichst genaue Kalkulationszuschläge für die Verrechnung und Verteilung der Gemeinkosten zu finden, kann **in anlageintensiven Betrieben** aber mit der so genannten *Maschinenstundensatzrechnung* erreicht werden. Ergebnis der Maschinenstundensatzrechnung ist ein Betrag, der angibt, wie viel mit der Maschinennutzung zusammenhängende Kosten je Maschinenlaufzeit angefallen sind.

Die **Maschinenstundensatzrechnung** bestimmt für jede Maschine die Beträge der maschinenabhängigen Kostenarten.

Trennung der Kosten hinsichtlich Anlageintensität

Um eine Maschinenstundensatzrechnung durchführen zu können, müssen zunächst die einzelnen Kostenarten daraufhin untersucht werden, ob sie maschinenstundenabhängig, fertigungslohnabhängig oder weder das eine noch das andere sind. Es existieren also folgende drei Gruppen (vgl. auch Band 1: Istkostenrechnung):

1. Fertigungsgemeinkosten, die **maschinenstundenabhängig** sind;
2. Fertigungsgemeinkosten, die **fertigungslohnabhängig** sind;
3. **Rest-Fertigungsgemeinkosten**, d.h. alle Kosten, die sich nicht einer der beiden vorhergehenden Gruppen zuordnen lassen.

Die maschinenabhängigen Fertigungsgemeinkosten werden anhand der Maschinenlaufstunden und die lohnabhängigen Gemeinkosten anhand des Fertigungslohns umgelegt.

Wie oben erwähnt, verhalten sich die Rest-Fertigungsgemeinkosten zu keiner der beiden Bezugsgrößen proportional. Da sie aber dennoch in die Produktkalkulation eingehen müssen, können sie in voller Höhe den maschinenabhängigen oder den lohnabhängigen Fertigungsgemeinkosten zugeschlagen werden oder sie können auf diese beiden Gruppen zweckmäßig aufgeteilt werden. In der Praxis trifft man häufig die zweite Möglichkeit an, d.h., dass die Rest-Fertigungsgemeinkosten als Zuschlagssatz auf die fertigungslohnabhängigen Fertigungsgemeinkosten verrechnet werden. Die Folge ist, dass man lediglich zwei Gruppen von Gemeinkosten zu unterscheiden braucht: die „**maschinenabhängigen Fertigungsgemeinkosten**“ und die „**maschinenunabhängigen Fertigungsgemeinkosten**“.

Maschinenunabhängige Gemeinkosten

Beispiele für maschinenunabhängige Fertigungsgemeinkosten sind:

- die meisten Hilfslöhne;
- Gehälter;
- Sozialkosten;
- Hilfsstoffe, sofern nicht als Einzelkosten verrechnet;
- Heizungskosten;
- Gemeinkosten aus der Umlage von Hilfskostenstellen.

Maschinenabhängige Gemeinkosten

Die wichtigsten maschinenabhängigen Gemeinkosten sind:

- kalkulatorische Abschreibungen;
- kalkulatorische Zinsen;
- Instandhaltungskosten;
- anteilige Raumkosten;
- Energiekosten;
- Werkzeugkosten;
- Betriebsstoffe;
- Reinigungskosten.

Trennung der Kosten hinsichtlich Veränderung bei Beschäftigungsschwankungen

Im Teilkosten-BAB kommt noch eine weitere Aufspaltung der Kosten hinzu. Neben der Trennung in maschinenabhängige und maschinenunabhängige Kosten müssen die Fertigungsgemeinkosten zusätzlich noch in fixe und variable Bestandteile getrennt werden.

Für die Berechnung der Gemeinkostenzuschlagssätze im BAB gibt es hinsichtlich der Einteilung der Spalten für die Fertigungskostenstellen zwei verschiedene Möglichkeiten, die im Folgenden vorgestellt werden.

I. Variante: Globale Betrachtung der Rest-Fertigungsgemeinkosten

Während die maschinenabhängigen Gemeinkosten im Betriebsabrechnungsbogen getrennt nach Fertigungshauptkostenstellen ermittelt werden, werden die **Rest-Fertigungsgemeinkosten kostenstellenübergreifend gesammelt** und dann den Einzelkosten „Fertigungslöhne" als Gesamtblock zugeschlagen. Diese Vorgehensweise ist immer dann zu empfehlen, wenn ähnliche Produkte annähernd den gleichen Produktionsprozess durchlaufen.

Im BAB könnte dies anhand von Beispielzahlen bei zwei Fertigungskostenstellen folgendermaßen aussehen:

Beispiel: Globale Betrachtung der Rest-Fertigungsgemeinkosten

Gemein-kostenarten	Fertigungs-KoSt 1 maschinenabhängige Gemeinkosten		Fertigungs-KoSt 2 maschinenabhängige Gemeinkosten		Summe Rest-Fertigungs-Gemeinkosten	
	variabel	fix	variabel	fix	variabel	fix
Hilfslöhne	0	0	0	0	0	13.500
Gehälter	0	0	0	0	0	9.000
Sozialkosten	0	0	0	0	0	3.500
Energie	10.000	4.000	1.800	400	0	0
Werkzeuge	2.200	0	750	0	0	0
Heizung	0	0	0	0	0	2.700
Raumkosten	0	1.000	0	600	0	0
Fremdreparaturen	2.500	0	700	0	0	0
Kalk. AfA	0	18.000	0	8.000	0	0
Kalk. Zinsen	0	8.000	0	2.000	0	0
Hilfsstoffe	0	0	0	0	8.000	0
Umlage-GK	0	0	0	0	11.500	0
Summe	14.700	31.000	3.250	11.000	19.500	28.700
Maschinenstd. pro Monat	160 Std.		136 Std.			
Maschinen-stundensatz	91,88 €/Std.		23,90 €/Std.			
Fertigungslöhne					48.000 €	
GK-Satz					40,62 %	

Bei den umgelegten Gemeinkosten von Hilfskostenstellen handelt es sich immer um variable Kosten, weil in der innerbetrieblichen Leistungsverrechnung auf Teilkostenbasis definitionsgemäß nur die variablen Gemeinkosten weiterverrechnet werden.

II. Variante: Differenzierte Betrachtung der Rest-Fertigungsgemeinkosten

Jede Fertigungshauptkostenstelle bekommt für die anfallenden **Rest-Fertigungsgemeinkosten eine eigene Spalte** im BAB. Damit wird für die Kalkulation eine genauere Kostenzurechnung erreicht. Empfehlenswert ist dieses Procedere immer dann, wenn unterschiedliche Produkte mit voneinander abweichenden Kostenstrukturen einzelne Kostenstellen in unterschiedlichem Maße beanspruchen.

Im BAB würde dies mit den Zahlen aus dem Beispiel von Variante I so aussehen:

Beispiel: Differenzierte Betrachtung der Rest-Fertigungsgemeinkosten

Gemein-kostenarten	Fertigungskostenstelle 1				Fertigungskostenstelle 2			
	maschinenabhängige Gemeinkosten		Rest-Fertigungs-gemeinkosten		maschinenabhängige Gemeinkosten		Rest-Fertigungs-gemeinkosten	
	variabel	fix	variabel	fix	variabel	fix	variabel	fix
Hilfslöhne	0	0	0	8.000	0	0	0	5.500
Gehälter	0	0	0	4.500	0	0	0	4.500
Sozialkosten	0	0	0	2.500	0	0	0	1.000
Energie	10.000	4.000	0	0	1.800	400	0	0
Werkzeuge	2.200	0	0	0	750	0	0	0
Heizung	0	0	0	1.800	0	0	0	900
Raumkosten	0	1.000	0	0	0	600	0	0
Fremdreparatur	2.500	0	0	0	700	0	0	0
Kalk. AfA	0	18.000	0	0	0	8.000	0	0
Kalk. Zinsen	0	8.000	0	0	0	2.000	0	0
Hilfsstoffe	0	0	5.000	0	0	0	3.000	0
Umlage-GK	0	0	7.200	0	0	0	4.300	0
Summe	14.700	31.000	12.200	16.800	3.250	11.000	7.300	11.900
Maschinenstd. pro Monat	160 Std.				136 Std.			
Maschinen-stundensatz	91,88 €/Std.				23,90 €/Std.			
Fertigungslöhne			29.000				19.000	
GK-Satz			42,07 %				37,90 %	

Praxisbeispiel: Auszug aus einer Maschinenstundensatzrechnung auf Vollkostenbasis und Teilkostenbasis

Die beiden Tabellen zeigen einen Auszug aus einer Maschinenstundensatzrechnung auf Vollkosten- und Teilkostenbasis. Das Unternehmen kommt aus der Gießereiindustrie und stellt größtenteils Zulieferteile für die Automobilindustrie her. Im Geschäftsjahr 2006 erwirtschaftete die GmbH mit etwa 600 Mitarbeitern einen Umsatz von näherungsweise 60 Mio.€.

	Abteilung Druckguss						
Kostenstellen	12112	12120	12105	12110	12111	12114	12119
Kostenarten	Masch.Nr. 1841 Ital 160to.	Masch.Nr. 7477 Idra 220to.	Masch.Nr. 1966 Ital 260to.	Masch.Nr. 1476 Ital 260to.	Masch.Nr. 1967 Ital 260to.	Masch.Nr. 7514 Idra 320to.	Masch.Nr. 1809 Ital 360to.
Kalkulatorische Abschreibungen	77.768	53.700	67.235	114.510	106.559	53.350	81.104
Kalkulatorische Zinsen	17.109	11.814	14.792	25.192	23.443	11.737	17.843
Anteilige Raumkosten	1.312	1.727	1.295	1.934	2.031	2.031	2.417
Energiekosten	19.527	22.363	23.703	20.517	24.320	24.635	27.238
Reinigungskosten	2.122	2.122	2.122	2.122	2.122	2.122	2.122
Instandhaltungskosten	45.345	47.828	54.873	41.133	52.230	50.816	53.274
Werkzeugkosten	1.249	989	964	520	703	628	843
Betriebsmittelkosten	9.728	10.419	11.067	9.571	11.368	11.342	11.637
Weitere Kostenarten	3.341	3.578	3.792	3.283	3.891	3.891	3.996
$\sum$ Maschinenkosten	177.501	154.540	179.843	218.783	226.666	160.552	200.474
Laufzeit in Std.	3.755	4.022	4.263	3.690	4.374	4.374	4.492
Maschinenstundensatz	*47,27 €/Std.*	*38,42 €/Std.*	*42,19 €/Std.*	*59,29 €/Std.*	*51,82 €/Std.*	*36,71 €/Std.*	*44,63 €/Std.*

Abteilung Druckguss							
Kostenstellen Kostenarten	12112 Masch.Nr. 1841 Ital 160to.	12120 Masch.Nr. 7477 Idra 220to.	12105 Masch.Nr. 1966 Ital 260to.	12110 Masch.Nr. 1476 Ital 260to.	12111 Masch.Nr. 1967 Ital 260to.	12114 Masch.Nr. 7514 Idra 320to.	12119 Masch.Nr. 1809 Ital 360to.
Kalkulatorische Abschreibungen	-	-	-	-	-	-	-
Kalkulatorische Zinsen	-	-	-	-	-	-	-
Anteilige Raumkosten	-	-	-	-	-	-	-
Energiekosten	17.575	20.126	21.332	18.465	21.888	22.171	24.514
Reinigungskosten	1.061	1.061	1.061	1.061	1.061	1.061	1.061
Instandhaltungskosten	31.741	33.480	38.411	28.793	36.561	35.571	37.292
Werkzeugkosten	1.249	989	964	520	703	628	843
Betriebsmittelkosten	9.728	10.419	11.067	9.571	11.368	11.342	11.637
Weitere Kostenarten	3.006	3.220	3.413	2.954	3.502	3.502	3.597
$\sum$ Maschinenkosten	64.360	69.295	76.249	61.365	75.083	74.276	78.944
Laufzeit in Std.	3.755	4.022	4.263	3.690	4.374	4.374	4.492
Maschinenstundensatz	*17,14 €/Std.*	*17,23 €/Std.*	*17,89 €/Std.*	*16,63 €/Std.*	*17,17 €/Std.*	*16,98 €/Std.*	*17,57 €/Std.*

Beispiel: Teilkosten-BAB mit Maschinenstundensatzrechnung

Werte in T€

Kostenarten				Fertigungshilfskostenstellen							Fertigungshauptkostenstellen				
	Ge-samt	Material		Liefer-montage		-	Werkzeug-schleiferei		Innerbetr. Transport		Maschinenabhängige				
Einzelkosten						-					IMA		Bohrstraße		-
Material-EK	1.800	1.800													
Fertigungslöhne	315														
Gemeinkosten		var.	fix	var.	fix	-	var.	fix	var.	fix	var.	fix	var.	fix	-
Entsorgung/Müll	18	0,52	0	0,55	0	-	0,21	0	0,11	0	0	0	0	0	-
Fremdreparatur	41	3	0	0,85	0,25	-	0,42	0,12	1,2	0,35	2,5	0	0,7	0	-
Energiekosten	37	0,4	0,15	3,3	0,5	-	4,5	0,5	1,5	0,2	10	4	1,8	0,4	-
Heizungskosten	20	0	2	0	2,7	-	0	0,9	0	0	0	0	0	0	-
Raumkosten	25	0	1,5	0	1,2	-	0	0,3	0	0,25	0	1	0	0,6	-
Hilfslöhne	160	23	0	1,8	0	-	3,7	0	3	0	0	0	0	0	-
Gehälter	145	0	0	0	0	-	0	0	0	1,8	0	0	0	0	-
Sozialleistungen	40	4,2	0,7	0,36	0	-	0,74	0	0,6	0,36	0	0	0	0	-
Hilfsmaterial	21	0	0	1,6	0	-	1,8	0	0,15	0	2,2	0	0,75	0	-
Kraftstoffe	8,5	1,3	0	0	0	-	1,5	0	0	0	0	0	0	0	-
Provisionen	45	0	0	0	0	-	0	0	0	0	0	0	0	0	-
sonstige GK	38	1,4	1,4	0,38	0,23	-	0	0	0,5	0	0	0	0	0	-
Kalk. AfA	125	0	2,5	0	4,2	-	0	1,9	0	2	0	18	0	8	-
Kalk. Zinsen	41	0	0	0	0	-	0	0	0	0	0	8	0	2	-
Gesamtsumme	764,5	33,82	8,25	8,84	9,08	-	12,87	3,72	7,06	4,96	14,7	31	3,25	11	-
Umlage Lieferm.				→											
:															
Umlage Schleif.							→								
Umlage Transp.									→						
Gesamtsumme	764,5	33,82	8,25		9,08	-		3,72		4,96	14,7	31	3,25	11	-
															-
Maschinenstd.											160 Std.		136 Std.		-
Masch.-Std.satz											91,88 €/h		23,90 €/h		
Mat.-GK-Satz		1,88 %													
Fert.-GK-Sätze															
Vertr.-GK-Satz															

Vorstufe/Mechanik				Fert.-Hauptkostenstellen Montage						Verwaltung	Verwaltung	Vertrieb	Vertrieb
Gemeinkosten BAZ		Rest-Gemeinkosten		Montage Schränke		Montage Kleinteile		Profilbearbeitung					
		83		100		45		26					
var.	fix	var.	fix	var.	fix	var.	fix	var.	fix	var.	fix	var.	fix
0	0	0	0	0,34	0	0,12	0	0,26	0	0	0,35	13	0
0,35	0	0	0	0,5	0,2	0,8	0,5	0,21	0	0	3	0	3
2,3	0,5	0	0	0,35	0,12	0,3	0,15	0,4	0,15	0	1,8	0	2,2
0	0	0	4,2	0	0,8	0	1,8	0	1	0	2	0	1
0	0,5	0	0	0	1,5	0	2,5	0	1,8	0	5,8	0	1,8
0	0	21,5	0	13,5	0	18,2	0	21	0	0	0	0	0
0	0	0	15	0	3,3	0	3,5	0	3,5	0	68	0	35
0	0	4,3	3	2,7	0,66	3,6	0,7	4,2	0,7	0	5,6	0	7
0,8	0	0	0	0,4	0	2,7	0	1,2	0	0	0	0	0
0	0	0	0	0	0	0	0	0	0	0	0,85	0	4,8
0	0	0	0	0	0	0	0	0	0	0	0	45	0
0	0	0,85	0	2	1,1	0,32	0,1	2	1,1	0	17	0	1
0	4,5	0	0	0	7	0	1,4	0	1,3	0	6,5	0	3,5
0	0,7	0	0	0	0	0	0	0	0	0	21	0	0
3,45	6,2	26,65	22,2	19,79	14,68	26,04	10,65	29,27	9,55	0	131,9	58	59,3
		4,62	0	1,8	0	1,55	0	0,87	0				
		:		:		:		:					
		7,2	0	2,8	0	2,1	0	0,77	0				
		3	0	1,51	0	1,7	0	0,85	0				
3,45	6,2	41,47	22,2	25,9	14,68	31,39	10,65	31,76	9,55	0	131,9	58	59,3
160 Std. 21,56 €/h		49,96 %		25,90 %		69,76 %		122,15 %		0 %		2,58 %	

2.2.3.6 Berücksichtigung der Fixkosten

Durch eine Berücksichtigung der Fixkosten ist es möglich, die Vorteile einer reinen Grenzkostenrechnung zu nutzen, ohne gleichzeitig auf einen Vollkostenausweis verzichten zu müssen.

2.2.3.6.1 Ermittlung des Fixkostenaufschlagssatzes

Fixkostenaufschlagssatz

Obwohl die fixen Kosten im Rahmen der Kostenstellenrechnung auf Teilkostenbasis längst nicht die Bedeutung haben wie die variablen Kosten, müssen sie dennoch für die spätere langfristige Produktkalkulation (Angebots- und Preiskalkulation) berücksichtigt werden. Man muss nicht nur wissen wie groß die Fixkosten absolut sind, sondern ebenso wichtig für die Kalkulation ist die Kenntnis, in welchem Verhältnis sie zu den variablen Selbstkosten stehen. Letztendlich müssen auch die fixen Kosten auf lange Sicht über den Markt erwirtschaftet werden. Die Berücksichtigung der fixen Kosten kann über einen so genannten *Fixkostenaufschlagssatz* geschehen, der sich wie folgt ermitteln lässt:

$$\text{Fixkostenaufschlagssatz} = \frac{\text{Fixkosten}}{\text{variable Kosten}} * 100$$

Ausgabenwirksame und kalkulatorische Fixkosten

In der Praxis werden die Fixkosten noch einer genaueren Analyse unterzogen. Um die Liquidität des Unternehmens zu sichern und die Finanzmittel dafür über den Verkauf der Erzeugnisse bereitzustellen, werden die gesamten Fixkosten in ausgabenwirksame und nicht ausgabenwirksame, so genannte kalkulatorische Fixkosten unterteilt, für die getrennt Fixkostenzuschlagssätze (auf die variablen Kosten bezogen) gebildet werden können.

Die **Differenzierung der Fixkosten** in ausgabenwirksame und kalkulatorische Beträge soll dem Ziel der jederzeitigen Aufrechterhaltung der Zahlungsfähigkeit dienen.

Ausgabenwirksame Fixkosten sind Kosten, die unabhängig von der Beschäftigung anfallen und für die jede Periode effektive Zahlungen zu leisten sind. Beispiele sind Personalkosten inklusive der Nebenkosten, Fahrzeugkosten, Reisekosten und Reparaturen. Ebenso gehören die kalkulatorischen Zinsen in diese Gruppe, sofern der Eigenkapitalanteil des Unternehmens gering ist. Die kalkulatorischen Wagniskosten laufen in dem Umfange mit Ausgaben parallel, als es sich nicht um Anlagenwagnisse handelt.

Kalkulatorische Fixkosten sind Kosten, die unabhängig von der Beschäftigung anfallen und für die keine Zahlungen zu leisten sind (nicht ausgabenwirksame Fixkosten). Beispiele sind kalkulatorische Abschreibungen, kalkulatorische Mieten usw. Unter dem Aspekt der Liquiditätssicherung ist es nicht dringend erforderlich, hierfür jede Periode die Finanzmittel bereitzustellen. Auf lange Sicht müssen natürlich auch diese Kosten über den Markt erwirtschaftet werden, weil sich sonst kontinuierlich die Substanz des Unternehmens verringert und die Finanzmittel für die notwendigen Reinvestitionen nicht vorhanden sind.

Insgesamt lassen sich durch diese Unterteilung **drei Fixkostenaufschlagssätze** bilden, nämlich

1. Fixkostenaufschlagssatz für die gesamten Fixkosten;
2. Fixkostenaufschlagssatz für die ausgabenwirksamen Fixkosten;
3. Fixkostenaufschlagssatz für die kalkulatorischen Fixkosten.

Der Vorteil ist insbesondere in Preisverhandlungen zu sehen. Durch diese Dreiteilung erhält man einen Anhaltspunkt, inwieweit man gegebenenfalls mit dem Angebotspreis bei einem einzelnen Auftrag heruntergehen kann, ohne die Zahlungsfähigkeit des Unternehmens unmittelbar zu gefährden. Diese Preisuntergrenze bezeichnet man auch als **Liquiditätspreisuntergrenze**.

Die **Liquiditätspreisuntergrenze** ist der Preis, der alle Kosten enthält, die kurzfristig zu effektiven Auszahlungen führen. Solange diese Grenze in Verhandlungen erreicht wird, ist die Liquidität der Unternehmung bis auf weiteres nicht gefährdet.

Beispiel: Teilkosten-BAB mit Fixkostenaufschlagssatz

Teilkosten-BAB	Gesamt	Wertstatt			Druckerei			Material		
(in €)		f/p	fix	prop.	f/p	fix	prop.	f/p	fix	prop.
Gehälter	21.560	f	3.885		f	4.045		f	3.984	
Hilfsstoffe	5.320	p		879	p		904	p		776
Betriebsstoffe	3.270	p		385	p		291	p		195
Reparaturen	1.395	p			p		195	p		95
Werkzeuge	265	p		98	p		27	p		12
Energie	2.200	p		198	p		149	p		328
Miete	5.630	f	785		f	643		f	875	
Steuern	890	f	25		f	50		f	35	
Versicherungen	1.140	f	150		f	168		f	205	
Bürokosten	945	f	59		f	47		f	68	
kalk. Abschreibungen	4.360	f	232		f	309		f	395	
kalk. Zinsen	1.080	f	76		f	82		f	46	
sonst. kalk. Kosten	1.300	f	103		f	85		f	142	
Σ primäre GK	49.355		5.315	1.560		5.429	1.566		5.750	1.406
Umlage Werkstatt				→			196			177
Umlage Druckerei							→			431
Σ sekundäre GK										2.014
Ermittlung der variablen Zuschlagssätze										
Zuschlagsbasis										Fert.-Material
Fertigungslöhne (in €)			19.890							
Fertigungsmaterial (in €)			84.560							84.560
Herstellkosten (in €)			114.126							
Zuschlagssatz variable Kosten										2,38 %
Fertigungsstunden										
Fertigungsstundensatz										
Fixe Kosten (in €)			38.105						Fixkostenaufschlagssatz	32,93 %
davon ausgabenwirksame			32.445						Aufschlag ausgabenw. FK	28,04 %
nicht ausgabenwirksame			5.660						Aufschlag nicht ausgabenw. FK	4,89 %
Variable Kosten (in €)			115.700							

Fertigung I			Fertigung II			Verwaltung			Vertrieb		
f/p	fix	prop.	f/p	fix	prop.	f/p	fix	prop.	f/p	fix	prop.
f			f			f	4.975		f	4.671	
p		1.475	p		1.286	f			f		
p		1.329	p		1.070	f			f		
p		80	p		75	f	300		f	650	
p		68	p		60	f			f		
p		592	p		683	f	102		f	148	
f	690		f	654		f	990		f	993	
f	280		f	310		f	80		f	110	
f	152		f	160		f	130		f	175	
f			f			f	495		f	276	
f	845		f	935		f	1.194		f	450	
f	202		f	198		f	235		f	241	
f	206		f	210		f	256		f	298	
	2.375	3.544		2.467	3.174		8.757			8.012	
		478			466			77			166
								650			681
		4.022			3.640			727			847
		Fertigungslöhne			Fertigungslöhne			Herstellkosten			Herstellkosten
		11.540			8.350						
								114.126			114.126
		34,85 %			43,59 %			0,64 %			0,74 %
		506 h			473 h						
		30,76 €/h			25,35 €/h						

Quelle: In Anlehnung an Barth, K.: Die Deckungsbeitragsrechnung, S. 136

Die Aufspaltung der Fixkosten in ausgabenwirksame und kalkulatorische im Zuge einer laufenden Rechnung ist in der Literatur nicht ganz unumstritten (vgl. hierzu Schwarz, H.: Kostenrechnung als Instrument der Unternehmensführung, S. 56 f.).

2.2.3.6.2 Kombinierte Vollkosten-/Teilkosten-Kostenstellenrechnung

Eine andere Variante zur Berücksichtigung der Fixkosten besteht darin, eine kombinierte Vollkosten-/Teilkosten-Kostenstellenechnung aufzubauen. Diese könnte beispielsweise das folgende Aussehen haben.

<u>Beispiel:</u> Bildung des variablen und vollen Gemeinkostenzuschlagssatzes

Fertigungskostenstelle	Kostenstelle NC-Drehmaschinen			Kostenstellenleiter Meier		KoSt-Nr. 613
Kostenstellenleistung	Bezugsgröße Fertigungsstunden			Bezugsgrößenmenge (Leistung) 5.500 Fert.-Std.		
	Mengen-	Ver-	€/	Kosten		
Kostenarten der Kostenstelle	einheit	brauch	ME	prop.	fix	gesamt
Akkordlöhne	Fert.-Std.	5.500	12,30	67.650	-	67.650
Hilfslöhne Vorarbeiter	Std.	520	15,00	5.200	2.600	7.800
Hilfslöhne Einrichter	Std.	860	15,00	12.900	-	12.900
Spätzulagen	Std.	1.520	1,75	2.660	-	2.660
Nachtzulagen	Std.	770	3,00	2.310	-	2.310
Lohnnebenkosten	€	93.320	0,75	68.090	1.900	69.990
Löhne				158.810	4.500	163.310
Meistergehälter	€			-	4.500	4500
Gehaltsnebenkosten	€		0,50	-	2.250	2.250
Gehälter					6.750	6.750
Wendeplatten	Stück	2.250	11,20	25.200	-	25.200
Stahlhalter	Stück	532	6,75	3.591	-	3.591
sonstige Werkzeuge	€			750		750
Werkzeuge				29.541	-	29.541
Kühlemulsion	l	400	1,75	700	-	700
Getriebeöl	l	150	10,00	-	1.500	1.500
Reinigungsmaterial	€			730	365	1.095

Betriebsstoffe				1.430	1.865	3.295
Ersatzteile	€			5.250	2.000	7.250
Fremdreparaturen	€			6.500	2.500	9.000
Fremdinstandhaltung				11.750	4.500	16.250
Abschreibungen				-	75.000	75.000
Zinsen				-	18.000	18.000
Betriebshandwerker				21.000	-	21.000
Sozialdienst				-	8.000	8.000
Räume und Heizung				-	17.500	17.500
Transport				-	9.500	9.500
Fertigungsleistung				-	34.500	34.500
Innerbetriebliche Leistungen				21.000	69.500	90.500
Gesamtkosten				222.531	180.115	402.646
Bezugsgrößenmenge				5.500 Fert.-Std.		
Teilkosten-Verrechnungssatz				40,46		
Vollkosten-Verrechnungssatz						73,21

Quelle: In Anlehnung an Männel, W.: Deckungsbeitragsrechnung in der Holz- und Möbelindustrie, S. 11

2.2.4 Kostenträgerrechnung

Liegen die variablen Gemeinkostenzuschlagssätze und der Fixkostenaufschlagssatz vor und gelangen die Formen der *Zuschlagskalkulation* zur Anwendung, können die stückbezogene und die zeitbezogene Kostenträgerrechnung aufgebaut werden.

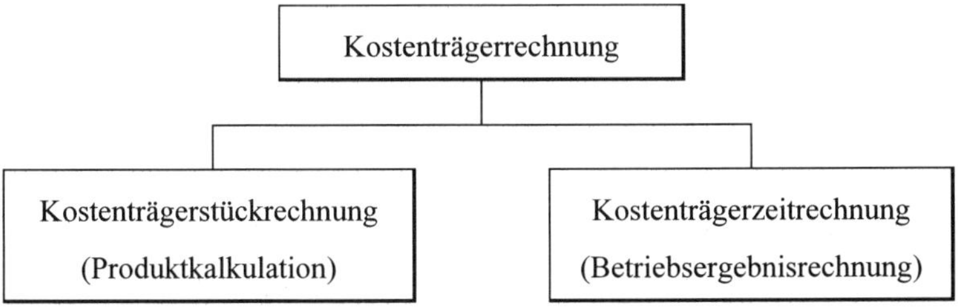

2.2.4.1 Kostenträgerstückrechnung

Das hauptsächliche Einsatzfeld der Deckungsbeitragsrechnung liegt im Bereich der Kostenträgerstückrechnung und hier insbesondere in der *Vorkalkulation*, um den (Mindest-)Angebotspreis zu berechnen. Im Unterschied zur traditionellen Vollkostenrechnung herrscht hier das Prinzip, dass einem Kostenträger nur die Kosten angelastet werden dürfen, die von diesem tatsächlich verursacht wurden und sich mit der Ausbringungsmenge verändern. Die fixen Kosten bleiben im Rahmen der Kalkulation also außen vor. Lediglich, wenn ein Ansatz zu Vollkosten benötigt wird, können die Fixkosten mit Hilfe eines prozentualen Aufschlagssatzes hinzugerechnet werden.

Bevor die Deckungsbeitragsrechnung als Entscheidungsinstrument in den unterschiedlichsten Unternehmensbereichen und -situationen näher vorgestellt wird, sollen zunächst die Grundstruktur der Zuschlagskalkulation in der Teilkostenrechnung und einige Anmerkungen zur Bestandsbewertung gemacht werden.

Hinzuweisen ist aber auch darauf, dass nicht nur die Zuschlagskalkulation, sondern auch die *Divisions-, Äquivalenzziffern- und Kuppelkalkulation* auf Basis von Teilkosten durchgeführt werden können.

2.2.4.1.1 Grundstruktur der Zuschlagskalkulation auf Teilkostenbasis

<u>Grundprinzip der Zuschlagskalkulation</u>

Der formale Aufbau der Zuschlagskalkulation in der Teilkostenrechnung lässt sich vereinfacht wie folgt beschreiben:

	Materialeinzelkosten (MEK, z.B. Fertigungsmaterial)
+	variable Materialgemeinkosten (in % auf die MEK)
+	Fertigungseinzelkosten (FEK, z.B. Fertigungslöhne)
+	variable Fertigungsgemeinkosten (in % auf die FEK)
+	Sondereinzelkosten (SEK) der Fertigung

=	variable Stückherstellkosten (var. HK) (auch Grenzherstellkosten genannt)
+	variable Verwaltungsgemeinkosten (in % auf die HK ohne SEK)
+	variable Vertriebsgemeinkosten (in % auf die HK ohne SEK)
+	Sondereinzelkosten (SEK) des Vertriebs
=	variable Stückselbstkosten (var. SK) (auch Grenzselbstkosten oder kurz Grenzkosten genannt)
+	Fixkosten (in % auf die variablen SK ohne SEK)
=	Gesamte Stückselbstkosten

Die variablen Gemeinkosten werden also als Zuschlagssatz auf Basis der Einzelkosten bzw. der Herstellkosten verrechnet.

Das folgende Rechenbeispiel zeigt die Ermittlung der stückbezogenen variablen Selbstkosten auf Basis des oben genannten Standardschemas. Sondereinzelkosten fallen nicht an.

Beispiel: Ermittlung der variablen Stückselbstkosten

	Fertigungsmaterial	180,00 €
+	variable Materialgemeinkosten (10 %)	18,00 €
+	Fertigungslöhne (4 h a 25 €/h)	100,00 €
+	variable Fertigungsgemeinkosten (Schlosserei: 1h a 32 €/h)	32,00 €
=	variable Stückherstellkosten (Grenz-HK)	330,00 €
+	variable Verwaltungsgemeinkosten (1 %)	3,30 €
+	variable Vertriebsgemeinkosten (Vertreterprovision: 10 %)	33,00 €
=	variable Stückselbstkosten	366,30 €

Der grundsätzliche Aufbau entspricht insofern dem der Vollkostenrechnung. Ebenso wie bei der Vollkostenrechnung ist auch hier zu beachten, dass der Produktpreis im

Allgemeinen kaum noch vom Unternehmen selbst bestimmt werden kann, sondern vom Markt vorgegeben wird. Nichtsdestoweniger müssen auf Dauer die gesamten, kurzfristig zumindest die variablen Selbstkosten gedeckt werden.

Berücksichtigung der Fixkosten

Um die Teilkostenrechnung zu einer Vollkostenrechnung auszubauen, müssen die fixen Kosten mit in die Berechnung eingehen. Dies geschieht beispielsweise durch einen **Fixkostenaufschlag**. Der Fixkostenaufschlagssatz zeigt dem Kostenrechner bzw. Controller, wie viel Deckungsbeitrag durchschnittlich pro Produkt benötigt wird, um langfristig die gesamten Kosten des Unternehmens decken zu können. Gegebenenfalls kann – wie weiter oben bereits erläutert – beim Fixkostenzuschlagssatz noch zwischen einem ausgabenwirksamen und nicht ausgabenwirksamen Zuschlagssatz differenziert werden.

Ein Beispiel soll die Vorgehensweise veranschaulichen.

Beispiel: Angebotspreisermittlung mit Hilfe der Zuschlagskalkulation

Die Herstell- und Selbstkosten eines Produktes sollen für folgende Daten nach der differenzierenden Zuschlagskalkulation auf Teilkostenbasis ermittelt werden!

Fertigungsmaterial		120,00 €
Fertigungslöhne	in Fertigungsstelle I	30,00 €
	in Fertigungsstelle II	60,00 €
Sondereinzelkosten der Fertigung (Lizenzen)		14,90 €
Sondereinzelkosten des Vertriebes (Verpackung)		19,20 €
variabler Materialgemeinkostenzuschlag auf MEK		3 %
variable Fertigungsgemeinkostenzuschläge der		
	Fertigungsstelle I auf Fertigungslöhne I	1 %
	Fertigungsstelle II auf Fertigungslöhne II	2 %
variabler Vertriebsgemeinkostenzuschlag auf HK		5 %
variabler Verwaltungsgemeinkostenzuschlag auf HK		1 %
Fixkostenzuschlagssatz auf variable Selbstkosten		20 %

Aus den Daten errechnen sich folgende Herstell- und Selbstkosten:

Materialeinzelkosten	120,00 €
+ variable Materialgemeinkosten	3,60 €
= variable Materialkosten	123,60 €
Fertigungslöhne in Fertigungsstelle I	30,00 €
+ variable Fertigungsgemeinkosten in I	0,30 €
+ Fertigungslöhne in Fertigungsstelle II	60,00 €
+ variable Fertigungsgemeinkosten in II	1,20 €
+ Sondereinzelkosten der Fertigung	14,90 €
= variable Fertigungskosten	106,40 €
= variable Herstellkosten	230,00 €
(HK ohne SEK = 215,10 €)	
+ variable Verwaltungsgemeinkosten	2,15 €
+ variable Vertriebsgemeinkosten	10,76 €
+ Sondereinzelkosten des Vertriebes	19,20 €
= variable Selbstkosten (Preisuntergrenze)	262,11 €
(SK ohne SEK = 228,01 €)	
+ Fixkostenanteil	45,60 €
= gesamte Stückselbstkosten	307,71 €

Bei der Ermittlung der variablen und der gesamten Stückselbstkosten ist zu beachten, dass sich die angegebenen Gemeinkostenzuschlagssätze aus dem BAB auf die Herstell- bzw. Selbstkosten ohne Sondereinzelkosten beziehen.

Parallelkalkulation und kombinierte Teilkosten-/Vollkostenrechnung

Sollen die Teilkosten als absolute Preisuntergrenze für kurzfristige Entscheidungen bereitstehen und möchten die Entscheidungsträger zusätzlich als langfristige Orientierung die Vollkosten, dann müssen die Fixkosten mit in die Kalkulation einbezogen werden.

Die aufwendigste aber gleichzeitig konsequenteste Art der zusätzlichen Berücksichtigung der Fixkosten ist die **Parallelkalkulation**. Die Parallelkalkulation ermittelt – wie der Name schon sagt – parallel die Kalkulationsergebnisse von Teilkosten- und Vollkostenrechnung. Bereits in der Kostenstellenrechnung werden neben den Teilkosten-Kalkulationssätzen auch die Vollkostensätze ermittelt, mit deren Hilfe eine parallel zur Grenzkostenkalkulation durchführbare Vollkostenkalkulation möglich ist. Alle Abrechnungsprozesse werden also doppelt vorgenommen. Gelegentlich wird daher auch von *Doppelkalkulation* oder *Doppelbewertung* gesprochen.

> Unter **Parallelkalkulation** versteht man die Erweiterung einer Grenzkostenrechnung um eine gleichzeitig durchgeführte Vollkostenrechnung. Die Folge ist, dass je Kostenstelle mindestens zwei Kalkulationssätze ermittelt werden müssen.

In praxi ist diese Form der Kalkulation wegen des erheblichen Mehraufwandes kaum anzutreffen.

Eine etwas abgewandelte Form der reinen Parallelkalkulation ist die **kombinierte Teilkosten-/Vollkostenrechnung**. Bei dieser Variante wird in erster Linie eine Teilkostenrechnung durchgeführt, die aber bereits in der Kostenstellenrechnung durch Übernahme der fixen Gemeinkosten zu einer Vollkostenrechnung ergänzt wird. Auch hier arbeitet man parallel mit Teilkosten- und Vollkosten-Kalkulationssätzen.

Beispiel: kombinierte Teilkosten-/Vollkostenrechnung

Kostenarten	prop. Kosten	Vollkosten	
Materialeinzelkosten	250,00	250,00	(30,05 %)
Bestellabwicklungskosten	2,80	7,38	(0,89 %)
Kosten des Wareneingangs	4,35	14,32	(1,72 %)
Lagerkosten	3,00	35,25	(4,24 %)
Σ Kosten der Materialbereitstellung	10,15	56,95	(6,85 %)
Σ Materialkosten	260,15	306,95	(36,89 %)
+ Fremdleistungskosten	52,00	67,20	(8,08 %)
Rüstkosten	15,10	20,03	(2,41 %)
Produktionskosten	123,90	155,76	(18,72 %)
+ Σ Fertigungskosten	139,00	175,79	(21,13 %)
+ Werkzeugkosten	24,60	24,60	(2,96 %)
Kosten der Arbeitsvorbereitung	19,40	31,25	(3,76 %)
Planungs- und Steuerungskosten	6,35	15,37	(1,85 %)
Produktionslogistikkosten	8,60	35,28	(4,24 %)
+ Σ Kosten produktionsunterstützende Bereiche	34,35	81,90	(9,84 %)
= Herstellkosten I (HK I)	510,10	656,44	(78,90 %)
Entwicklungskosten		27,32	(3,28 %)
Konstruktionskosten		15,04	(1,81 %)
+ Σ Vorleistungskosten		42,36	(5,09 %)
= Herstellkosten II (HK II)		698,80	(83,99 %)
+ Verwaltungsgemeinkosten (5 % der HK II)		34,94	(4,20 %)
+ Vertriebsgemeinkosten (7 % der HK II)		48,91	(5,88 %)
= Selbstkosten I (SK I)		782,65	(94,07 %)
+ Vertriebseinzelkosten (mengenabhängig)	49,35	49,35	(5,93 %)
= Selbstkosten II (SK II)		832,00	(100 %)

+ Gewinnzuschlag (% auf SK II)		83,20	(10,00)
+ Erlösschmälerungen (umsatzabh., % auf SK II)	21,70	21,70	(2,61)
= Angebotspreis		936,90	

Umsatzerlös (UE)	936,90	(100 %)
./. Erlösschmälerungen (umsatzabhängig, % auf UE)	21,70	(2,32 %)
./. Vertriebseinzelkosten (mengenabhängig)	49,35	
= Verkaufsüberschuss (% bezogen auf UE)	865,85	(92,42 %)

./. Herstellkosten I	510,10	
= Deckungsbeitrag (DB) (% bezogen auf UE)	355,75	(37,97 %)

./. Selbstkosten I	782,65	
= Nettoergebnis (% bezogen auf UE)	83,20	(8,88 %)

Die kombinierte Teilkosten-/Vollkostenrechnung ist in der Wirtschaft im Vergleich zur Parallelkalkulation häufiger anzutreffen.

2.2.4.1.2 Bestandsbewertung

In der Deckungsbeitragsrechnung werden grundsätzlich nur die **variablen Kosten** aktiviert. Die Fixkosten gehen in vollem Umfang als Block in die Betriebserfolgsrechnung ein. Fallen variable Kosten an, die den einzelnen Leistungseinheiten nicht unmittelbar zugerechnet werden können, wie zum Beispiel variable Gemeinkosten bei der Kuppelproduktion, so umfasst die Bestandsbewertung mitunter nicht einmal alle variablen Kosten, sondern lediglich die variablen Einzelkosten (vgl. hierzu Hieke, H.: Teilkosten- und Deckungsbeitragsrechnung, S. 61 ff.).

Dennoch lässt sich auch mit dem System der Teilkostenrechnung eine Bewertung zu vollen Kosten ohne große Schwierigkeiten realisieren. Die Deckungsbeitragsrechnung wird dann **am Jahresende zu einer Vollkostenrechnung** für die auf Lager genommenen fertigen und eventuell auch unfertigen Erzeugnisse **ausgebaut**. Solche Ergänzungsrechnungen verursachen, da sie nur einmal im Jahr und auf relativ einfache Weise durchzuführen sind, keinen nennenswerten Zeit- und Arbeitsaufwand.

Die Nutzung des **Fixkostenaufschlagssatzes** ist wegen des Verstoßes gegen das Realisationsprinzip für die handels- und steuerrechtliche Bestandsbewertung unzulässig. Sollen die Kalkulationsergebnisse für die bilanzielle Bewertung verwandt werden, so muss die Fixkostenverrechnung mittels differenzierter Zuschlagssätze erfolgen (vgl. auch Haberstock L.: (Grenz-)Plankostenrechnung, S. 376 f.).

Da die Art der Bestandsbewertung einen maßgeblichen Einfluss auf die Erfolgsermittlung hat, führen Vollkostenrechnung und Teilkostenrechnung immer dann zu unterschiedlichen Ergebnissen, wenn **Bestandsveränderungen** zu verzeichnen sind. In der Vollkostenrechnung werden die Bestände mit den vollen Herstellkosten bewertet, so dass sich die Bestandsbewertung auf die Ergebnishöhe auswirkt. In der Teilkostenrechnung hat die Bestandsbewertung dagegen auf das Betriebsergebnis keine Auswirkung, die Bestandsveränderung verhält sich erfolgsneutral, da die Fixkosten immer der Periode zugerechnet werden, in der sie entstanden sind. Die Bewertung zu vollen Herstellkosten bewirkt dagegen eine Verschiebung der Fixkosten zwischen den Abrechnungsperioden. Bleiben die Bestände an unfertigen und fertigen Erzeugnissen in der Periode unverändert, spielt der Aktivierungsmodus keine Rolle.

2.2.4.1.3 Kostenträgerstückrechnung als Entscheidungsinstrument

Die vorangegangenen Kapitel zur Teilkostenrechnung befassten sich mit den begrifflichen Grundlagen, den speziellen Ausprägungen sowie den Instrumenten und Techniken der Deckungsbeitragsrechnung. Im Folgenden sollen typische Entscheidungssituationen im Unternehmen näher untersucht werden, bei denen Kosteninformationen eine bedeutende Rolle spielen.

Die Deckungsbeitragsrechnung kann im Vertriebsbereich, im Produktionsbereich und im Beschaffungsbereich wirkungsvoll als Entscheidungsbasis verwendet werden.

> Die Deckungsbeitragsrechnung wird als Grundlage für Sortiments- und Preisentscheidungen im **Vertriebsbereich**, zur Entwicklung des optimalen Produktionsprogramms im **Produktionsbereich** und zur Entscheidungsfindung im **Beschaffungsbereich** erfolgreich eingesetzt.

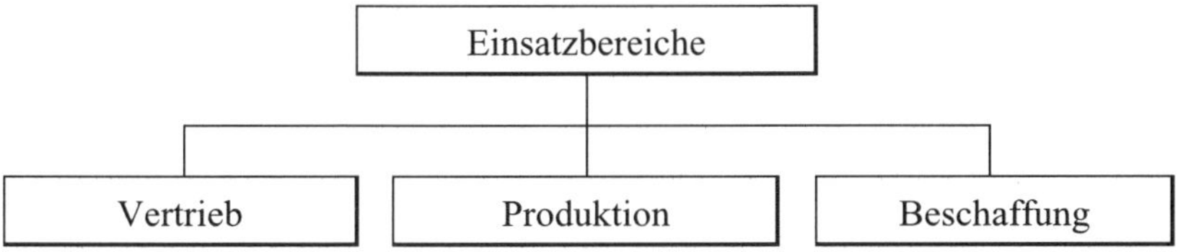

Mit Nachdruck ist (erneut) darauf hinzuweisen, dass die Deckungsbeitragsrechnung nur für **kurzfristige Entscheidungen** dieser Art das geeignete Instrumentarium ist. Bei *langfristiger Betrachtung* werden auch die Fixkosten beeinflussbar und müssen damit in die Gesamtbeurteilung mit einfließen.

Ferner ist festzuhalten, dass die Kosten- und Leistungsrechnung **nur ein Teil der Informationen zur Entscheidungsfindung** bereitstellen kann. Daneben existieren noch andere, zum Teil ebenso wichtige Entscheidungsparameter wie Qualität, Zeit und Flexibilität, die bei einer Alternativenwahl unbedingt zu berücksichtigen sind.

2.2.4.1.3.1 Kostenträgerrechnung im Vertriebsbereich

Einsatzbereiche der Deckungsbeitragsrechnung

Der Vorzug der Deckungsbeitragsrechnung für den Vertriebsbereich insbesondere der Preispolitik liegt in der **Ermittlung der kurzfristigen absoluten Preisuntergrenze**. Die kurzfristige Preisuntergrenze wird bestimmt durch die variablen Kosten des Produktes oder des Auftrages. Bei der *Festlegung langfristiger Preisuntergrenzen* sind die Fixkosten zusätzlich mit in die Überlegungen einzubeziehen. So können auf lange Sicht Bereitschaftskosten ab- oder aufgebaut werden. Hier kann die Deckungsbeitragsrechnung keine Dienste leisten.

Bezüglich des einzusetzenden Instrumentariums sind vier Fälle zu unterscheiden:

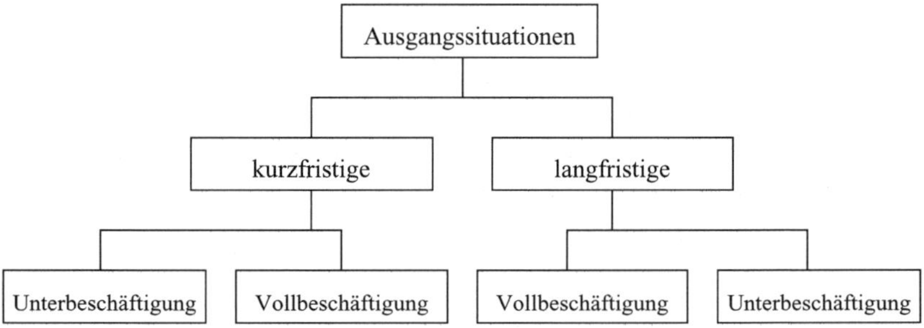

Kurzfristige Preisuntergrenze bei Unterbeschäftigung

Ein Betrieb hat **freie Produktionskapazitäten**, wenn er ohne Investitionen mehr Güter oder Dienstleistungen produzieren könnte als derzeit. Man spricht dann auch von *Unterbeschäftigung*. Diese Voraussetzung liegt vor, wenn beispielsweise ein zusätzlicher Kundenauftrag im Zuge der vorhandenen Kapazität realisierbar ist, ohne dass dadurch der Absatz der übrigen Aufträge oder Produktarten beeinflusst wird.

Ob durch die Aufnahme eines zusätzlichen Auftrages oder die Fertigung einer zusätzlichen Produktart ein zusätzlicher Gewinn oder Verlust entsteht, lässt sich auf einfache Weise am Stückdeckungsbeitrag ablesen.

Liegt eine nicht voll ausgelastete Kapazität (Unterbeschäftigung) vor, ist jeder Auftrag anzunehmen, der einen **positiven Deckungsbeitrag** erbringt, denn jeder Verkaufspreis, der über dieser absoluten Preisuntergrenze liegt, trägt zur Deckung der fixen Kosten eines Abrechnungszeitraumes bei.

> Bei **Unterbeschäftigung** ist der Zusatzauftrag anzunehmen, wenn der erzielbare Deckungsbeitrag positiv ist.

Da zu Beginn des Kapitels zu diesem Thema einige Beispiele aufgeführt wurden, soll an dieser Stelle auf eine Wiederholung verzichtet werden.

Die variablen Kosten als absolute Preisuntergrenze dürfen dabei aber nicht als Dogma verstanden werden. So kann es im Einzelfall aus absatz- oder liquiditätspolitischen Gründen sinnvoll sein, diese Grenze nach unten hin zu durchstoßen. Aber auch solche Verluststrategien sind nur vorübergehend durchzuhalten und sollten durch spätere Mehrerträge kompensiert werden.

Kurzfristige Preisuntergrenze bei Vollbeschäftigung

In Zeiten der *Vollbeschäftigung* kann eine kurzfristige Preisstellung auf Basis der variablen Kosten grundsätzlich nicht sinnvoll sein. Hier muss daher anders vorgegangen werden. In einem solchen Fall kann ein Zusatzauftrag nur durch Verzicht auf andere Aufträge ausgeführt werden. Damit wird aber gleichzeitig auf deren Deckungsbeiträge verzichtet. Bei **voll ausgelasteten Kapazitäten** müssen daher Aufträge, die neu hereinkommen und angenommen werden sollen, mindestens den Deckungsbeitrag des schlechtesten vorliegenden Auftrages erreichen. Diesen entgangenen Deckungsbeitrag nennt man auch *Alternativkosten* oder *Opportunitätskosten*. Nur unter diesen Voraussetzungen lohnt es sich, einen bestehenden Auftrag durch einen neuen auszutauschen.

> Die **Alternativkosten** – auch *Opportunitätskosten* genannt – einer gewählten Alternative können als Nutzenentgang einer verdrängten, nicht gewählten Alternative interpretiert werden.

Bei Vorliegen einer Engpasssituation bedeutet jede Entscheidung für einen Auftrag oder für die Produktion eines Erzeugnisses den Verzicht auf andere Aufträge oder Produkte und demzufolge die Verursachung eines Deckungsbeitragsentgangs.

Bei **Vollbeschäftigung** ist der Zusatzauftrag anzunehmen, wenn der erzielbare Deckungsbeitrag die *Alternativkosten* überschreitet.

Beispiel: Auftragsannahme bei Vollbeschäftigung

Einem Betrieb liegen drei Aufträge vor, die aber noch nicht zugesagt wurden. Kurze Zeit später erhält der Betrieb noch weitere zwei Aufträge. Die nachstehende Tabelle enthält alle wichtigen Informationen über die vorliegenden und zusätzlichen Aufträge. Für alle Aufträge wird die gleiche Maschine benötigt, die einen Engpass im Unternehmen darstellt. Die Gesamtkapazität der Engpassmaschine beträgt 650 Minuten.

	vorliegende Aufträge			Zusatzaufträge	
	I	II	III	IV	V
Erlöse je Auftrag	800 €	900 €	700 €	600 €	500 €
var. Kosten je Auftrag	500 €	700 €	600 €	300 €	200 €
Deckungsbeitrag	300 €	200 €	100 €	300 €	300 €
Bearbeitungszeit in Min.	300 Min.	300 Min.	50 Min.	200 Min.	100 Min.
DB je Engpasseinheit (Min.)	1 €	0,66 €	2 €	1,50 €	3 €
Auftragsannahme	Ja	Nein	Ja	Ja	Ja

Da die vorhandene Kapazität (650 Minuten) mit den drei vorliegenden Aufträgen voll ausgelastet ist, kann kein Auftrag angenommen werden, ohne einen anderen Auftrag abzulehnen. Wird der Auftrag IV oder V angenommen, so muss zwangsläufig der vorliegende Auftrag II (schlechtester Auftrag lt. DB-Rechnung) abgelehnt werden.

Der Tendenz nach werden die Alternativkosten um so höher sein, je besser die Auftragslage des betreffenden Betriebes ist. Das Kalkulieren mit Opportunitätskosten hat also im Unterschied zur traditionellen Kostenrechnung zur Konsequenz, dass bei einer guten Beschäftigung höhere Preisuntergrenzen ermittelt werden. Damit wird man den Erfordernissen einer modernen Preispolitik eher gerecht als bei Anwendung der klassischen Kalkulation.

Langfristige Preisuntergrenze bei Vollbeschäftigung

Bei **langfristiger Vollbeschäftigung** ist grundsätzlich genauso vorzugehen wie bei kurzfristig voll ausgelasteten Kapazitäten. Die herein kommenden Aufträge müssen zumindest die **vollen Selbstkosten** decken; bei Überbeschäftigung entscheiden die **Alternativkosten**. Eventuell wäre auch eine **Ausweitung der Kapazitäten** zu überlegen, um einen Nachfrageüberhang befriedigen zu können.

Langfristige Preisuntergrenze bei Unterbeschäftigung

Bei **langfristiger Unterbeschäftigung** gilt prinzipiell das gleiche Berechnungsschema wie bei kurzfristiger Unterbeschäftigung, d.h., die Verkaufspreise orientieren sich an den **variablen Kosten**. Allerdings sollte sich das Management darüber Gedanken machen, ob nicht einige vorgehaltene **Kapazitäten überflüssig** sind und abgebaut werden können. Ungenutzte Kapazitäten binden Kapital und verursachen Fixkosten. Bei langfristiger Unterauslastung ist weniger die Kostenrechnung als das Controlling gefragt.

2.2.4.1.3.2 Kostenträgerrechnung im Produktionsbereich

(1) Produktionsprogrammplanung

Bedeutung der Deckungsbeitragsrechnung für die Produktionsprogrammplanung

Die Deckungsbeitragsrechnung hat sich vor allem im Produktionsbereich insbesondere in der **Produktionsprogrammplanung** bewährt. Für das Erreichen der Unternehmensziele ist die zieladäquate Gestaltung des Produktionsprogramms von entscheidender Bedeutung. Eine unterschiedliche Produktzusammensetzung bietet unterschiedliche Wachstums-, Gewinn- und Überlebenschancen.

Sind die Preise eines Produktes durch den Markt vorgegeben und will die Unternehmung das Instrument der Preispolitik nicht anwenden, so ist eine **Maximierung des Gewinns** durch eine Produktionsprogrammplanung möglich. Umfasst der Planungszeitraum eine relativ kurze Periode, z.B. einen Monat, so können die Kapazitäten nicht oder in nicht ausreichendem Maße verändert werden. Die Fixkosten sind innerhalb dieser kurzen Zeitspanne nicht entscheidungsrelevant, so dass die Maximierung des Gewinns auch durch eine **Maximierung des Deckungsbeitrages** erreicht werden kann. Daraus ergibt sich das typische Problem der **kurzfristigen Produktionsprogrammplanung**, das mit Hilfe der Deckungsbeitragsrechnung gelöst werden kann. Für die langfristige Festlegung des Absatzprogramms – also für die *langfristige Produktionsprogrammplanung* – kann die Deckungsbeitragsrechnung allerdings nur wenige Informationen liefern. In solchen Fällen ist sorgfältig abzuschätzen, zu welchen Teilen, in welchen Sprüngen und in welchen Zeitabschnitten Fixkosten im Zuge produktionsprogrammpolitischer Entscheidungen ab- bzw. aufgebaut werden können.

Festlegung des Produktionsprogramms

Ein Unternehmen, das sich das Ziel gesetzt hat, den Gewinn zu maximieren, sollte bemüht sein, diejenigen Artikel zu fördern, die den höchsten Deckungsbeitrag je Stück aufweisen. Bei einem Betrieb, der nur ein Erzeugnis fertigt und für dessen Verkauf keine Restriktionen vorliegen, ist das Optimum leicht festzustellen. Der Gesamtdeckungsbeitrag ist dann am größten, wenn die höchstmögliche Stückzahl erreicht wird. In der Mehrzahl der Fälle wird aber nicht ein einheitliches Produkt hergestellt, sondern eine Vielzahl zum Teil sehr unterschiedlicher Produkte für die zu dem noch eine begrenzte Kapazität (Maschinen und/oder Fachpersonal) zur Verfügung steht. Ebenso lassen sich in der heutigen Zeit die einzelnen Erzeugnisse trotz massiver Werbung nicht unbegrenzt absetzen. Der Stückdeckungsbeitrag ist in solchen Fällen kein geeigneter Maßstab mehr für die Vorteilhaftigkeit der einzelnen Erzeugnisse, da diese Engpässe unberücksichtigt bleiben. Je nach Sachverhalt, Ausgangssituation und Art der Restriktion sind also unterschiedliche Instrumente und Methoden anzuwenden.

Arten von Restriktionen

Bevor die Instrumente und Methoden erläutert werden können, müssen zunächst die unterschiedlichen **Arten von Restriktionen** beschrieben werden. Zwei grundlegende Typen von Engpässen mit unterschiedlichen Konsequenzen für die anzuwendenden Instrumente und Methoden lassen sich voneinander abgrenzen:

1. Als **Einprodukt-Restriktionen** bezeichnet man Engpässe, die sich nur auf eine Produktart auswirken können, z.B. maximale Absatzmenge eines Erzeugnisses.

2. **Mehrprodukt-Restriktionen** nennt man Engpässe, die sich auf mehr als eine Produktart auswirken können, z.B. maximale Maschinenlaufzeit, begrenztes Fertigungsmaterial und/oder Engpass bei den Arbeitskräften.

Methoden der Produktionsprogrammplanung

Eine Übersicht über die je nach Ausgangssituation anzuwendenden Methoden gibt die folgende Tabelle (vgl. Abbildung 2/4). Die Ausgangssituation wird nach zwei Gesichtspunkten „Anzahl zu beachtender Mehrprodukt-Restriktionen“ und „Anzahl zu planender Produkte“ differenziert.

Übersicht 2/4: Methoden der Produktionsprogrammplanung

<table>
<tr><th>Restriktionen
Produkte</th><th>kein
Engpass</th><th>1
Engpass</th><th>2
Engpässe</th><th>≥ 3
Engpässe</th></tr>
<tr><td>1 Produkt</td><td colspan="4">absoluter Deckungsbeitrag</td></tr>
<tr><td>2 Produkte</td><td rowspan="2"></td><td rowspan="2">relativer Deckungs-beitrag</td><td colspan="2">grafische Methode</td></tr>
<tr><td>≥ 3 Produkte</td><td colspan="2">Simplex-Methode</td></tr>
</table>

Wenn **keine Mehrprodukt-Restriktionen** (Fall der Unterbeschäftigung) vorliegen, werden alle Produkte unabhängig voneinander hergestellt und abgesetzt bis Einprodukt-Restriktionen, z.B. Absatzobergrenzen, das Produktionsprogramm einschränken. Bei Unterbeschäftigung, d.h. noch freier Kapazität der Maschinen oder Einsatzfaktoren, kann der **absolute Deckungsbeitrag** herangezogen werden.

Tritt dagegen **eine Mehrprodukt-Restriktion** auf, so muss ein anderer Beurteilungsmaßstab herangezogen werden, da die einzelnen Produkte die Engpasskapazität unterschiedlich beanspruchen und durch den absoluten Deckungsbeitrag eine Gewinnmaximierung nicht mehr gewährleistet ist. Bei Vollbeschäftigung – genauer bei einem Kapazitätsengpass und unterschiedlichen Fertigungszeiten der Erzeugnisse – wird daher ein **relativer Deckungsbeitrag** als Beurteilungsmaßstab herangezogen. Das heißt, man wird die Produkte bevorzugen, die je Leistungseinheit des knappen Engpassfaktors den höchsten Deckungsbeitrag erbringen. Dadurch wird das einzelne Produkt hinsichtlich seiner Erfolgswirksamkeit völlig anders beurteilt als durch den absoluten Deckungsbeitrag.

Beispiel: Relativer Deckungsbeitrag

Der Stückdeckungsbeitrag eines Erzeugnisses beträgt 10 €. Wird die Engpassmaschine bei der Herstellung einer Mengeneinheit 2 Minuten beansprucht, ergibt sich ein relativer Deckungsbeitrag von 10 € / 2 Min. = 5 €/Min. Pro Minute wird also bei diesem Produkt ein Deckungsbeitrag von 5 € erwirtschaftet.

Komplizierter wird der Sachverhalt, wenn der Betrieb mehrere Produkte mit **mehreren Mehrprodukt-Engpässen** herstellt. In solchen Fällen ist es angebracht, auf die **Verfahren der linearen Programmierung** zurückzugreifen. Dazu zählen beispielsweise die *grafische Methode* und die *Simplex-Methode*. Auch bei der Programmplanung mit Hilfe der linearen Programmierung hat sich die Deckungsbeitragsrechnung bewährt.

Die nachfolgenden Ausführungen und Beispiele sind entsprechend der Anzahl der Mehrprodukt-Engpässe geordnet. Begonnen wird mit der einfachsten Form der Produktionsprogrammplanung, nämlich mit der Variante ohne internen Engpass.

Produktionsprogrammplanung ohne Engpass

Sind im Betrieb keine Engpässe vorhanden, ist der absolute Deckungsbeitrag als Entscheidungshilfe heranzuziehen Die Entscheidungsregel lautet somit:

> Es sind alle Produkte in möglichst großen Mengen zu produzieren, deren **absoluter Deckungsbeitrag positiv** ist.

Solange die Kapazität noch nicht ausgelastet ist, wird jedes Erzeugnis mit positivem Deckungsbeitrag, das zusätzlich produziert und verkauft wird, die Gewinnsituation verbessern. Produkte mit negativem Stückdeckungsbeitrag sind zu selektieren und deren Produktion ist einzustellen.

Beispiel: Produktionsprogrammplanung ohne Engpass

Das gesamte Produktionsprogramm des Uhrenherstellers „Time out"-GmbH aus Düsseldorf besteht aus 10 verschiedenen Produkten mit nachstehender Produktions-, Preis- und Kostenstruktur. Die Produktionskapazität besteht aus einer Maschine, die maximal 12 Stunden pro Tag und 6 Tage je Woche laufen kann.

Produkte	I	II	III	IV	V	VI	VII	VIII	IX	X
Produktionsdauer in Min.	30	20	24	7	23	45	54	20	24	56
Absatzhöchstmengen je Wo.	12	24	15	30	18	6	12	18	15	9
Stückpreise in €	123	45	74	27	59	116	78	32	54	87
Stückgrenzkosten in €	98	34	45	26	24	88	56	34	32	67

Daraus ergibt sich das folgende optimale Produktionsprogramm:

Produkte	I	II	III	IV	V	VI	VII	VIII	IX	X
Produktionsdauer in Min.	30	20	24	7	23	45	54	20	24	56
Absatzhöchstmengen je Wo.	12	24	15	30	18	6	12	18	15	9
gesamte Produktionszeit	360	480	360	210	414	270	648	360	360	504
Stückpreise in €	123	45	74	27	59	116	78	32	54	87
Stückgrenzkosten in €	98	34	45	26	24	88	56	34	32	67
Stückdeckungsbeitrag in €	25	11	29	1	35	28	22	**-2**	22	20

Die gesamte Produktionszeit für alle Uhren beläuft sich auf 3.966 Minuten je Woche, das sind 66,1 Stunden je Woche oder ca. 11 Stunden pro Tag. Die Kapazität ist somit längst nicht ausgelastet.

Da die fixen Kosten bei kurzfristiger Betrachtungsweise konstant bleiben, bringt jede zusätzliche produzierte Uhr mit einem positiven Deckungsbeitrag eine Gewinnerhöhung. Es ist somit vorteilhaft, alle Uhren mit Ausnahme der Uhr Nummer VIII herzustellen.

Produktionsprogrammplanung mit einem Engpass

Tritt ein Engpass auf, so ist der relative Deckungsbeitrag als Beurteilungsmaßstab geeignet. Gelegentlich findet sich auch der Ausdruck *spezifischer Deckungsbeitrag* in der Literatur. Es gilt:

> Es sind die Produkte zu fertigen, deren Stückdeckungsbeiträge positiv sind, in der Reihenfolge ihrer **relativen Deckungsbeiträge**, bis jeweils die Einprodukt-Restriktion erreicht wird.

Beispiel: Produktionsprogrammplanung mit einem Engpass (teilbare Aufträge)

Ein Betrieb fertigt die teilbaren Aufträge 1, 2, 3, 4 und 5. Einziger Produktionsengpass ist die Lackiererei und dort insbesondere eine Mehrzweck-Spritzmaschine. Die Kapazität des Mehrzweck-Spritzautomaten beträgt im Planungszeitraum für einen Monat näherungsweise 900 Stunden. Die Belastung des Automaten durch die fünf Aufträge und die Deckungsbeiträge der Aufträge verteilen sich wie folgt:

Aufträge	1	2	3	4	5
Belastung in h	300	300	120	300	380
Deckungsbeiträge in €	21.000	18.000	12.000	27.000	30.400

Daraus errechnen sich für die einzelnen Aufträge folgende relative Deckungsbeiträge je Stunde:

Auftrag 1	21.000 €	/	300 h	=	70	€/h
Auftrag 2	18.000 €	/	300 h	=	60	€/h
Auftrag 3	12.000 €	/	120 h	=	100	€/h
Auftrag 4	27.000 €	/	300 h	=	90	€/h
Auftrag 5	30.400 €	/	380 h	=	80	€/h

Erstrangig wird der Auftrag mit dem höchsten relativen Deckungsbeitrag hergestellt. Ist noch Kapazität frei, wird der Auftrag mit dem zweithöchsten relativen Deckungsbeitrag gefertigt usw., bis der Engpass voll ausgelastet ist. Bei nicht teilbaren Aufträgen bzw. Losgrößen können u.U. ungenutzte Restzeiten an der Engpasseinheit verbleiben.

Für das Beispiel bedeutet das: Der Auftrag mit der Nummer 3 hat den höchsten Deckungsbeitrag je Stunde, es folgen die Aufträge 4 und 5, dann Auftrag 1 und zuletzt Auftrag 2. Die Kapazität von 900 Stunden reicht aber nur für

Auftrag 3	120 h
Auftrag 4	300 h
Auftrag 5	380 h

Gesamt	800 h

Auftrag 1 könnte noch zu einem Drittel gefertigt werden. Auftrag 2 fällt heraus bzw. muss bei einem nur vorübergehenden Engpass verschoben werden.

Aus dem Beispiel lässt sich entnehmen, dass bei auftretenden Engpässen allein die Höhe des Deckungsbeitrages je Einheit der knappen Kapazität, also der relative Deckungsbeitrag, Auskunft über die Gewinnträchtigkeit eines Produktes gibt. Eine Auswahl nach den höchsten absoluten Deckungsbeiträgen wäre nicht optimal, weil dann Aufträge oder Produkte mit vergleichsweise langen Fertigungszeiten die Engpassmaschine blockieren würden.

Zusammenfassend können die folgenden **Schritte zur Ermittlung des optimalen Produktionsprogramms** bei einem Mehrprodukt-Engpass festgehalten werden:

1. Ermittlung der absetzbaren Produktarten;
2. Ermittlung der in der Periode voraussichtlich absetzbaren Mengen;
3. Ermittlung der absoluten Deckungsbeiträge:
   Nur Produkte, die einen positiven Deckungsbeitrag erwirtschaften, sind in die engere Wahl einzubeziehen. Die Herstellung von Produkten mit negativem Deckungsbeitrag ist prinzipiell unrentabel;
4. Ermittlung des Engpasses (Kapazitätsanalyse);
5. Ermittlung der relativen Deckungsbeiträge;

6. Festlegung der Rangfolge bzw. Prioritäten;
7. Ableitung des optimalen Produktionsprogramms:
   Die verschiedenen Produktarten sind in der Reihenfolge abnehmender relativer Deckungsbeiträge in das Produktionsprogramm aufzunehmen.

Ein Sonderfall im Rahmen der Produktionsprogrammplanung mit einem Engpass liegt vor, wenn die **Aufträge bzw. Losgrößen unteilbar** sind und nach dem Kriterium des relativen Deckungsbeitrages **mindestens ein Auftrag nicht mehr gefertigt werden kann**. In diesem Fall kann es zu einer Situation kommen, in der ein schlechterer Auftrag immer noch zu einem besseren Gesamtergebnis führt als der laut Rangfolge nächstbeste Auftrag. Dieses ist insbesondere dann möglich, wenn laut relativer Deckungsbeitragsrechnung viel ungenutzte Restkapazität verbleibt und eine andere Reihenfolge der Aufträge zu einer besseren Ausnutzung der Restkapazität führt.

<u>Beispiel:</u> Produktionsprogrammplanung mit einem Engpass (unteilbare Aufträge)

Ein Industriebetrieb verfügt über eine Maschinenkapazität von 520 Stunden pro Monat. Für den nächsten Monat liegen nachstehende unteilbare Aufträge vor:

Auftrag	Kapazitätsbelastung	Deckungsbeitrag
I	150 Stunden	9.000 €
II	120 Stunden	15.000 €
III	175 Stunden	7.000 €
IV	75 Stunden	12.000 €
V	100 Stunden	5.000 €

Es soll die Rangfolge der Aufträge ermittelt werden, die zu einem maximalen Betriebsergebnis führt!

Auftrag	Kapazitätsbelastung	Deckungsbeitrag	DB je Stunde	Rangfolge
I	150 Stunden	9.000 €	60 €	3
II	120 Stunden	15.000 €	125 €	2
III	175 Stunden	7.000 €	40 €	5
IV	75 Stunden	12.000 €	160 €	1
V	100 Stunden	5.000 €	50 €	4

Entscheidung anhand der Rangfolge der relativer Deckungsbeiträge:

Maximalkapazität	520 Stunden
- Auftrag IV	- 75 Stunden
- Auftrag II	- 120 Stunden
- Auftrag I	- 150 Stunden
- Auftrag V	- 100 Stunden
Aufträge gesamt	- 445 Stunden
Restkapazität	75 Stunden

Der Auftrag III (Rangnummer 5) benötigt 175 Stunden und kann somit nicht mehr gefertigt werden. Der erwirtschaftete Deckungsbeitrag beläuft sich auf insgesamt 41.000 €.

Aufgrund der hohen ungenutzten Restkapazität von 75 Stunden ist zu überprüfen, ob eine andere Kombination der Aufträge zu einem besseren Ergebnis führt.

Maximalkapazität	520 Stunden
- Auftrag IV	- 75 Stunden
- Auftrag II	- 120 Stunden
- Auftrag I	- 150 Stunden
- Auftrag III	- 175 Stunden
Aufträge gesamt	- 520 Stunden
Restkapazität	0 Stunden

Der Auftrag V kann in diesem Fall nicht mehr gefertigt werden. Der gesamte Deckungsbeitrag beträgt aber nun 43.000 € und ist somit um 2.000 € höher als bei der ursprünglichen Entscheidung.

Das nachstehende Beispiel zeigt den gleichen Sachverhalt mit etwas veränderten Ausgangsdaten. Im folgenden Fall sind zwei ursprünglich schlechter gestellte Aufträge zusammen besser als ein Auftrag höherer Rangordnung.

Beispiel: Produktionsprogrammplanung mit einem Engpass (unteilbare Aufträge)

Ein Industriebetrieb verfügt wieder über eine Maschinenkapazität von 520 Stunden pro Monat. Für den nächsten Monat liegen nachstehende unteilbare Aufträge vor:

Auftrag	Kapazitätsbelastung	Deckungsbeitrag
I	150 Stunden	9.000 €
II	120 Stunden	15.000 €
III	80 Stunden	3.000 €
IV	75 Stunden	12.000 €
V	95 Stunden	2.850 €
VI	100 Stunden	5.000 €

Es soll die Rangfolge der Aufträge ermittelt werden, die zu einem maximalen Betriebsergebnis führt!

Auftrag	Kapazitätsbelastung	Deckungsbeitrag	DB je Stunde	Rangfolge
I	150 Stunden	9.000 €	60 €	3
II	120 Stunden	15.000 €	125 €	2
III	80 Stunden	3.000 €	37,50 €	5
IV	75 Stunden	12.000 €	160 €	1
V	95 Stunden	2.850 €	30 €	6
VI	100 Stunden	5.000 €	50 €	4

Die Entscheidung anhand der Rangfolge der relativer Deckungsbeiträge ist die Gleiche wie oben:

Maximalkapazität	520 Stunden
- Auftrag IV	- 75 Stunden
- Auftrag II	- 120 Stunden
- Auftrag I	- 150 Stunden
- Auftrag VI	- 100 Stunden
Aufträge gesamt	- 445 Stunden
Restkapazität	75 Stunden

Der Auftrag III (Rangnummer 5) benötigt 80 Stunden und kann somit ebenso wie der Auftrag V (Rangnummer 6) nicht mehr gefertigt werden. Der erwirtschaftete Deckungsbeitrag beläuft sich auf insgesamt 41.000 €.

Aufgrund der hohen ungenutzten Restkapazität von 75 Stunden ist zu überprüfen, ob eine andere Kombination der Aufträge zu einem besseren Ergebnis führt.

Maximalkapazität	520 Stunden
- Auftrag IV	- 75 Stunden
- Auftrag II	- 120 Stunden
- Auftrag I	- 150 Stunden
- Auftrag III	- 80 Stunden
- Auftrag V	- 95 Stunden
Aufträge gesamt	- 520 Stunden
Restkapazität	0 Stunden

Der Auftrag VI kann in diesem Fall nicht mehr gefertigt werden. Der gesamte Deckungsbeitrag beträgt aber nun 41.850 € und ist somit um 850 € höher als bei der ursprünglichen Entscheidung.

Verfahren der linearen Programmierung

In Unternehmen mit einem verschiedenartigen Produktionsprogramm sind die Zusammenhänge allerdings erheblich komplizierter als in den bewusst vereinfachten Beispielen. In der betrieblichen Praxis trifft man häufig die Situation an, dass nicht nur ein Engpass vorliegt, sondern eine **Vielzahl verschiedener Kapazitätsgrenzen** vorhanden ist. Überschreitet die Anzahl der Erzeugnisse und die Zahl der Engpässe ein bestimmtes Maß, dann kann es äußerst kompliziert werden, das gewinnträchtigste Produktionsprogramm zu erkennen und auszuwählen.

In den folgenden Beispielen werden mehrere Mehrprodukt-Engpässe für mindestens eine Produktart wirksam. Zum Beispiel begrenzen drei Maschinen, die bei der Fertigung aller Produktarten benötigt werden, die Zahl der herstellbaren Erzeugnisse. Das optimale Produktionsprogramm kann in solchen Fällen nur mit **Verfahren der linearen Programmierung** gefunden werden. Für jede Einprodukt- und jede Mehrprodukt-Restriktion wird eine lineare Ungleichung aufgestellt; hinzukommen noch Nicht-Negativitätsbedingungen. Dabei können nicht nur Produktionsrestriktionen, sondern auch

Absatz- und Beschaffungsbeschränkungen durch entsprechend formulierte Nebenbedingungen berücksichtigt werden.

Bei der **Methode der linearen Programmierung** handelt es sich um ein Lösungsverfahren für Probleme, zu deren Lösung es unter gegebenen Umständen mehr als eine Möglichkeit gibt, die optimale Lösung zu finden. Je nach Problemstellung kann die optimale Lösung ein Maximum, z.B. Gewinn- oder Deckungsbeitragsmaximierung, oder ein Minimum, z.B. Kostenminimierung, sein.

Bei Anwendung der linearen Programmierung ist es mathematisch erforderlich, dass Zielfunktion und Nebenbedingungen der **Linearität** entsprechen. Die Stückdeckungsbeiträge, die als Koeffizienten in die Zielfunktion eingehen, müssen daher konstant und mengenunabhängig sein. Dies bedeutet naturgemäß eine Vereinfachung gegenüber der Realität.

Allgemein lässt sich formulieren: Gesucht werden die Größen x_1, x_2, ... x_n, deren linearer Ausdruck

$DB = \sum a_j * x_j$ mit DB = Gesamt-Deckungsbeitrag

unter den Nebenbedingungen

$\sum b_{ij} * x_j \leq c_i$ mit i = 1, 2, ... m

und

$x_j \geq 0$ mit j = 1, 2, ... n

ein Maximum annimmt. Die Größen a_j, b_{ij} und c_i sind als Konstante gegeben.

Das so gebildete System linearer Ungleichungen kann entweder **grafisch** oder mit Hilfe des **Simplex-Algorithmus** optimal gelöst werden. Optima auf graphischem Wege lassen sich allerdings mit hinreichender Genauigkeit nur finden, wenn die Zusammenhänge auf zwei Unbekannte (Produkte) reduzierbar sind. Dieses ist in der praktischen Anwendung aber kaum möglich. Dennoch ist die grafische Methode als didaktisches Instrument zur Beschreibung der linearen Optimierung besonders gut geeignet.

Grafische Methode

Die einfachste Art der linearen Optimierung ist die grafische Methode, die als erstes in Form eines kleinen Beispiels vorgestellt werden soll.

Beispiel: Produktionsprogrammplanung bei mehreren Engpässen (grafische Lösung)

Ziel sei die Deckungsbeitragsmaximierung folgender Funktion (Quelle: Zahlen entnommen aus Bloech, J./Lücke, W.: Fertigungswirtschaft, S. 70 ff.):

$DB = 10\,x + 20\,y$ Maximieren!

Die Maximierung des Deckungsbeitrages ist unter Berücksichtigung folgender Restriktionen und Nicht-Negativitätsbedingungen vorzunehmen:

(I) $x + 4\,y \leq 280$
(II) $10\,x + 10\,y \leq 1.000$
(III) $6\,x + 2\,y \leq 480$
(IV) $x \geq 0$
(V) $y \geq 0$

In der nachstehenden Grafik sind die zulässigen Produktionsvarianten durch die Fläche 0ABCD eingegrenzt. Jeder beliebige Punkt außerhalb dieser Fläche verstößt gegen mindestens eine Nebenbedingung. Jeder Punkt innerhalb oder auf dem Rand der Fläche stellt eine erlaubt Produktionskombination dar. Beispielsweise lautet das Produktionsprogramm im Punkt D:

$x = 0$ und $y = 70$

Der Deckungsbeitrag wäre dann:

DB = 10 € * 0 + 20 € * 70 = 1.400 €

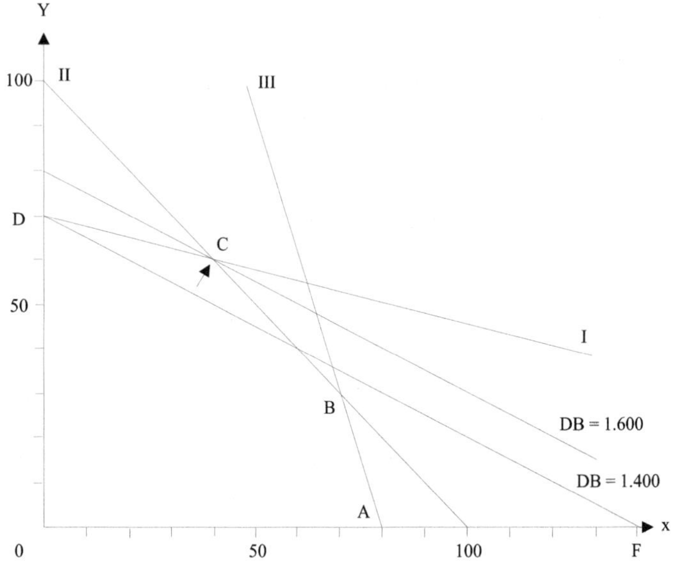

In der Grafik verläuft die Deckungsbeitragsgerade durch die beiden Punkt D und F. Keine Nebenbedingung ist verletzt, es handelt sich somit um eine zulässige Produktionskombination mit einem realistischen Deckungsbeitrag. Allerdings wird diese Kombination nicht optimal sein, da noch ungenutzte Kapazitätsreserven zur Verfügung stehen. Durch Rechtsverschiebung der Deckungsbeitragsgeraden kann nun der optimale Deckungsbeitragspunkt ermittelt werden. Die Gerade wird solange parallel nach rechts verschoben, bis sie an das äußerste Ende der zulässigen Produktionsfläche angrenzt. Das ist im Punkt C der Fall. Die Koordinaten für Punkt C lauten:

$x = 40$ und $y = 60$

Im Punkt C werden die erste und die zweite Restriktion als Gleichungen erfüllt, die dritte Nebenbedingung ist dagegen nur als Ungleichung erfüllt, d.h.:

(I) $1 * 40 + 4 * 60 = 280$

(II) $10 * 40 + 10 * 60 = 1.000$

(III) $6 * 40 + 2 * 60 < 480$

Der Deckungsbeitrag beträgt bei dieser Kombination:

DB = 10 € * 40 + 20 € * 60 = 1.600 €

Ein höherer Deckungsbeitrag ist aufgrund der angegebenen Nebenbedingungen nicht realisierbar.

Zusammenfassend können die folgenden **Schritte zur Ermittlung des optimalen Produktionsprogramms** nach der grafischen Methode festgehalten werden:

1. Zeichnen eines kartesischen Koordinatensystems. Die X-Werte heißen Abszissen und die Y-Werte heißen Ordinaten der Punkte P(x,y);
2. Bestimmung der zulässigen Lösungsmenge als Polygon gemäß der Nebenbedingungen und der Nicht-Negativitätsbedingungen;
3. Einzeichnen einer beliebigen, noch nicht optimalen Zielfunktion;
4. Parallelverschiebung der Geraden in diejenige Ecke der Lösungsfläche, in der die Zielfunktion den größten Abstand zum Koordinatenursprung hat bzw. den größten Abschnitt auf der Ordinatenachse erzeugt;
5. Ablesen der Koordinaten des erreichten Eckpunktes. Diese geben die optimale Lösung an. Anschließend Ermittlung des optimalen Deckungsbeitrages.

Für praktische Optimierungsprobleme, bei denen nur zwei Variablen (Produkte, Aufträge) auftreten, wird häufig die grafische Methode bevorzugt. Für mehr als zwei Produkte bei mehreren Engpässen lässt sich die grafische Lösungsmethode nicht mehr verwenden, da die zweidimensionale Darstellungsweise verlassen wird. Zur Lösung solcher linearer Optimierungsaufgaben bietet sich der Simplex-Algorithmus von *Dantzig* aus dem Jahre 1948 an, der auch bei dem Pivot-Verfahren benutzt wird.

Simplex-Algorithmus

Soll die Optimierungsaufgabe also nicht mehr grafisch, sondern rechnerisch gelöst werden, ist das **Pivot-Verfahren** (frz. = Drehpunkt, Angelpunkt) zu empfehlen, welches wie folgt funktioniert. Beim Pivot-Verfahren "wird bei jedem Schritt in einer beliebigen Spalte des Koeffizienten-Tableaus ein beliebiger Koeffizient als Pivot-Element ausgewählt, über dem und unter dem durch entsprechende Anwendung der Transformationsgesetze Nullen erzeugt werden. In jeder Zeile und in jeder Spalte darf dabei jeweils nur einmal ein Pivot-Element festgelegt werden. Das Verfahren ist abgeschlossen, wenn nach dem letzten Schritt das letzte Tableau im Koeffizienteteil in jeder Zeile und in jeder Spalte nur genau eine 1 und sonst ausschließlich Nullen enthält." (Vogt, K.-D.: Mathematik-Repetitorium, S. 50)

Zur Einführung wird zunächst wieder ein Zweiprodukt-Betrieb unterstellt. Das Verfahren lässt sich allerdings auch ohne Probleme auf Mehrprodukt-Betriebe anwenden.

Beispiel: Produktionsprogrammplanung bei mehreren Engpässen (Simplex-Methode)

Ein Unternehmen stellt zwei Produkte A und B her, die den Einsatz von drei Maschinen M1, M2 und M3 notwendig machen. Die benötigten Maschinenzeiten pro Produkt und der zur Verfügung stehende Maschinenzeitfonds sind aus der folgenden Tabelle ersichtlich (Quelle: Vogt, K.-D.: Mathematik-Repetitorium, S. 90 ff.):

Maschine	Produkt A	Produkt B	Zeitfonds
M1	4 min	12 min	720 min
M2	8 min	8 min	640 min
M3	15 min	5 min	900 min

Produkt A erzielt einen Deckungsbeitrag von 30 € pro Stück, Produkt B einen Deckungsbeitrag von 45 € pro Stück. Es soll diejenige Stückzahl x von Produkt A und y von Produkt B hergestellt werden, die den Deckungsbeitrag maximiert, d.h. die Zielfunktion lautet DB = 30 x + 45 y.

Da Ungleichungssysteme rechnerisch recht unbequem zu lösen sind, wandelt man das durch die Nebenbedingungen gegebene Ungleichungssystem durch Einführung von sog. Schlupfvariablen a, b und c mit $a \geq 0$, $b \geq 0$ und $c \geq 0$ in ein Gleichungssystem um. Die Schlupfvariablen repräsentieren gewissermaßen die nicht ausgenutzte Kapazität. Schreibt man jetzt noch die Zielfunktion als Gleichung mit der Lösung Null, erhält man:

$4x + 12y + a = 720$
$8x + 8y + b = 640$
$15x + 5y + c = 900$
$-30x - 45y + DB = 0$

Diese vier Gleichungen werden wie folgt in eine Tabelle eingestellt:

x	y	a	b	c	DB	OS
4	12	1	0	0	0	720
8	8	0	1	0	0	640
15	5	0	0	1	0	900
-30	-45	0	0	0	1	0

Das Gleichungssystem aus 3 Gleichungen und 5 Variablen ist unterbestimmt, d.h., es kann keine eindeutige Lösung geben. Man geht daher von einer sog. Basislösung aus. Darunter versteht man eine Lösung, bei der von den 5 Variablen höchstens 3 – das sind so viele, wie es Restriktionen gibt – von Null verschiedene Werte annehmen. Dazu wählt man zunächst die Variablen, deren Spalten die Einheitsvektoren bilden, hier also a, b und c. Die nicht in der Lösung befindlichen Variablen x und y (Nichtbasisvariablen) haben in dieser ersten Basislösung den Wert Null, d.h. der damit erzielte Deckungsbeitrag DB ist ebenfalls Null. DB ist ausschließlich eine Funktion von x und y. Die zugehörigen Koeffizienten in der Zielfunktionszeile sind aber negativ, d.h., eine Aufnahme von x und y in die Basis würde eine Erhöhung von DB bewirken. Die eingestellte Basislösung ist also noch nicht optimal.

Um den Deckungsbeitrag zu vergrößern, muss daher eine der beiden Variablen x oder y in die Basis aufgenommen werden. Man wählt die Variable, welche die größte Verbesserung verspricht. Das ist diejenige, zu der in der letzten Zeile der größte negative Wert gehört, hier also y mit - 45, gegenüber x mit nur - 30. Um festzustellen, in welcher Zeile der y-Spalte nun das neue Pivot-Element zu erzeugen ist, bildet man für jede Zeile i den Quotienten

$$Q_i = p_i / q_i \qquad (1 \leq i \leq 3)$$

mit p_i = Element der i-ten Zeile in der OS-Spalte (Optimierungsspalte) und q_i = Element der i-ten Zeile in der y-Spalte. Man erhält:

⇒ für die 1. Zeile: 720 / 12 = 60

⇒ für die 2. Zeile: 640 / 8 = 80

⇒ für die 3. Zeile: 900 /5 = 180

Durch diese Division wird festgestellt, wie viele Stücke man von Produkt B maximal auf einer Maschine produzieren kann; die niedrigste Zahl ist mithin für den weiteren Produktionsverlauf als Engpass maßgebend. Das Pivot-Element muss also in derjenigen

Zeile gebildet werden, für die der kleinste Wert $Q_i = p_i / q_i$ entstanden ist, hier also Zeile 1 (fett geschrieben). Das Pivot-Element ergibt sich also aus der Festlegung der Pivotspalte und Pivotzeile.

x	y	a	b	c	G	OS
4	**12**	1	0	0	0	**720**
8	8	0	1	0	0	640
15	5	0	0	1	0	900
-30	**-45**	0	0	0	1	0

Das Pivot-Element muss den Wert 1 haben, im Übrigen dürfen in seiner Spalte nur Nullen stehen; beides wird durch sog. Zeilenoperationen erreicht. Zur Berechnung des zweiten Simplextableaus und damit zur Bestimmung der zweiten, verbesserten Basislösung wird also mit Hilfe von elementaren Zeilenoperationen die Pivotspalte in den Einheitsvektor mit der 1 an der Stelle des Pivotelementes umgewandelt. Hierzu kann man beispielsweise die Pivotzeile durch 12 dividieren, so dass y in der ersten Zeile zu 1 wird.

x	y	a	b	c	G	OS
4/12	**12/12=1**	1/12	0	0	0	720/12
8	8	0	1	0	0	640
15	5	0	0	1	0	900
-30	-45	0	0	0	1	0

Als nächstes müssen jedoch noch die anderen Zeilen angepasst werden. Das heißt, das Achtfache dieser neuen ersten Zeile von der zweiten Zeile und das Fünffache von der dritten Zeile zu subtrahieren und das Fünfundvierzigfache zur Zielfunktionszeile zu addieren. Diesen Vorgang bezeichnet man auch als Basistransformation oder Basistausch.

x	y	a	b	c	G	OS
1/3	1	1/12	0	0	0	60
16/3	0	-2/3	1	0	0	160
40/3	0	-5/12	0	1	0	600
-15	0	15/4	0	0	1	2.700

Damit ist eine zweite Basislösung gefunden. Zu ihr gehören wieder die Variablen mit den (jetzigen) Einheitsvektoren, also y, b und c. Die übrigen Variablen x und a sind nicht in der Lösung enthalten (neue Nichtbasisvariablen). Sie haben in dieser, der zweiten Basislösung den Wert Null.

Mit der zweiten Basislösung x = 0 und y = 60 ist die Zielfunktion DB = 2.700. Die zweite Basislösung ist also besser als die erste Lösung. Aber auch sie lässt sich wegen -15 in der letzten Zeile noch weiter optimieren. Das neue Pivot-Element wird ganz entsprechend dem Übergang von der ersten zur zweiten Basislösung gefunden. D.h. diejenige Spalte mit dem absolut größten negativen Wert in der letzten Zeile, hier x-Spalte, und diejenige Zeile mit dem kleinsten Wert des Quotienten $Q_i = p_i / q_i$, hier 2. Zeile, muss gewählt werden. Der Wert in der 2. Zeile und 1. Spalte ist also das neue Pivot-Element und wie beschrieben weiter zu entwickeln.

x	y	a	b	c	G	OS
1/3	1	1/12	0	0	0	60
16/3	0	-2/3	1	0	0	**160**
40/3	0	-5/12	0	1	0	600
-15	0	15/4	0	0	1	2.700

Nach Durchführung der zweiten Basistransformation – Multiplikation der zweiten Zeile mit 3/16 usw. – ergibt sich:

x	y	a	b	c	G	OS
0	1	1/8	-1/16	0	0	50
1	0	-1/8	3/16	0	0	30
0	0	5/4	-5/2	1	0	200
0	0	15/8	45/16	0	1	3.150

Eine weitere Verbesserung ist nun nicht mehr möglich, weil in der letzten Zeile keine negativen Werte ausgewiesen werden. Das letzte Tableau enthält somit die optimale Lösung. Sie lässt sich direkt ablesen:

⇒ nach Zeile 2: 30 Stück des Produktes A

⇒ nach Zeile 1: 50 Stück des Produktes B

⇒ nach Zeile 4: 3.150 € maximaler Deckungsbeitrag

Beispiel: Produktionsprogrammplanung bei mehreren Engpässen (Simplex-Methode)

Die Aufgabe Maximiere $DB = x(1) + 2x(2) + 3x(3) + 4x(4)$
unter Beachtung der Restriktionen

$$5x(1) + 3x(2) + x(3) + x(4) \leq 12$$
$$2x(1) + 6x(2) + 2x(3) + 4x(4) \leq 18$$
$$2x(1) + x(2) + 2x(3) + x(4) \leq 15$$

wird in das folgende Tableau überführt (Quelle: Vogt, K.-D.: Mathematik-Repetitorium, S. 96 ff.):

x(1)	x(2)	x(3)	x(4)	x(5)	x(6)	x(7)	DB	OS
5	3	1	1	1	0	0	0	12
2	6	2	4	0	1	0	0	18
2	1	2	1	0	0	1	0	15
-1	-2	-3	-4	0	0	0	1	0

Aus diesem, dem ersten, Simplex-Tableau ist schon eine erste Lösung ablesbar, nämlich die zu den Basisvariablen x(5), x(6), x(7) gehörende Basislösung $x(5) = 12$, $x(6) = 18$, $x(7) = 15$ und damit zwangsläufig die Nichtbasisvariablen $x(1) = 0$, $x(2) = 0$, $x(3) = 0$, $x(4) = 0$ und somit $DB = 0$.

Das erste Simplex-Tableau und auch die folgenden Simplex-Tableaus werden durch die Simplex-Iteration umgeformt mit dem Ziel, eine verbesserte Basislösung zu schaffen. Zur Simplex-Iteration gehören die Schritte:

1. Wahl der Pivotspalte;
2. Wahl der Pivotzeile;
3. Umrechnung des Tableaus auf eine neue Basislösung.

zu 1. Als Pivotspalte wird diejenige Spalte gewählt, die den absolut größten negativen Koeffizienten in der Zielfunktion aufweist. Im Beispiel ist das die Spalte der Variablen x(4) mit dem Koeffizienten -4. Anmerkung: Enthält die Zielfunktion keine negativen Koeffizienten (mehr), ist das Maximum erreicht, und der Simplex-Algorithmus ist abgeschlossen.

zu 2. Als Pivotzeile wird die Zeile mit kleinstem Q_i gewählt, wobei Q_i wie folgt erklärt ist: $Q_i = p_i / q_i$ mit p_i = Element der i-ten Zeile in der OS-Spalte und q_i = positives Element der i-ten Zeile in der Pivotspalte. Achtung: Zeilen, in denen $q_i \leq 0$ ist, bleiben unberücksichtigt! Im Beispiel ist die 2. Zeile die Pivotzeile wegen $Q_2 = 4{,}5$ gegenüber $Q_1 = 12$ und $Q_3 = 15$. Anmerkung: Falls die Pivotspalte kein positives Element enthält, ist die Lösung nicht begrenzt, und der Simplex-Algorithmus ist beendet.

zu 3. Im Schnittpunkt der Pivotspalte und der Pivotzeile steht das Pivot-Element. Die Variable mit dem Pivot-Element wird neue Basisvariable, indem durch Zeilenoperation das Pivot-Element zu 1 und alle übrigen Elemente der Pivotspalte zu Nullen umgeformt werden. Gemäß dieser Erklärungen soll das Beispiel hier fortgesetzt werden.

x(1)	x(2)	x(3)	x(4)	x(5)	x(6)	x(7)	DB	OS	Qi
5	3	1	1	1	0	0	0	12	12
2	6	2	**4**	0	1	0	0	18	**4,5**
2	1	2	1	0	0	1	0	15	15
-1	-2	-3	**-4**	0	0	0	1	0	
9/2	3/2	1/2	0	1	-1/4	0	0	7,5	
1/2	3/2	1/2	1	0	1/4	0	0	4,5	
3/2	-1/2	3/2	0	0	-1/4	1	0	10,5	
1	4	-1	0	0	1	0	1	18	

Das untere Tableau enthält eine verbesserte Basislösung. Bestimmende Variable der neuen Lösung sind die Variablen mit den Einheits(spalten)vektoren, also x(4), x(5), x(7). Diese Variablen gehen in die neue Lösung ein mit x(4) = 4,5, x(5) = 7,5 und x(7) = 10,5. Alle übrigen Variablen gehören nicht zur Lösung, sie haben den Wert Null; also x(1) = 0, x(2) = 0, x(3) = 0, x(6) = 0. Die Zielfunktion hat nun den Wert 18. Er wird gebildet aus x(1) + 2x(2) + 3x(3) + 4x(4) = 18.

Es folgen nun solange weitere Simplex-Iterationen, bis der Simplex-Algorithmus gemäß der Anmerkungen zu 1. und 2. oben beendet ist:

x(1)	x(2)	x(3)	x(4)	x(5)	x(6)	x(7)	DB	OS	Qi
9/2	3/2	1/2	0	1	-1/4	0	0	7,5	15
1/2	3/2	1/2	1	0	1/4	0	0	4,5	9
3/2	-1/2	**3/2**	0	0	-1/4	1	0	10,5	**7**
1	4	**-1**	0	0	1	0	1	18	
4	5/3	0	0	1	-1/6	-1/3	0	4	
0	5/3	0	1	0	1/3	-1/3	0	1	

1	-1/3	1	0	0	-1/6	2/3	0	7	
2	11/3	0	0	0	5/6	2/3	1	25	

Damit ist der Simplex-Algorithmus beendet, das Lösungs-7-tupel lautet (0,0,7,1,4,0,0) und somit

$$DB_{max} = x(1) + 2x(2) + 3x(3) + 4x(4) = 0 + 0 + 21 + 4 = 25.$$

Weitere Anmerkungen und Erläuterungen zum Verfahren der linearen Optimierung finden sich bei Hieke, H.: Teilkosten- und Deckungsbeitragsrechnung, S. 140 ff.

Nichtlineare Optimierung

Viele Probleme aus der Praxis sind jedoch nicht linearer Art. Es handelt sich dann um nichtlineare Funktionen mit mehreren Variablen. Nichtlineare Planungsprobleme zeichnen sich insbesondere durch Nichtlinearitäten in der Zielfunktion und/oder mindestens einer Restriktion aus. Aufgrund der unterschiedlichen Problemstellungen und der Vielfalt möglicher Nichtlinearitäten existieren keine allgemeingültigen Lösungsmethoden wie bei der linearen Programmierung.

Eine Möglichkeit zur Lösung derartiger Extremwertaufgaben sind partielle Ableitungen, die Methode heißt **Substitutionsmethode**. Die Substitutionsmethode lässt sich allerdings nur dann anwenden, wenn sich aus den Nebenbedingungen einzelne Variable eliminieren und in geschlossener Form durch andere Variable darstellen lassen. Das ist jedoch nicht immer der Fall. In solchen und ähnlichen Fällen wendet man dann zur Lösung die sog. **Lagrange-Methode** an.

Hinsichtlich weiterer Einzelheiten zu den erwähnten Verfahren sei auf die Spezialliteratur verwiesen.

Problematik der Deckungsbeitragsrechnung bei Verbundprodukten

Bei der Auswertung der Deckungsbeiträge und der Ziehung von Schlussfolgerungen darf nicht nur ein Kalkulationsobjekt alleine, sondern müssen mehrere **Objekte, die in einer Verbindung zueinander stehen**, herangezogen werden. Man spricht in diesem

Zusammenhang auch von *komplementären Produkten oder Effekten*. Dabei müssen gegebenenfalls mehrere Berechnungen vorgenommen werden. Eine Schlussfolgerung aufgrund des Deckungsbeitrages eines einzelnen Produktes kann zu falschen Entscheidungen führen, wie nachstehendes Beispiel zeigt.

> **Verbundeffekte** liegen vor, wenn ein Produkt den Absatz eines anderen Erzeugnisses beeinflusst, d.h. wenn die Absatz- und Deckungsbeitragssituation des zweiten Produktes durch das Vorhandensein des ersten verändert wird.

Beispiel: Deckungsbeitragsrechnung bei Verbundprodukten

Ausgangssituation ist eine Abteilung einer Heizungs- und Sanitärfirma mit fünf Verkaufsartikeln aus dem Heizungsbau. Die Artikel gehören alle einer Artikelgruppe an. Aufgrund von Marktuntersuchungen wurden Verbundverkäufe bei den Artikeln x_2 und x_3 festgestellt. Es handelt sich dabei um Heizkörper (x_2) und Heizungsventile (x_3), die in der Regel nur gemeinsam verkauft werden.

Werte in T€	x_1	x_2	x_3	x_4	x_5	Σ mit x_3	Σ oh. x_3	Σ oh. x_2, x_3
Umsatz	100	150	10	100	150	510	500	350
- var. Ko.	80	90	20	70	80	340	320	230
= DB	20	60	- 10	30	70	170	180	120
- Fixkosten						150	150	150
= Ergebnis						20	30	- 30

Aus dem Diagramm ist zu erkennen, dass Artikel x_3 einen negativen Deckungsbeitrag in Höhe von 10 T€ erwirtschaftet. Dem steht aber nur ein geringer Umsatzanteil von ca. 2 % gegenüber. Die Entscheidung, den Artikel x_3 aus dem Angebot herauszunehmen, würde theoretisch (ohne Verbundeffekte) den Gewinn von 20 T€ auf 30 T€ steigen lassen. Durch die festgestellten Verbundverkäufe von Heizkörpern und Ventilen kommt es aber auch zu einem starken, nicht gewollten Umsatzrückgang von x_2. Bei vollständiger Abhängigkeit zwischen x_2 und x_3 bedeutet das sogar einen Verlust von insgesamt 30 T€.

Beeinflusst der Absatz eines Produktes den Absatz- und Deckungsbeitrag eines anderen Produktes, so müssen die Produktions- und Preisentscheidungen der beiden Erzeugnisse jeweils unter Berücksichtigung des anderen gefällt werden.

In einem solchen Fall bietet sich eine **Mischkalkulation** an. Mischkalkulation bedeutet, dass im Sortimentsverbund ein kalkulatorischer Ausgleich geschaffen wird.

(2) Verfahrenswahl

Wird das Sortiment eines **nicht ausgelasteten Betriebes** erweitert, besteht häufig eine Wahlmöglichkeit zwischen verschiedenen Maschinen. Das Entscheidungsproblem liegt nun darin, die optimale Maschinenbelegung auszuwählen. Können mehrere Maschinen (z.B. zwei Drehmaschinen) alternativ das gleiche Produkt herstellen, so wird man diejenigen Maschinen wählen, die die **geringsten laufenden Kosten** verursachen.

Bei der **Verfahrenswahl** geht es darum, im Rahmen der Fertigungsplanung von mehreren verwendungsgleichen Maschinen die unter Kostengesichtspunkten günstigste auszuwählen, bzw. eine Rangfolge der Eignung für bestimmte Arbeitsgänge aufzustellen.

Kann eine Produktart durch unterschiedliche technologische Kombinationsmöglichkeiten der Maschinenbelegung gefertigt werden, ist eine solche Maschinenbelegung zu wählen, die zu **minimalen variablen Kosten** führt.

Die **Anschaffungskosten** der Anlagen brauchen bei der Entscheidung nicht berücksichtigt zu werden, weil sie bereits angefallen und daher nicht mehr zu beeinflussen sind. Wichtig für die richtige Entscheidung ist es, die Anschaffung sinnvoll einzusetzen und beispielsweise den Kostenvorteil der neueren Maschinen zu nutzen. Die Verfahrenswahl ist insofern nicht identisch mit Investitionsüberlegungen. Während bei der Investitionsrechnung Ersatz- oder Erweiterungsprobleme im Zusammenhang mit geänderten Kapazitäten gelöst werden, bezieht sich die Verfahrenswahl auf eine kurzfristig unveränderbare Betriebsbereitschaft.

2.2.4.1.3.3 Kostenträgerrechnung im Beschaffungsbereich

Einsatzmöglichkeiten der Deckungsbeitragsrechnung

Die Deckungsbeitragsrechnung ist im Unterschied zur Vollkostenrechnung ein wichtiges Instrument für die Ermittlung von **Preisobergrenzen** im Beschaffungsbereich, insbesondere für die Entscheidung zwischen verschiedenen Beschaffungsalternativen. Solche Alternativen sind beispielsweise

☞ Wahl zwischen unterschiedlichen Lieferanten oder
☞ Eigenfertigung oder Fremdbezug.

Da die erste Wahlmöglichkeit kostenrechnerisch lediglich auf einen Vergleich der Nettoeinkaufspreise und Konditionen hinausläuft, soll im Folgenden schwerpunktmäßig die Wahl zwischen Eigenfertigung und Fremdbezug untersucht werden. Solche Entscheidungen werden auch als *Make-or-Buy-Entscheidungen* bezeichnet.

Es soll aber an dieser Stelle bereits erwähnt werden, dass für eine Entscheidung zwischen Eigenfertigung und Fremdbezug **nicht nur Kostengesichtspunkte** herangezogen werden dürfen, oft sind auch andere Aspekte wie das zur Herstellung notwendige Know-how oder die Unternehmensstrategie von entscheidender Bedeutung. Bei der Entscheidungsfindung sind also eine Vielzahl von quantitativen und qualitativen Kriterien gleichzeitig zu berücksichtigen.

Entscheidung zwischen Eigenfertigung und Fremdbezug

Zunächst soll erläutert werden, was unter Eigenfertigung und Fremdbezug zu verstehen ist.

Unter **Eigenfertigung** versteht man die Herstellung von Werkstoffen (Einzelteile oder Baugruppen) oder Produkten im eigenen Unternehmen.

Unter **Fremdbezug** versteht man den Zukauf von Werkstoffen (Einzelteilen oder Baugruppen) oder Produkten am Markt, d.h. von anderen Unternehmen.

Zur Eigenfertigung benötigt der Betrieb eine entsprechende Produktionskapazität wie Maschinen und Personal. Ist sie nicht vorhanden, muss sie erst noch durch zusätzliche Investitionen geschaffen werden. Je nachdem, ob also Unter- oder Vollbeschäftigung vorliegt, ist das Instrument der Deckungsbeitragsrechnung anders einzusetzen. Ferner ist das Instrumentarium davon abhängig, ob die Unter- oder Vollbeschäftigung kurzfristiger oder langfristiger Art ist.

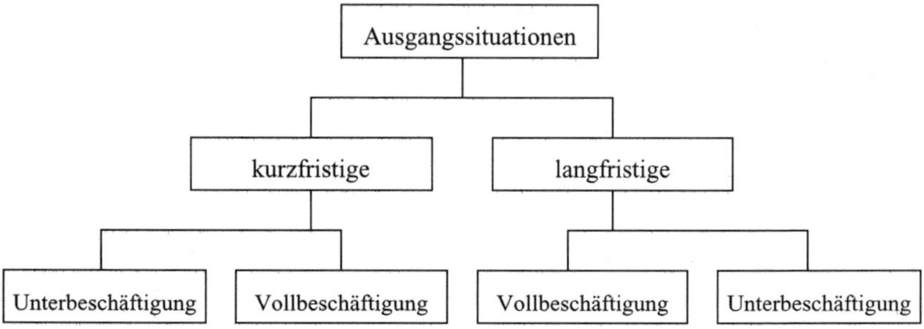

Kurzfristige Preisobergrenze bei Unterbeschäftigung

In Zeiten kurzfristiger Unterbeschäftigung sind bei der Durchführung von Wirtschaftlichkeitsanalysen die Lieferantenpreise (abzüglich Preisschmälerungen und zuzüglich Anschaffungsnebenkosten) mit den **variablen Kosten** der Eigenfertigung zu vergleichen. Die fixen Kosten spielen hierbei keine Rolle, da nur über die Verwendung der Kapazitäten und nicht über deren Ab- und Aufbau disponiert wird.

Beispiel: Vergleich zwischen Eigenfertigung und Fremdbezug

Einstandspreis des günstigsten Lieferanten	1.000 €
Variable Kosten der Eigenfertigung, insbesondere	
• Materialeinzelkosten	400 €
• Fertigungseinzelkosten	300 €
• variable Gemeinkosten der Herstellung	200 €
	----------
	900 €

Die Differenz in Höhe von 100 € zeigt an, dass die Eigenfertigung kurzfristig vorteilhafter ist.

Kurzfristige Preisobergrenze bei Vollbeschäftigung

In Zeiten der Vollbeschäftigung sind zusätzlich zu den kurzfristig **variablen Kosten** die Kosten für die Inanspruchnahme der knappen Eigenfertigungskapazitäten hinzuzurechnen. Die **Kosten für die Inanspruchnahme der Eigenfertigungskapazitäten** können nur durch eine genaue Analyse ermittelt werden und zwar ist festzustellen, auf welche Weise die für die Eigenerstellung notwendigen Kapazitäten kurzfristig bereitgestellt bzw. freigesetzt werden können. Dieses kann beispielsweise erfolgen, sofern man nicht gänzlich auf die Erzeugnisse verzichten möchte,

- ⇨ durch Erhöhung der Produktionsgeschwindigkeit,
- ⇨ durch Einlegen von Überstunden,
- ⇨ durch Einführen von neuen Schichten oder
- ⇨ durch den Zukauf bisher selbst gefertigter Werkstoffe.

Die aus der jeweiligen Alternative resultierenden **Opportunitätskosten** sind in die Vorteilhaftigkeitsberechnung mit einzubeziehen. Im Prinzip sind die gleichen Grundsätze wie bei der Ermittlung des optimalen Produktionsprogramms anzuwenden.

Langfristige Preisobergrenze bei Vollbeschäftigung

Sind die vorhandenen Maschinen- und Personalkapazitäten ausgelastet und soll langfristig entschieden werden, ob weiteres Absatzpotenzial fremdbezogen oder selbst hergestellt werden soll, können in einer vereinfachten Rechnung die abgesprochenen Lieferantenpreise mit den **geplanten Voll-Herstellkosten** verglichen werden, da neue Kapazitäten erst noch geschaffen werden müssen.

Beispiel: Vergleich zwischen Eigenfertigung und Fremdbezug

Die folgende Tabelle zeigt einen Vergleich zwischen Eigenfertigungskosten und Fremdfertigungskosten aus der Betriebspraxis eines Möbelherstellers. Anhand der Unterlagen wurde entschieden, ob langfristig fremdbezogen oder selbst hergestellt werden soll. Die fett gekennzeichneten Felder zeigen an, dass die Eigenfertigung teurer ist als der Fremdbezug. Die abgedruckten Zahlen sind im Vergleich zum Original leicht verändert.

Serie 649 Werk Bad Langensalza

			eigene Firma					Lieferant	
Ident-Nr.	Bezeichnung	Stück	Lohnko. je Stück	variable Fert.ko.	fixe Fert.ko.	variable HK	gesamte HK	Stückkosten	Gesamtkosten
47988	Boden	300	0,10	0,59	0,42	207,00	333,00	1,05	**315,00**
47989	Seite	192	0,12	0,66	0,47	149,76	240,00	1,41	270,72
47996	Mittelwd	117	0,40	1,87	1,35	265,59	423,54	3,64	425,88
48159	Rückwd	156	0,40	1,87	1,35	354,12	564,72	3,64	567,84
48165	Seite re.	264	0,32	1,84	1,31	570,24	916,08	3,69	974,16
48534	Seite	1064	0,12	0,66	0,47	829,92	1.330,00	2,04	2.170,56
48565	Bettseite	279	0,29	1,64	1,17	538,47	864,90	2,70	**753,30**
48654	Seite links	62	0,17	0,96	0,68	70,06	112,22	2,68	166,16
48776	Klappe	94	0,18	1,02	0,73	112,80	181,42	2,59	243,46
48788	Sockel	174	0,33	1,89	1,35	386,28	621,18	3,80	661,20
48965	Kopfteil	201	0,17	0,96	0,68	227,13	363,81	2,68	538,68
50765	Fußteil	1139	0,81	2,36	3,31	3.610,63	7.380,72	2,50	**2.847,50**
51875	Bettseite	1276	0,81	2,36	3,31	4.044,92	8.268,48	2,50	**3.190,00**
51987	Schlosstür	225	0,10	0,59	0,42	155,25	249,75	1,14	256,50

Exakte Entscheidungen erfordern allerdings die **Investitionsrechnung**, welche die Entscheidungsalternativen mittels diskontierter Zahlungsströme beurteilt.

Langfristige Preisobergrenze bei Unterbeschäftigung

Bei langfristiger Unterbeschäftigung gilt prinzipiell das gleiche Berechnungsschema wie bei kurzfristiger Unterbeschäftigung, d.h., die Lieferantenpreise sind mit den **variablen Kosten** zu vergleichen. Nur wenn die variablen Kosten über den Lieferantenangeboten liegen, ist der Fremdbezug günstiger. Allerdings sollte sich die Geschäftsführung darüber Gedanken machen, ob nicht einige vorgehaltene **Kapazitäten überflüssig** sind und abgebaut werden können. Ungenutzte Kapazitäten binden Kapital und verursachen Fixkosten. Bei langfristiger Unterauslastung ist weniger die Kostenrechnung als das Controlling bzw. das Management gefragt.

2.2.4.2 Kostenträgerzeitrechnung

Bedeutung der Kostenträgerzeitrechnung

Nachdem die Ergebnisse der Kostenträgerstückrechnung vorliegen, ist die Aufstellung einer Kostenträgerzeitrechnung auf Teilkostenbasis nicht mehr allzu schwer. In der Deckungsbeitragsrechnung bildet die Kostenträgerzeitrechnung – auch als *kurzfristige Erfolgsrechnung* oder *Betriebsergebnisrechnung* bezeichnet – eine zentrale Informationsquelle. Sie ist das entscheidende Rechenwerk für alle Unternehmensbereiche, die für die Vermarktung der betrieblichen Leistungen verantwortlich sind.

> In der **Kostenträgerzeitrechnung** werden Deckungsbeiträge für Produktarten ermittelt, mit eventuell weiterer Differenzierung.

Verfahren der Kostenträgerzeitrechnung

Analog zur Gewinn- und Verlustrechnung nach HGB und zur Betriebsergebnisrechnung auf Vollkostenbasis kann der Betriebserfolg in der Teilkostenrechnung mittels **Gesamtkosten- oder Umsatzkostenverfahren** bestimmt werden. Beide Verfahren lassen sich tabellarisch, formelmäßig oder in Kontenform darstellen.

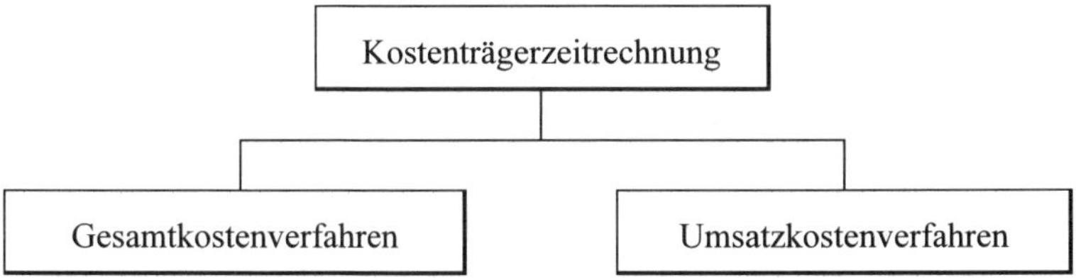

Umsatzkostenverfahren

Im Rahmen der Kostenträgerzeitrechnung wird retrograd von den Umsatzerlösen ausgegangen. Dabei ist es zweckmäßig, die Erlöse nicht in einer Summe, sondern einzeln und in einer gewissen Reihenfolge zu ermitteln. Ausgangspunkt ist immer der **Listenpreis**. Dieser wird zunächst in Höhe der **verdeckten Erlösminderungen** reduziert, die zum Teil als Prozentsatz vom Listenpreis anfallen, und man gelangt zum so genannten

Bruttofakturaumsatz. Die verdeckten Erlösminderungen sind besondere Rabatte für Kunden, die vorab ausgehandelt wurden und erst gar nicht in Rechnung gestellt werden. Anschließend wird man auch den Umsatz laut Bruttofaktura, d.h. den Rechnungsbetrag vor Abzügen, um die noch **offenen Erlösminderungen** mindern. Zu den offenen Erlösminderungen zählen weitere Sonderrabatte, Skonti und Boni. Als Ergebnis erhält man die **Nettoerlöse**, die in der betrieblichen Praxis auch als *erzielte Erlöse* bezeichnet werden.

Die Nettoerlöse abzüglich der **variablen Selbstkosten** wie Materialeinsatz, Fertigungslöhne und variable Gemeinkosten sowie gegebenenfalls Logistikkosten, sofern direkt zurechenbar, ergeben den **Deckungsbeitrag**. Dieser abzüglich der gesamten **fixen Kosten** ergibt das **Unternehmensergebnis** bzw. den **Betriebserfolg** als Periodengewinn oder -verlust.

Damit hat das monatliche Unternehmensergebnis vom Listenpreis bis zum Gewinn nach dem Umsatzkostenverfahren folgende grundlegende Struktur:

	Umsätze der Periode lt. Listenpreise
-	verdeckte Erlösminderungen
=	Umsätze lt. Bruttofaktura
-	offene Erlösminderungen
=	Nettoerlöse (erzielte Erlöse)
-	variable Kosten des Umsatzes (Material- und Fertigungseinzelkosten, variable Gemeinkosten, ggf. Logistikkosten)
=	Deckungsbeitrag
-	Fixkosten der Periode
=	Unternehmensergebnis (Betriebserfolg)

Die Grundstruktur der Betriebsergebnisrechnung nach dem Umsatzkostenverfahren auf Teilkostenbasis hat in Kontenform folgendes Aussehen:

Umsatzkostenverfahren auf Teilkostenbasis	
variable Selbstkosten des Umsatzes	Umsatzerlöse
fixe Selbstkosten	(abzüglich Erlösminderungen)
Gewinn	Verlust

Übertragen auf die Struktur eines **Mehrproduktbetriebes** ergibt sich folgendes verkürztes Schema für die Periodenrechnung:

	Listenpreis A		Listenpreis B		Listenpreis Z
-	Erlösminderungen A	-	Erlösminderungen B	-	Erlösminderungen Z
=	Nettoerlöse A	=	Nettoerlöse B	=	Nettoerlöse Z
-	variable Kosten A	-	variable Kosten B	-	variable Kosten Z
=	Deckungsbeitrag A	=	Deckungsbeitrag B	=	Deckungsbeitrag Z
		-	fixe Kosten der Periode		
		=	Unternehmensergebnis		

Zur besseren Kontrolle empfiehlt es sich, die variablen Kosten nach unterschiedlichen Kostenarten aufzugliedern. Zudem ist eine Zusammenfassung von einzelnen Produkten zu Kostenträgergruppen selbstverständlich möglich und immer dann zweckmäßig, wenn sich mehrere Sortimente oder Warengruppen mit verschiedenartigen Produkten identifizieren lassen.

In Kontenform ergibt sich folgendes Bild:

Umsatzkostenverfahren auf Teilkostenbasis	
variable Selbstkosten A	Umsatzerlöse A
variable Selbstkosten B	Umsatzerlöse B
variable Selbstkosten Z	Umsatzerlöse Z
fixe Selbstkosten	Verlust
Gewinn	

Gesamtkostenverfahren

Tabellarisch ergibt sich bei einer Kostenträgerzeitrechnung nach dem Gesamtkostenverfahren folgendes Bild.

	Umsatzerlöse der Periode
+	variable HK der Bestandserhöhungen
-	variable HK der Bestandsminderungen
+	variable HK der aktivierten Eigenleistungen
=	Leistung der Periode
-	variable Kosten der Periode
=	Deckungsbeitrag
-	Fixkosten der Periode
=	Unternehmensergebnis (Betriebserfolg)

In Kontenform hat die Deckungsbeitragsrechnung folgendes Aussehen:

Gesamtkostenverfahren auf Teilkostenbasis	
variable Periodenkosten	Umsatzerlöse
(strukturiert nach Kostenarten)	(strukturiert nach Produktarten)
Bestandsminderung zu var. HK	Bestandserhöhungen zu var. HK
fixe Periodenkosten	akt. Eigenleist. zu var. HK
Gewinn	Verlust

Wie man erkennt, sind die variablen Selbstkosten und die Erlöse nach unterschiedlichen Kriterien strukturiert und ist somit eine **Ermittlung produktartspezifischer Deckungsbeiträge nicht möglich**.

Gesamt- versus Umsatzkostenverfahren

Zunächst ist festzuhalten, dass beide Verfahren **zum gleichen Ergebnis** führen. Das Umsatzkostenverfahren ist allerdings gegenüber dem Gesamtkostenverfahren aussagekräftiger, insbesondere, weil der Deckungsbeitrag je Produktart feststellbar ist. Ferner ist das Umsatzkostenverfahren mit erheblich weniger Arbeits- und Zeitaufwand verbunden, weil eine Bestandsbewertung und damit eine Inventur nicht notwendig werden, was sich insbesondere bei der kurzfristigen Erfolgsermittlung bemerkbar macht.

Voll- versus Teilkostenrechnung

Vergleicht man die Voll- und Teilkostenrechnung, so ist festzustellen, dass diese in der Regel **nicht zum gleichen Betriebsergebnis** führen. Die Betriebserfolgsrechnung auf Basis der Deckungsbeitragsrechnung führt nur dann zum gleichen Ergebnis wie in der Vollkostenrechnung, wenn in der Periode keine Lagerbestandsveränderungen oder andere aktivierte Eigenleistungen zu verzeichnen sind. Liegen Bestandsmehrungen oder andere aktivierte Leistungen vor, so ist der Betriebserfolg einer Teilkostenrechnung stets niedriger als der Erfolg auf Vollkostenbasis. Werden Bestandsminderungen realisiert, ist der Erfolg einer Teilkostenrechnung stets höher. Der Ergebnisunterschied resultiert aus der Tatsache, dass die Lagerleistung beim Vollkostensystem auch zu anteiligen Fixkosten bewertet wird, während diese bei Teilkostensystemen lediglich die variablen Kostenbestandteile umfassen.

2.2.4.3 Kostenträgerrechnung als Planungs-, Kontroll- und Steuerungsinstrument

2.2.4.3.1 Break-Even-Analyse

Die konsequente Fortführung der Deckungsbeitragsrechnung führt zur *Break-Even-Analyse* – auch unter dem Begriff *Gewinnschwellenanalyse* bekannt.

Die Break-Even-Analyse kann für ein Einproduktbetrieb oder ein Mehrproduktbetrieb durchgeführt werden.

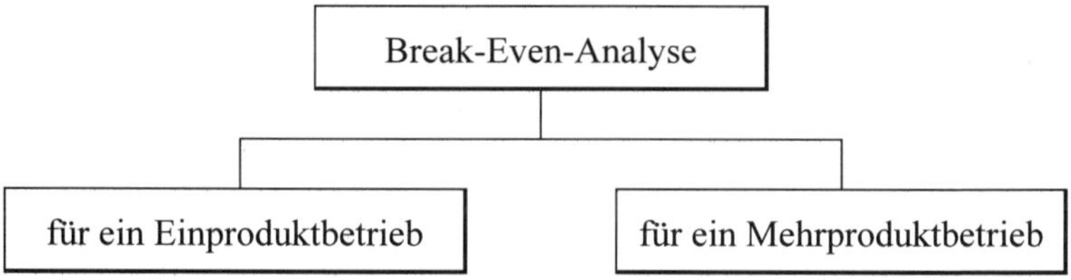

2.2.4.3.1.1 Break-Even-Analyse im Einproduktbetrieb

Einsatzfelder der Break-Even-Analyse

Die Break-Even-Analyse ist ein **Instrument zur Gewinnplanung und -kontrolle**. Sie ergänzt die kurzfristige Erfolgsrechnung und dient als Entscheidungshilfe für die Unternehmensleitung. Eine typische Frage, die mit der Break-Even-Analyse beantwortet werden kann, ist: Bei welchem Beschäftigungsgrad befindet sich der kritische Punkt, bei dem der Übergang von der Verlustzone in die Gewinnzone erfolgt? Oft ist es für die Geschäftsleitung bei der Entscheidung für oder gegen die Herstellung eines neuen Produktes wichtig zu wissen, ab welcher Absatzmenge das Erzeugnis in die Gewinnzone gelangt. Mit Hilfe der Break-Even-Analyse kann diese Gewinnschwelle genau berechnet werden.

> Die **Break-Even-Analyse** ist eine Methode zur Planung und Kontrolle des Gewinns. Auf der Grundlage der Deckungsbeitragsrechnung wird für das Unternehmen ermittelt, wann die Erlöse gerade die fixen und variablen Kosten decken, also weder Gewinn noch Verlust erwirtschaftet wird.

Break-Even-Punkt

Entscheidungskriterium ist der *Break-Even-Punkt* bzw. die *Gewinnschwelle*. Gelegentlich spricht die Literatur auch vom *kritischen Punkt*, *Break-Even-Point* oder vom *Kostendeckungspunkt*.

> Der **Break-Even-Punkt** (Gewinnschwelle) stellt jenen Punkt in der Kosten- und Leistungsrechnung einer Unternehmung dar, in dem der Umsatz einer Abrechnungsperiode genau den fixen Kosten der Periode zuzüglich den angefallenen variablen Kosten entspricht.

Im Break-Even-Punkt sind die Gewinne und die Verluste gleich Null, d.h. die Gewinnschwelle ist der Punkt, in dem die gesamten variablen und fixen Kosten gleich den gesamten Umsatzerlösen sind. Ein Gewinn entsteht für die Unternehmung erst nach Überschreiten dieser Gewinnschwelle. Sinkt die Beschäftigung dagegen unter den kritischen Punkt, so fährt das Unternehmen Verluste ein.

Berechnung des Break-Even-Punktes

Ausgangspunkt zur Ermittlung des Break-Even-Punktes sind folgende betriebswirtschaftliche Größen:

Gewinn (G) = Umsatz (U) - Gesamtkosten (K)
Umsatz (U) = Preis (p) * Menge (x)
Gesamtkosten (K) = variable Gesamtkosten (K_v) + Fixkosten (K_f)
Variable Gesamtkosten (K_v) = variable Stückkosten (k_v) * Menge (x)
Deckungsbeitrag (DB) = Umsatz (U) - variable Gesamtkosten (K_v)

oder in Kurzschreibweise:

$G = p * x - k_v * x - K_f$
$DB = p * x - k_v * x$
$G = DB - K_f$

Aus dem Periodendeckungsbeitrag müssen die Periodenfixkosten gedeckt werden. Ein positiver Restbetrag entspricht dem Gewinn, ein negativer ergibt den Verlust.

Aus den Gleichungen ist erkennbar, dass die Break-Even-Analyse von einem linearen Verlauf der Kosten und Erlöse ausgeht und die Ausbringungsmenge (Beschäftigung) als alleinige Einflussgröße angesehen wird. Variable Kosten sind insofern gleich proportionale Kosten.

Im Break-Even-Punkt sind die Kosten und Erlöse gleich hoch, d.h., es gilt:

$K = U$ bzw.

$k_v * x + K_f = p * x$

Rechnerisch lässt sich der Break-Even-Punkt nach Werteinheiten (*Break-Even-Umsatz* oder *Deckungsumsatz*) oder Mengeneinheiten (*Break-Even-Menge*) errechnen:

$K_f = p * x - k_v * x$	$K_f = p * x - k_v * x$
$K_f / p * x = 1 - k_v * x / p * x$	$K_f = (p - k_v) * x$
$K_f / p * x = 1 - k_v / p$	$K_f / (p - k_v) = x$
$p * x = K_f / (1 - k_v / p)$	$x = K_f / (p - k_v)$
↓	↓
Break-Even-Umsatz	Break-Even-Menge

$$\text{Break-Even-Umsatz} = \frac{\text{Fixkosten}}{1 - (\text{var. Stückkosten / Stückpreis})}$$

$$\text{Break-Even-Menge} = \frac{\text{Fixkosten}}{\text{Stückpreis - var. Stückkosten}}$$

Bei genauerer Betrachtung fällt auf, dass die Differenz „Stückpreis - variable Stückkosten" dem Stückdeckungsbeitrag entspricht. Die Break-Even-Menge liegt also dort, wo die Summe aller Deckungsbeiträge genauso hoch ist wie die Summe der Fixkosten.

$$\text{Break-Even-Menge} = \frac{\text{Fixkosten}}{\text{Stückdeckungsbeitrag}}$$

Als **Break-Even-Menge** wird die Absatzmenge bezeichnet, die zur Deckung der fixen Kosten mindestens erforderlich ist. Jede zusätzliche abgesetzte Einheit bringt dem Unternehmen einen Zuwachs in Höhe des Deckungsbeitrages.

Beispiel: Break-Even-Punkt von Sonnenschirmen

Für die Herstellung eines Sonnenschirmes der Marke „Riesenrad" sind Fixkosten in Höhe von 500.000 € entstanden. Die variablen Stückkosten betragen 50 € und der Verkaufspreis soll bei 100 € pro Stück liegen.

Daraus folgt:

Break-Even-Umsatz	=	500.000 € / (1 - (50 € / 100 €))	=	1.000.000 €
Break-Even-Menge	=	500.000 € / (100 € - 50 €)	=	10.000 Stück

Bei einer Beschäftigung von über 10.000 Stück bzw. Umsatzerlösen von über 1 Mio.€ ist der Deckungsbeitrag größer als die Fixkosten, d.h., es wird ein Gewinn erwirtschaftet. Der kritische Punkt befindet sich also bei einer Absatzmenge von 10.000 Sonnenschirmen und bei einem Umsatz von 1 Mio.€.

Gewinnschwellendiagramm

Neben der rechnerischen Ermittlung der Gewinnschwelle gibt es noch die Möglichkeit, die Interdependenzen zwischen Absatzmenge, Erlösen und Kosten grafisch darzustellen. Zu diesem Zweck werden in einem Koordinatensystem auf der Abszisse die verkauften oder geplanten Absatzmengen abgetragen, auf der Ordinate Kosten, Erlöse und Deckungsbeiträge gemessen.

Die folgende Übersicht 2/5 soll die Konstruktion der einzelnen Kurven veranschaulichen. Dort wo die Kostenkurve die Erlöskurve schneidet, liegt der Break-Even-Punkt (BEP). Links davon liegt die Verlustzone, rechts der Gewinnbereich.

Aus der Grafik kann man folgenden Zusammenhang erkennen: Je größer die Steigung der Umsatzkurve und je geringer die Fixkosten sind, desto geringer ist das Risiko der Produktherstellung. Laufen die Umsatz- und die Gesamtkostenkurve sehr flach, bedeutet dies, dass der Break-Even-Punkt erst spät erreicht wird und der Gewinn nur langsam ansteigt. In einem solchen Fall sollten die Fixkosten näher analysiert werden, da bereits durch eine geringfügige Reduzierung der fixen Kosten die Break-Even-Menge deutlich nach unten verschoben werden kann.

Übersicht 2/5: Gewinnschwellendiagramm

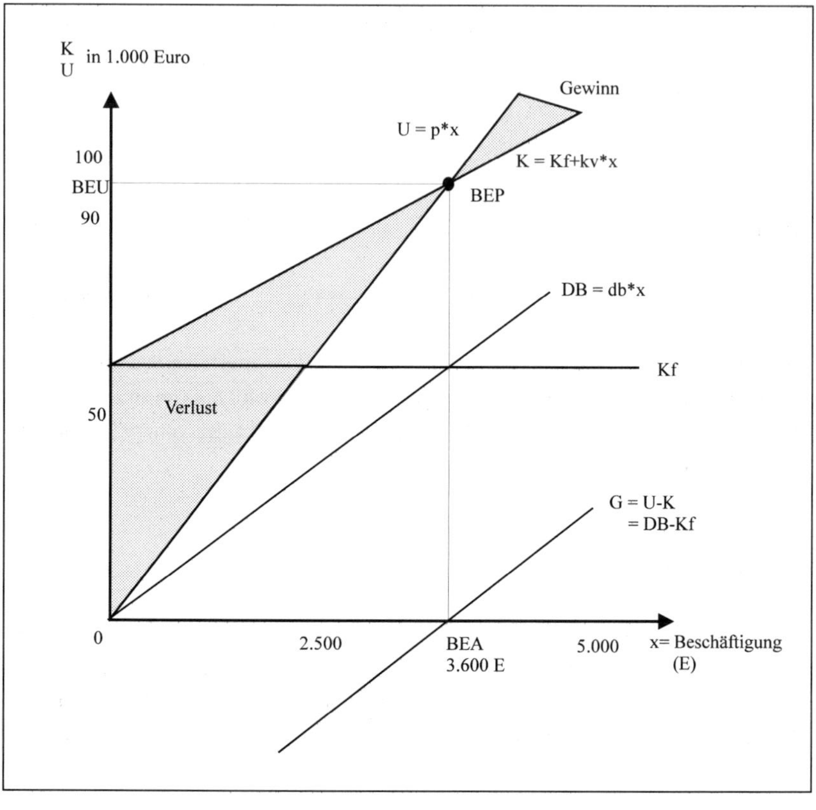

Quelle: In Anlehnung an Fischer, J.: Kostenrechnung, S. 117

mit	x	=	Menge
	K	=	Gesamtkosten
	K_f	=	Periodenfixkosten = 54.000 €/Periode
	k_v	=	variable (proportionale) Stückkosten = 10 €/Stück
	U	=	Umsatzerlöse
	p	=	Preis = 25 €/Stück
	BEP	=	Break-Even-Point
	BEA	=	Break-Even-Absatz
	BEU	=	Break-Even-Umsatz

Umrechnung auf Tagesumsätze

Um die Aussagefähigkeit der Break-Even-Analyse zu erhöhen, werden im Zuge der betrieblichen Planung die Gewinnschwellenumsätze bzw. -mengen häufig auf Tageswerte oder sonstige überschaubare Werte heruntergerechnet. Das gilt insbesondere für Saisonartikel.

Beispiel: Tagesmindestmengen von Sonnenschirmen

Ausgangspunkt sind die im obigen Beispiel errechneten 10.000 Sonnenschirme. Da dieser Saisonartikel in der Regel nur ein halbes Jahr von März bis August verkauft wird, muss die Gewinnschwelle bereits nach sechs Monaten erreicht werden. Es müssen also 10.000 Stück / 6 Monate ≈ 1.667 Sonnenschirme pro Monat produziert und abgesetzt werden. Bei durchschnittlich 22 Werktagen je Monat liegt die Tagesmindestmenge bei ca. 76 Sonnenschirmen.

Sicherheitsgrad

Planungen aller Art und so auch Planungen über den künftigen Markterfolg eines neuen Produktes sind grundsätzlich mit Unsicherheiten behaftet. Um so wichtiger ist es, sich über die möglichen **Risiken** zu informieren und die vermeintlichen **Reserven** zu kennen. Die spannende Frage, die sich im Zusammenhang mit der Break-Even-Analyse stellt, lautet demzufolge: Um wie viel darf der tatsächliche Absatz vom geplanten Absatz nach unten abweichen, ohne dass die Verlustzone des Produktes erreicht wird?

Diese in der betrieblichen Praxis als „**Sicherheitsgrad der Absatzmenge**“ bezeichnete Größe, wird in Prozent ausgedrückt und errechnet sich formal wie folgt:

$$\text{Sicherheitsgrad} = \frac{\text{Planmenge - Break-Even-Menge}}{\text{Planmenge}} * 100$$

Der **Sicherheitsgrad der Absatzmenge** kennzeichnet die Beschäftigungsspanne, bis zu der die Absatzmenge im Verhältnis zur Planabsatzmenge zurückgehen kann, ohne dass das Unternehmen Verluste erleidet.

<u>Beispiel:</u> Sicherheitsgrad bei der Herstellung von Sonnenschirmen

Angenommen die Planwerte für den Absatz der oben angesprochenen Sonnenschirme liegen bei 14.000 Stück, dann errechnet sich folgender Sicherheitsgrad:

$$\text{Sicherheitsgrad} = \frac{14.000 \text{ Stück} - 10.000 \text{ Stück}}{14.000 \text{ Stück}} * 100 \approx 29\,\%$$

Ein Sicherheitsgrad von 29 % bedeutet, dass der Absatz um 29 % zurückgehen kann, bevor der Verkauf der Sonnenschirme in die Verlustzone kommt. Der Sicherheitsgrad zeigt also an, mit wie viel Risiko die Fertigung des Produktes verbunden ist.

Eine andere aber ähnliche Fragestellung in diesem Zusammenhang ist die Folgende: In welchem Maße kann das Unternehmen einen Umsatzrückgang verkraften, ohne dass es Verlust erwirtschaftet? Analog zum Sicherheitsgrad der Absatzmenge könnte man hier einen **Sicherheitsgrad des Umsatzes** ermitteln, der formal wie folgt aussehen könnte und entsprechend zu interpretieren wäre:

$$\text{Sicherheitsgrad} = \frac{\text{Umsatzmaximum} - \text{Break-Even-Umsatz}}{\text{Umsatzmaximum}} * 100$$

Neben dem „Sicherheitsgrad der Absatzmenge" und dem „Sicherheitsgrad des Umsatzes" lassen sich noch **weitere Sicherheitsgrade** errechnen, indem andere Faktoren der Break-Even-Analyse untersucht werden. Beispielsweise ist der Verkaufspreis bei neuen Artikeln häufig nur näherungsweise abzuschätzen. Hier empfiehlt es sich, den „Sicherheitsgrad des Verkaufspreises" zu ermitteln.

<u>Preisplanung</u>

Durch Umstellen der Deckungsbeitragsformel ($DB = p * x - k_V * x$) lassen sich für verschiedene Absatzmengen die zugehörigen *Verkaufspreise* bestimmen, die zu dem gewünschten Deckungsbeitragsvolumen führen:

$$\text{Verkaufspreis} = \frac{\text{Deckungsbeitrag}}{\text{Absatzmenge}} + \text{variable Stückkosten}$$

oder kurz:

$$p = DB / x + k_v$$

Der *Deckungspreis*, auch als *kritischer Stückerlös* oder *kritischer Preis* bezeichnet, ist der Preis, der bei einer bestimmten Absatzmenge und gegebenen variablen Kosten die fixen Kosten deckt. Es ergibt sich:

$$\text{Deckungspreis} = \frac{\text{Fixkosten}}{\text{Absatzmenge}} + \text{variable Stückkosten}$$

oder kurz:

$$p_{BEP} = K_f / x + k_v$$

Fixkostenplanung

Von besonderem Interesse gerade in heutiger Zeit sind weiterhin die *kritischen Fixkosten*. Sie errechnen sich wie folgt:

$$\text{kritische Fixkosten} = \text{Stückdeckungsbeitrag} * \text{Absatzmenge}$$

oder kurz:

$$K_{fBEP} = (p - k_v) * x$$

Sensitivitätsanalysen

Die Gewinnschwellenanalyse eignet sich sehr gut für Sensitivitätsanalysen, denn der Einfluss von **Änderungen der Kosten, Erlöse oder der Beschäftigung** auf den Betriebserfolg und den Break-Even-Punkt kann mit diesen schnell und einfach ermittelt werden. Sensitivitätsanalyse bedeutet, dass einzelne Parameter der Break-Even-Analyse schrittweise verändert werden, während alle übrigen konstant gelassen werden.

Sensitivitätsanalysen lassen sich in einfacher Form mit jedem Tabellenkalkulationsprogramm ausführen. Ebenso besteht damit auch die Möglichkeit die Ergebnisse grafisch darzustellen. Um die Auswirkungen von Parametervariationen übersichtlicher darstellen zu können, d.h. um sich auf die wesentlichen Aussagen zu konzentrieren, werden die Geraden im Gewinnschwellendiagramm häufig zu einer Deckungsbeitragsgeraden komprimiert.

Deckungsbeitragsgerade und Gewinn-Erlös-Diagramm

Die Deckungsbeitragsgerade – auch *Deckungsbeitragslinie* genannt – ist aus dem Gewinnschwellendiagramm abgeleitet. Die Erlösgerade wird über die Fixkostengerade als Abszisse gekippt. Als Ergebnis erhält man ein *Gewinn-Erlös-Diagramm.* Die Höhe des Deckungsbeitrages ist an der Höhe der Deckungsbeitragsgeraden direkt ablesbar, der Gewinn bzw. Verlust ist auf der Ordinate erkennbar. Abbildung 2/6 zeigt ein solches Gewinn-Erlös-Diagramm.

Übersicht 2/6: Gewinn-Erlös-Diagramm

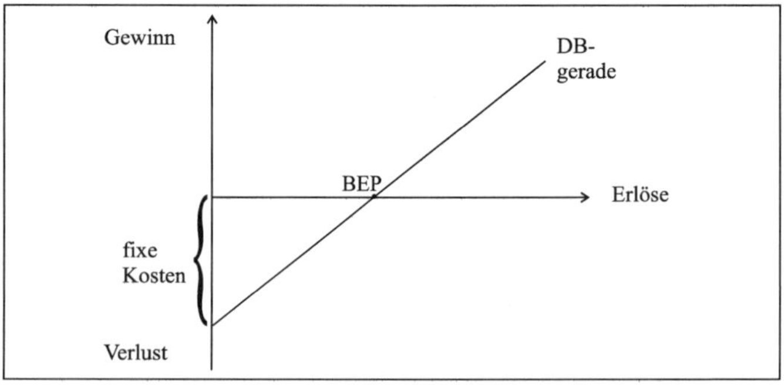

Variationen der Deckungsbeitragsgeraden

Im Rahmen der Gewinnmaximierung ist es für das Unternehmen besonders wichtig zu wissen, wie sich Änderungen der Bezugsgrößen Preis, Fixkosten und proportionale Kosten auf den Deckungsbeitrag und den Gewinn auswirken. Die folgenden drei Übersichten in Abbildung 2/7 zeigen die Änderungen der Deckungsbeitragsgeraden bei unterschiedlichen Szenarien.

Übersicht 2/7: Variationen der Deckungsbeitragsgeraden

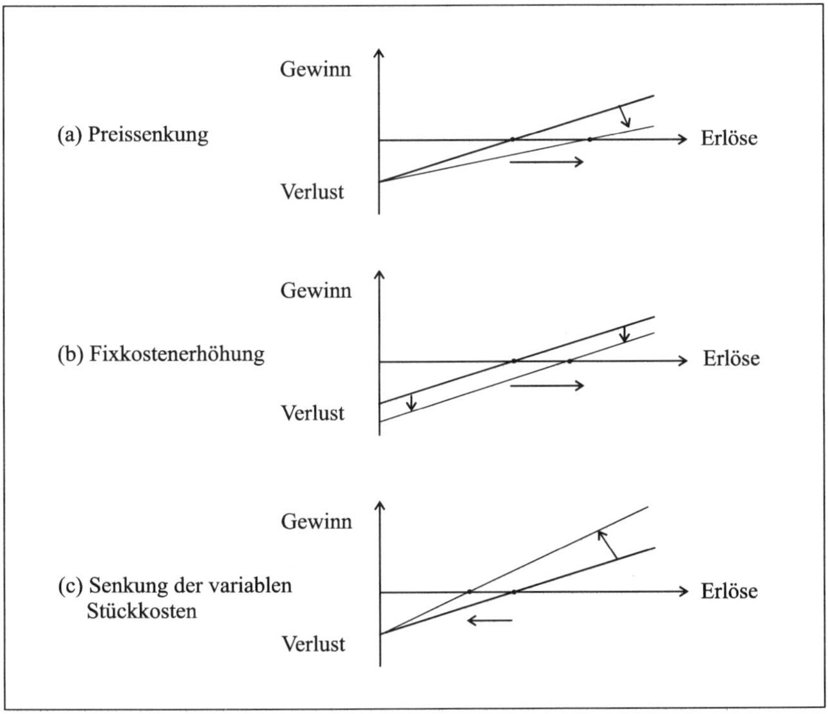

zu a) Eine Preissenkung führt ceteris paribus zu einer Rechtsverschiebung des BEP, da aufgrund der geringeren Umsatzerlöse der Stückdeckungsbeitrag sinkt. Ein Auftragsrückgang führt damit unter Berücksichtigung der Fixkosten eher in die Verlustzone. Preissteigerungen bewirken unter sonst gleichen Bedingungen das Gegenteil.

zu b) Mit einer Zunahme der Fixkosten an den gesamten Kosten wird die kurzfristige Beeinflussbarkeit der Kosten insgesamt geringer. Die abnehmende Kostenreagibilität drückt sich grafisch in einer Verschiebung des BEP nach rechts aus. In der Rezession entstehen mehr ungenutzte Kapazitäten und damit sog. Leerkosten, die den Gewinn schneller schmälern bzw. sogar zu einem Verlust führen können. Die hohe Fixkostenbelastung heutiger Unternehmen führt dazu, dass sich der BEP immer weiter in Richtung der Kapazitätsgrenze verschiebt. Gewinne werden oftmals erst bei einer Kapazitätsauslastung von mehr als 70 % erwirtschaftet. In der Automobilindustrie liegt dieser Grenzwert sogar bereits bei 90 % (vgl. Hardt, R.: Kostenmanagement, S. 5). Fallende Fixkosten wirken sich entsprechend günstig aus.

zu c) Durch Senkung der variablen Stückkosten verschiebt sich der BEP nach links, d.h., der BEP wird früher erreicht. Wie die obige Abbildung zeigt, steigt der Gewinn mit zunehmender Kapazitätsauslastung schneller an, da die Fixkosten bei unveränderten Ressourcen konstant bleiben. Preissteigerungen der proportionalen Kostengüter wirken sich umgekehrt aus.

Kostenartenanalyse im Rahmen der Break-Even-Analyse

Der Informationsgehalt der Gewinnschwellenanalyse lässt sich noch erhöhen, wenn der Gesamtbetrag der fixen und variablen Kosten weiter nach einzelnen Kostenarten aufgegliedert wird und diese getrennt im Gewinnschwellendiagramm eingezeichnet werden. Eine solche Aufspaltung in Kostenarten zeigt Abbildung 2/8.

Üblicherweise werden die fixen Gemeinkosten noch weiter differenziert in kalkulatorische (= nicht ausgabenwirksame) Fixkosten, z.B. Abschreibungen, und ausgabenwirksame Fixkosten, wie Hilfslöhne und Gehälter inklusive der Sozialabgaben. Diese Aufteilung kommt den Anforderungen der Praxis besonders entgegen, da nun für Rentabilitäts- und Liquiditätsüberlegungen im Falle eines negativen Gesamtergebnisses leichter die Größenordnung der ungedeckten Kosten abgeschätzt werden kann. Wird der Break-Even-Absatz (BEP_1) aus absatzpolitischen Gegebenheiten nicht erreicht, lässt sich aus dem Gewinnschwellendiagramm direkt ablesen, welche fixen Gemeinkosten nicht gedeckt sind. Umgekehrt liefern die Punkte auf der Geraden zwischen BEP_1 und BEP_2 den bei dem jeweiligen Stand der Kostendeckung erzielbaren Mindestabsatz. Unterhalb von BEP_2 bleiben ausgabenwirksame Fixkosten ungedeckt mit entsprechenden Auswirkungen auf die Liquidität des Unternehmens.

Übersicht 2/8: Break-Even-Analyse mit detaillierter Kostenartenbetrachtung

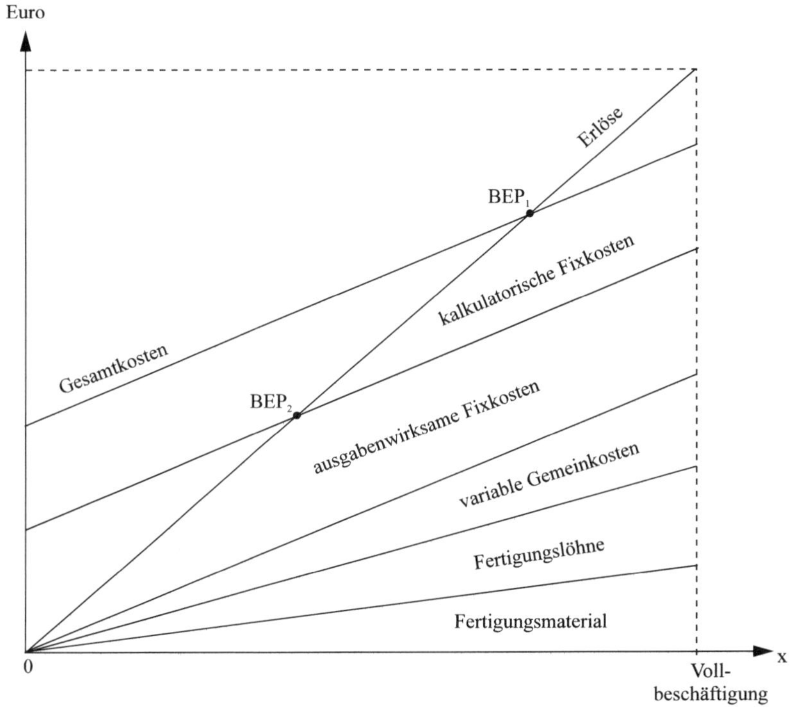

Trägt man auf der x-Achse anstatt der Absatzmengen Zeitabschnitte (z.B. Monate) auf, so lassen sich die eingezeichneten Geraden als Planwerte interpretieren (vgl. Übersicht 2/9). Verteilen sich die Absatzmengen relativ gleichmäßig über das Jahr, können bei den variablen Kosten auch die einzelnen Monatswerte als Planwerte angesehen werden. Bei den Fixkosten bilden lediglich die Dezemberdaten aussagefähige Planwerte. Aus der monatlichen Betriebsergebnisrechnung lassen sich kontinuierlich die jeweiligen Istwerte kumulativ in das Diagramm einzeichnen.

Übersicht 2/9: Break-Even-Analyse mit Zeitachse

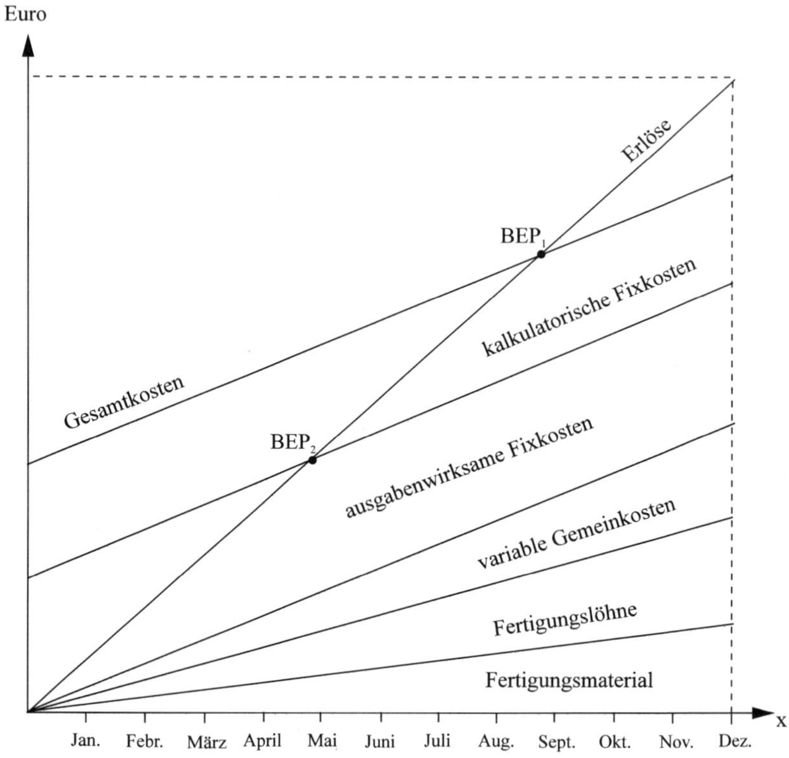

Die Gegenüberstellung von tatsächlichen und geplanten Gewinnschwellen sowie entstandenen und geplanten Kostenarten liefert Informationen und Hinweise für weitergehende Kostenanalysen und Steuerungsmaßnahmen. Die Break-Even-Analyse ist damit ein wichtigstes Instrument im Rahmen des Controllings bzw. Kostenmanagements.

Die Kostentransparenz und die Beeinflussung der Kosten hinsichtlich deren Verhalten, Struktur und Niveau bilden die zentralen Eckpfeiler eines **modernen Kostenmanagements**, mit dessen Hilfe – im Sinne eines umfassenden Gewinnschwellen-Managements – der Break-Even-Punkt so niedrig wie möglich gehalten werden soll (vgl. Hardt, R.: Kostenmanagement, S. 5 f.).

2.2.4.3.1.2 Break-Even-Analyse im Mehrproduktbetrieb

Vorbemerkung

Bisher wurde die Break-Even-Analyse ausschließlich im Einproduktbetrieb vorgestellt. Da der Einproduktbetrieb in der Praxis eher die Ausnahme als die Regel ist, stellt sich die Frage, ob die Gedanken der Gewinnschwellenanalyse auch auf Unternehmen, die mehrere Erzeugnisse gleichzeitig herstellen, anzuwenden sind. Die Antwort soll hier gleich vorweggenommen werden. Auch für Mehrproduktbetriebe ist die Break-Even-Analyse grundsätzlich geeignet, allerdings in modifizierter Form.

Bei Mehrproduktfertigung bereitet die rechnerische und graphische Ermittlung des Break-Even-Punktes erheblich mehr Schwierigkeiten, weil die Zahl der Einflussfaktoren auf den Betriebserfolg mit jedem Produkt wächst. Im Unterschied zur eindeutigen Ermittlung der kritischen Menge eines Einproduktbetriebes sind bei Mehrproduktfertigung eine **Vielzahl von kostendeckenden Absatzkombinationen** denkbar. Ausgehend von der Überlegung, dass die Fixkosten des Unternehmens und die Erlöse jeder Produktart bekannt sind, kann man Kombinationen von Erzeugnissen ermittelt, die gewährleisten, dass der Deckungsbeitrag positiv ist.

Zur Lösung des Problems bei Mehrproduktfertigung stehen je nach den betrieblichen Gegebenheiten unterschiedliche Methoden zur Verfügung, die im Folgenden vorgestellt werden sollen. Eine Übersicht über die Methoden und deren Annahmen gibt Abbildung 2/10.

Übersicht 2/10: Methoden der Break-Even-Analyse im Mehrproduktbetrieb

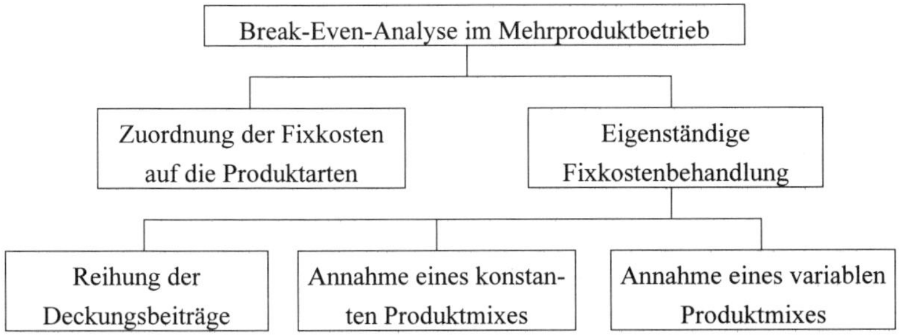

2.2.4.3.1.2.1 Zuordnung der Fixkosten auf die Produktarten

Werden in einem Unternehmen mehrere Erzeugnisse produziert, so trägt jede einzelne Produktart mit seinen Umsatzerlösen zur Deckung der fixen Kosten des Unternehmens bei. Eine Möglichkeit, die Break-Even-Menge und den Break-Even-Umsatz für jedes einzelne Produkt zu ermitteln, besteht im einfachsten Fall darin, die fixen Kosten des Unternehmens auf die einzelnen Produkte zu verteilen. Diese Zuordnung der Fixkosten auf die Produktarten sollte möglichst nach dem Verursachungsprinzip erfolgen. Sind die Fixkosten zugeteilt, lässt sich der Break-Even-Punkt für jedes einzelne Erzeugnis nach der bereits vorgestellten Methode für das Einproduktunternehmen berechnen.

Ein großes praktisches Problem ist die verursachungsgerechte Zuordnung der Fixkosten zu den Produktarten. Einige sog. produktspezifische Fixkosten, wie beispielsweise Kosten für Patente oder Spezialwerkzeuge, lassen sich sicherlich finden und den Produkten mühelos zuordnen. Bei anderen sog. Unternehmensfixkosten, wie beispielsweise Gehälter für administrative Tätigkeiten, ist eine Zurechnung nicht mehr verursachungsgerecht möglich. In einem solchen Fall, in dem also das Verursachungsprinzip nicht mehr greift, verbleiben noch das Proportionalitätsprinzip, das Durchschnittsprinzip und das Tragfähigkeitsprinzip, die jedoch allesamt suboptimal sind und gegebenenfalls zu Fehlentscheidungen in der Produktionsprogramm- und Absatzplanung führen können.

Um die Methodik und Problematik der Fixkostenzuordnung auf die Produktarten zu verdeutlichen, soll an einem modellhaften Mehrproduktunternehmen mit zwei Produkten A und B eine Break-Even-Analyse mit Fixkostenzuordnung durchgeführt werden.

<u>Beispiel:</u> Zuordnung der Fixkosten auf die Produktarten

Ein Unternehmen fertigt zwei Produkte A und B auf Basis folgender Daten:

	Produkt A	Produkt B
Stückverkaufspreis	12,50 €	8,00 €
- variable Stückkosten	6,00 €	5,50 €
= Stückdeckungsbeitrag	6,50 €	2,50 €
produktspezifische Fixkosten	9.000 €	20.000 €
+ Unternehmensfixkosten	26.000 €	10.000 €

= Gesamtfixkosten	35.000 €	30.000 €
Produktionskapazität in Stück	5.000 Stück	20.000 Stück
Maschinenbelegung in Min./Stück	6 Min./Stück	1,5 Min./Stück

Die Unternehmensfixkosten, die sich nicht verursachungsgerecht auf die beiden Produktarten zuordnen lassen, werden nach dem Tragfähigkeitsprinzip im Verhältnis der Stückdeckungsbeiträge der beiden Produktarten A und B verteilt. Das Prinzip geht davon aus, dass ein Produkt mit einem höheren Deckungsbeitrag auch mehr Kosten tragen kann. Für A ergibt sich also 36.000 € gesamte Unternehmensfixkosten dividiert durch 6,50 € + 2,50 € = 9,00 € multipliziert mit 6,50 € gleich 26.000 €. Multipliziert man statt mit 6,50 € mit 2,50 € erhält man den Anteil der Unternehmensfixkosten für B in Höhe von 10.000 €.

Die Maschinenkapazitäten sind für Produkt A auf 5.000 Stück und für Produkt B auf 20.000 Stück begrenzt. Die maximalen Maschinenkapazitäten liegen also jeweils bei 30.000 Minuten.

In der nachstehenden Tabelle wird für beide Produkte die Break-Even-Menge entsprechend dem Deckungsbeitragsmodell durch den Quotienten aus den Fixkosten der jeweiligen Produktart und seinem Stückdeckungsbeitrag ermittelt.

	Produkt A	Produkt B
Stückdeckungsbeitrag	6,50 €	2,50 €
Gesamtfixkosten	35.000 €	30.000 €
Break-Even-Menge	5.385 Stück	12.000 Stück
Produktionskapazität in Stück	5.000 Stück	20.000 Stück
Ergebnis	- 385 Stück	8.000 Stück

Das Ergebnis zeigt, dass die Gewinnschwelle des Produktes A mit 5.385 Stück außerhalb der verfügbaren Kapazität des Modellunternehmens liegt. Daraus könnte der Schluss gezogen werden, Produkt A aus dem Produktionsprogramm herauszunehmen. Dann müsste Produkt B die gesamten Unternehmensfixkosten, wie in der folgenden Tabelle dargelegt, alleine tragen.

	Produkt B
Stückdeckungsbeitrag	2,50 €
produktspezifische Fixkosten	20.000 €
+ Unternehmensfixkosten	36.000 €
Gesamtfixkosten	56.000 €

Break-Even-Menge	22.400 Stück
Produktionskapazität in Stück	20.000 Stück
Ergebnis	- 2.400 Stück

Nach der Eliminierung von Produkt A liegt nun auch bei Produkt B der Break-Even-Punkt außerhalb der möglichen Kapazitätsgrenze. Produkt B dürfte demnach ebenso wenig produziert werden. Die Modellfirma müsste stillgelegt werden.

Vorteilhafter ist es allerdings, Produkt A nicht vollständig aus dem Produktionsprogramm herauszunehmen, sondern bis zur Kapazitätsgrenze von 5.000 Stück zu fertigen. In diesem Fall trägt Produkt A mit einem Deckungsbeitrag von 32.500 € zur Deckung der Fixkosten bei. Die verbleibenden 32.500 € Fixkosten kann dann das Produkt B bereits mit einer Menge von 13.000 Stück abdecken.

Die Ausführungen machen deutlich, wie die Ergebnisse verfälscht werden können, wenn die Fixkosten nicht verursachungsgerecht zugeordnet werden können. Im nächsten Kapitel werden deshalb Ansätze vorgestellt, die nicht mehr die Fixkosten auf die einzelnen Produktarten aufteilen, sondern die individuellen Deckungsbeiträge der Produkte zu einem Gesamtdeckungsblock zusammenfassen und diesen den gesamten Fixkosten gegenüberstellen.

2.2.4.3.1.2.2 Eigenständige Fixkostenbehandlung

(1) Reihung der Deckungsbeiträge

Geht man davon aus, dass ein Unternehmen mehrere unterschiedliche Erzeugnisse produziert, so kann für jedes einzelne Produkt getrennt eine Deckungsbeitragskurve gezeichnet werden. Die einzelnen Kurven werden dann einfach addiert, d.h. aneinandergereiht, und den fixen Kosten gegenübergestellt. Das **Aneinanderreihen** geschieht dabei üblicherweise in der **Reihenfolge abnehmender Deckungsbeiträge** und beginnt im Nullpunkt, wie die nachstehende Grafik 2/11 zeigt.

Übersicht 2/11: Gewinnschwellendiagramm im Mehrproduktbetrieb

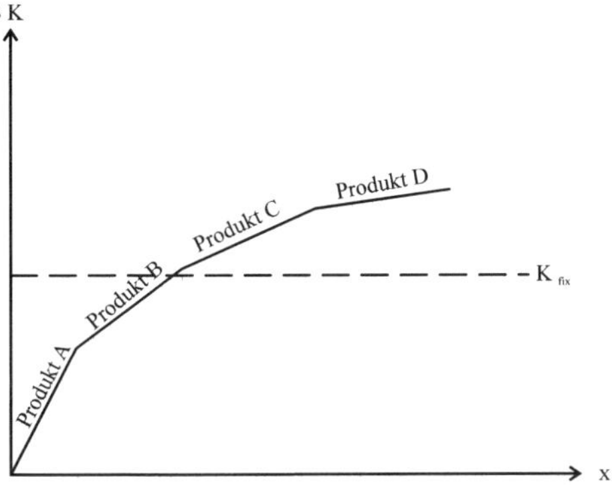

Die Zeichnung verdeutlicht, dass die Deckungsbeiträge der Erzeugnisse A und B bereits ausreichen, die gesamten Fixkosten zu decken und demzufolge die Deckungsbeiträge der Produkte C und D voll als Gewinn angesehen werden können.

Übersicht 2/12: Ausgangssituation (ohne Absatzerhöhung)

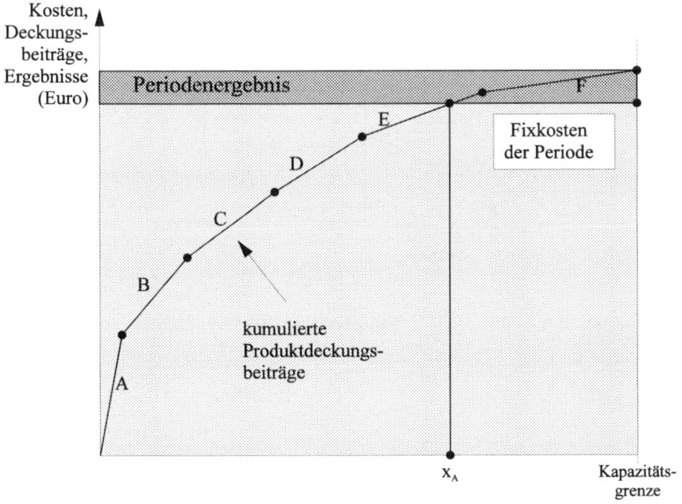

Quelle: In Anlehnung an Männel, W.: Deckungsbeitragsrechnung in der Holz- und Möbelindustrie, S. 19

Entsprechend der Zielsetzung Rentabilitätsmaximierung sollten Produkte mit überdurchschnittlichen Deckungsbeiträgen forciert werden, da durch eine Umsatzausweitung dieser Produkte bei sonst gleichen Bedingungen die Gewinnschwelle am schnellsten erreicht wird. Die Grafiken 2/12 und 2/13 versuchen diesen Sachverhalt zu veranschaulichen.

Die folgende Grafik zeigt die Situation nach Absatzerhöhung der deckungsbeitragsstarken Produkte A und B.

Übersicht 2/13: Situation nach Absatzerhöhung

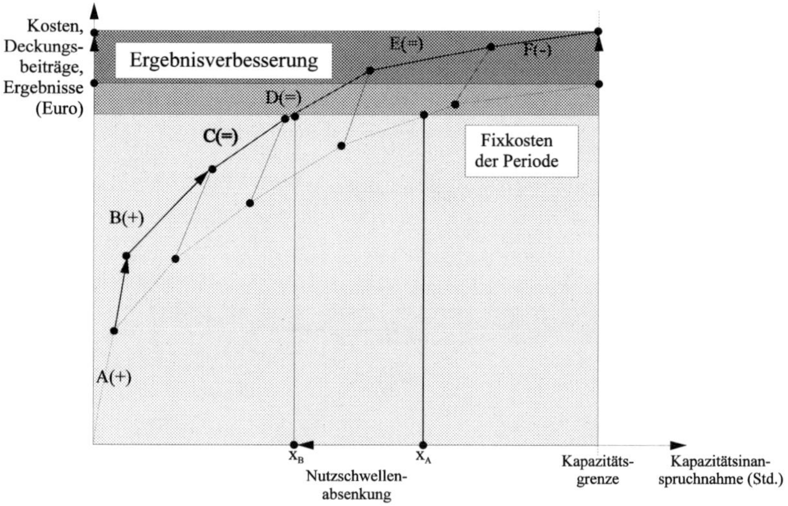

Quelle: In Anlehnung an Männel, W.: Deckungsbeitragsrechnung in der Holz- und Möbelindustrie, S. 19

(2) Konstanter Produktmix

Ist eine verursachungsgerechte Zuordnung der Fixkosten auf die Produktarten nicht möglich, d.h. können einige oder alle Fixkosten nur als produktübergreifender Block erfasst werden, erhält man eine Vielzahl von Produktkombinationen, die die Break-Even-Bedingung der Kostendeckung erfüllen. Eine Ausnahme besteht lediglich dann, wenn von einem konstanten Produktmix ausgegangen werden kann. Unter der Prämisse eines konstanten Produktmixes kommt es zu einer eindeutigen Lösung.

Globale Fixkostenbehandlung bei mengenproportionalem Absatz

Wird auf eine Differenzierung zwischen unternehmensbezogenen und produktspezifischen Fixkosten verzichtet, spricht man von einer globalen Fixkostenbehandlung. Unter der Voraussetzung einer globalen Fixkostenbehandlung und unter der Annahme, dass die Produktarten in einem festen Verhältnis zueinander verkauft werden, lassen sich für festgelegte Mengenrelationen die **Break-Even-Mengen** mit Hilfe der nachstehenden Formeln ermitteln:

Mengenrelationen β_j

1) $$\beta_j = \frac{x_j}{x_L} \quad \text{für } j = 1, \ldots, J$$

Gesamter Deckungsbeitrag DB

2) $$\begin{aligned} DB &= \sum x_j * db_j \\ &= \sum (x_L * \beta_j) * db_j \\ &= x_L * \sum \beta_j * db_j \\ &= x_L * db^d \end{aligned}$$

Break-Even-Menge: Leitprodukt x_{LB}

3) $$x_{LB} = \frac{K_{fj}}{db^d}$$

Legende

β_j	– konstantes Verhältnis der Produkte j zum Leitprodukt
db	– Stückdeckungsbeitrag
db^d	– kombinierter Stückdeckungsbeitrag
DB	– Gesamtdeckungsbeitrag
K_f	– Fixkosten
x_L	– Leitproduktmenge
x_j	– Absatzmenge der Produkte j

Zunächst wird ein beliebiges Produkt aus dem Absatzmix als Leitprodukt mit dem Wert „1" bestimmt und die entsprechenden Mengenrelationen β_j der anderen Produkte zum Leitprodukt nach der ersten Formel festgelegt. Im zweiten Schritt muss zur Berechnung der Break-Even-Mengen nach dem Deckungsbeitragsmodell zunächst die mehrdimensionale Deckungsbeitragsfunktion $DB(x_j)$ mit Hilfe der Zusammenhänge aus der ersten Formel so umgeformt werden, dass die Absatzmenge des Leitproduktes x_L die einzige Einflussgröße bleibt. Die Summe der mit β_j gewichteten individuellen Stückdeckungsbeiträge ist der sog. kombinierte Stückdeckungsbeitrag db^d, der sich nun unabhängig von den individuellen Absatzmengen aufgrund der festgelegten Mengenrelationen einfach ermitteln lässt. Abschließend wird im dritten Schritt die angepasste Deckungsbeitragsfunktion den fixen Kosten gleichgesetzt und nach x_{LB} zur Ermittlung der Break-Even-Menge des Leitproduktes umgestellt. Die kritischen Mengen der anderen Produktarten ergeben sich einfach durch Einsetzen in die erste Formel.

Beispiel: Break-Even-Mengen bei mengenproportionalem Absatz

Ausgangspunkt ist das im vorhergehenden Kapitel vorgestellte Zahlenbeispiel. Als Leitprodukt wird das Produkt A gewählt und mit „1" gewichtet. Die Mengenrelation β_B des Produktes B zum Produkt A wird beispielhaft auf 2,6 festgelegt. Das bedeutet, dass 2,6mal soviel von Produkt B produziert und verkauft wird wie von Produkt A.

	Produkt A	Produkt B
Mengenrelation β	1	2,6
Gewichteter Stückdeckungsbeitrag db	6,50 €	2,50 € * 2,6 = 6,50 €
Kombinierter Stückdeckungsbeitrag db^d	13,00 €	
Break-Even-Menge Leitprodukt A x_{LB}	5.000 Stück	
Break-Even-Menge Produkt B x_{BB}		13.000 Stück

Zur Ermittlung des kombinierten Stückdeckungsbeitrages db^d werden die Stückdeckungsbeiträge der Produkte A und B mit ihren Relationsfaktoren β gewichtet und addiert. Daraufhin kann die Break-Even-Menge des Leitproduktes A x_{LB} durch Division der globalen Fixkosten von 65.000 € mit dem kombinierten Stückdeckungsbeitrag von 13 € berechnet werden. Zur Ermittlung der Break-Even-Menge von Produkt B x_{BB} müssen nur noch die 5.000 Mengeneinheiten mit dem Relationsfaktor β_B =2,6 multipliziert werden. Die Ergebnisse entsprechen den Werten aus dem Beispiel des vorangegangenen Kapitels.

Aus den Break-Even-Mengen lässt sich der **Break-Even-Umsatz** wie folgt herleiten:

Ausgangsgleichung:
Break-Even-Menge

1)
$$x_{LB} = \frac{K_{fj}}{db^d}$$

Gesamter Umsatz

2)
$$U = \sum x_j * p_j$$
$$= \sum (x_L * \beta_j) * p_j$$
$$= x_L * \sum \beta_j * p_j$$
$$= x_L * p^d$$

Break-Even-Umsatz: Leitprodukt x_{LB}

3)
$$x_{LB} * p^d = \frac{K_{fj}}{db^d/p^d}$$

mit p^d erweiterte Break-Even-Mengenfunktion

Legende

β_j – konstantes Verhältnis der Produkte j zum Leitprodukt
p – Stückverkaufspreis
p^d – kombinierter Stückverkaufspreis
DB – Gesamtdeckungsbeitrag
K_f – Fixkosten
x_L – Leitproduktmenge
x_j – Absatzmenge der Produkte j

Da sich der Umsatz aus der Absatzmenge x multipliziert mit seinem Stückpreis p zusammensetzt, ergibt sich der Break-Even-Umsatz in Formel 3) entsprechend durch die beidseitige Erweiterung der in Formel 1) dargestellten Break-Even-Mengengleichung mit dem kombinierten Stückverkaufspreis p^d. Dieser lässt sich analog zum Deckungsbeitrag aus der mehrdimensionalen Umsatzfunktion U(xj) aus Formel 2) herleiten.

Beispiel: Break-Even-Umsatz bei mengenproportionalem Absatz

Für das Modellunternehmen ist in der nachstehenden Tabelle der entsprechende Break-Even-Umsatz für den zuvor festgelegten konstanten Produktmix berechnet.

	Produkt A	Produkt B
Mengenrelation β	1	2,6
Gewichteter Stückdeckungsbeitrag db	6,50 €	6,50 €
Kombinierter Stückdeckungsbeitrag db^d	13,00 €	
Break-Even-Menge Leitprodukt A x_{LB}	5.000 Stück	
Break-Even-Menge Produkt B x_{BB}		13.000 Stück

Gewichteter Stückverkaufspreis p	12,50 €	8,00 € * 2,6 = 20,80 €
Kombinierter Stückverkaufspreis p^d	33,30 €	
Break-Even-Umsatz	166.500 €	

Entsprechend den Stückdeckungsbeiträgen werden auch die Stückverkaufspreise mit dem Relationsfaktor β gewichtet und addiert. Für die Ermittlung des Break-Even-Umsatzes werden die 65.000 € Fixkosten durch den Quotienten aus kombiniertem Stückdeckungsbeitrag db^d und kombinierten Stückverkaufspreis p^d dividiert. Bei einem konstanten Produktmix mit eine Absatzmengenverhältnis von 1 zu 2,6 liegt der Break-Even-Umsatz bei 166.500 €. Auf das gleiche Ergebnis kommt man auch durch Addition der Umsätze der beiden Produkte auf Basis der Break-Even-Mengen, also 5.000 Stück * 12,50 € + 13.000 Stück * 8,00 € = 166.500 €.

Differenzierte Fixkostenbehandlung bei mengenproportionalem Absatz

Wird die Prämisse der globalen Fixkostenbehandlung aufgegeben und die Fixkosten in unternehmensbezogene und produktspezifische Fixkosten zerlegt, spricht man von differenzierter Fixkostenbehandlung. Die produktfixen Kosten können in einem solchen Fall direkt mit dem jeweiligen Produktdeckungsbeitrag verrechnet werden. Nur noch die nicht verursachungsgerecht zurechenbaren Unternehmensfixkosten müssen als Kostenblock behandelt.

Gegenüber der globalen Fixkostenbehandlung führt die differenzierte Vorgehensweise zu genaueren Erkenntnissen. Insbesondere in dem Fall, in dem die verursachten produktindividuellen Fixkosten höher sind als der individuelle Deckungsbeitrag des Erzeugnisses, kann es zu abweichenden Entscheidungen kommen. Auf weitere Ausführungen soll an dieser Stelle verzichtet und stattdessen auf das noch folgende Kapitel 2.3 „Mehrstufige Deckungsbeitragsrechnung“ verwiesen werden.

(3) Variabler Produktmix

Ist eine Zuordnung der Fixkosten auf die Produktarten unmöglich und ist auch nicht die Prämisse eines mengenproportionalen Absatzes erfüllt, liegt der komplizierteste Fall der Break-Even-Analyse vor. In diesem in der Praxis am häufigsten vorkommenden Fall muss die Break-Even-Analyse unter der Annahme eines variablen Produktmixes durchgeführt werden.

Mehrproduktfall

Wie weiter oben bereits erwähnt gibt es bei einem Mehrproduktunternehmen mit einem unabhängigen Produktspektrum eine **Vielzahl von Absatzkombinationen**, die in der Lage sind durch ihre Deckungsbeiträge die gesamten fixen Kosten zu decken. Jede Veränderung des Produktmixes führt dementsprechend zu einem anderen Break-Even-Umsatz. Unter der Prämisse eines variablen Produktmixes sind die zulässigen Break-Even-Mengen wie folgt definiert:

Break-Even-Funktion

$$G(x_i) = \sum (p_i - k_{vi}) * x_i - K_f = 0$$

$$K_f = \sum db_i * x_i$$

Menge X der Mengenkombinationen

$$X = \{x_B \geq 0 \mid \sum x_{Bi} * db_i = K_f\}$$

für alle Produktarten

$i = 1, ..., I$ *und* $x_B = (x_{B1}, x_{B2}, \ldots, x_{BI}) \varepsilon X$

Ausgehend von der Gewinnfunktion $G(x_i)$ der Produktarten I bezeichnet X diejenige Menge ihrer Absatzmengenkombinationen, die die gesamten Fixkosten deckt. Bei mehr als zwei Produktarten ist die beschriebene Break-Even-Gleichung nicht mehr eindeutig lösbar, weshalb eine Hilfsrechnung durchgeführt werden muss. Zunächst wird für jedes einzelne Produkt die isolierte Break-Even-Menge x_B^i berechnet, die die gesamten Fixkosten deckt. Danach lassen sich die I verschiedenen Break-Even-Mengen als linear unabhängige Vektoren darstellen, indem lediglich die i-te Komponente positiv ist. Diese Vektoren spannen einen Vektorraum der i-ten Dimension auf, in dem sich durch Konvexkombination mit Hilfe eines nicht-negativen Anteils α_i, der in Summe 1 ergibt, alle Break-Even-Mengen durch Multiplikation mit den isolierten Break-Even-Mengen ermitteln lassen.

Zweiproduktfall

Mathematisch weniger anspruchsvoll als der Mehrproduktfall ist der Fall, dass genau zwei Produkte hergestellt und abgesetzt werden. Im Zweiproduktfall lassen sich die gesuchten Break-Even-Mengen mit Hilfe der nachstehenden Linearkombination L durch ein eindeutiges α leicht ermitteln:

Linearkombination L

$$L = \alpha * x^i_{BA} + (1 - \alpha) * x^i_{BB}$$

Menge X der Mengenkombinationen

$$X = \{(\alpha * x^i_{BA}; (1 - \alpha) * x^i_{BB} | \; \alpha \; \varepsilon \; [0,1]\}$$

Im Zweiproduktfall lassen sich die Mengenkombinationen zudem graphisch als Break-Even-Linie darstellen. Die Koordinatenachsen beschreiben dabei die jeweilige Absatzmenge der Produktarten.

Beispiel: Break-Even-Analyse im Zweiproduktfall bei variablem Produktmix

Ausgangsbasis ist erneut das Beispiel aus dem vorhergehenden Kapitel. Die Daten seien hier noch einmal wiederholt:

	Produkt A	Produkt B
Stückverkaufspreis	12,50 €	8,00 €
- variable Stückkosten	6,00 €	5,50 €
= Stückdeckungsbeitrag	6,50 €	2,50 €
produktspezifische Fixkosten	9.000 €	20.000 €
+ Unternehmensfixkosten	26.000 €	10.000 €
= Gesamtfixkosten	35.000 €	30.000 €
Produktionskapazität in Stück	5.000 Stück	20.000 Stück
Maschinenbelegung in Min./Stück	6 Min./Stück	1,5 Min./Stück

Die gesamten Fixkosten betragen demnach 35.000 € + 30.000 € = 65.000 €. Daraus lassen sich die isolierten Break-Even-Mengen ableiten. Für Produkt A errechnet sich eine isolierte Break-Even-Menge von 65.000 € / 6,50 € = 10.000 Stück, für Produkt B ergibt sich 65.000 € / 2,50 € = 26.000 Stück.

Die nachstehende Tabelle zeigt für das Modellunternehmen drei mögliche Absatzmengenkombinationen für drei unterschiedliche α. Bei einem α von 0,7 entsteht beim Produkt A allerdings eine Break-Even-Menge von 7.000 Stück, die durch die verfügbaren Kapazitäten nicht realisiert werden kann. Solche Restriktionen sind bei der Analyse zu berücksichtigen.

	Produkt A	Produkt B
α	0,25	
Mengenkombination für α	2.500 Stück	19.500 Stück
K = U	31.250 €	156.000 €
Break-Even-Umsatz	187.250 €	

α	0,5	
Mengenkombination für α	5.000 Stück	13.000 Stück
K = U	62.500 €	104.000 €
Break-Even-Umsatz	166.500 €	

α	0,7	
Mengenkombination für α	7.000 Stück	7.800 Stück
K = U	87.500 €	62.400 €
Break-Even-Umsatz	149.900 €	

Die Break-Even-Linie hat für das Zweiproduktbeispiel folgendes Aussehen:

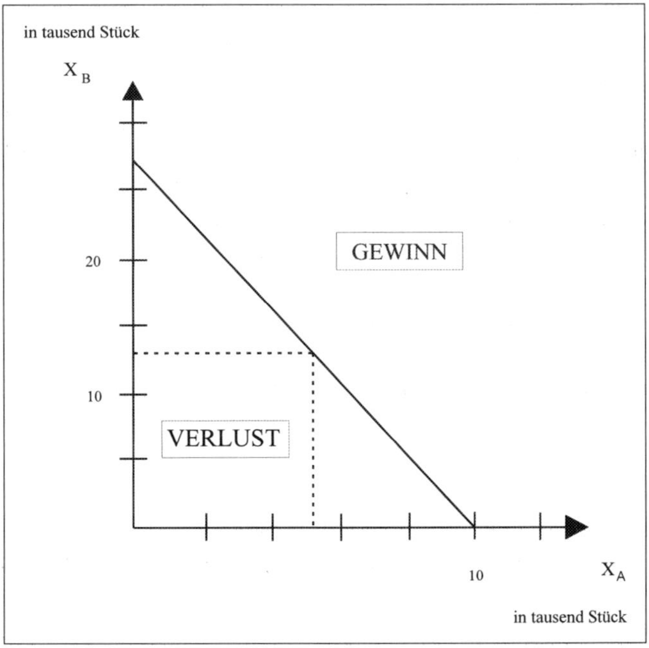

Die zuvor berechneten isolierten Break-Even-Mengen von 10.000 Stück für Produkt A und 26.000 Stück für Produkt B bilden die jeweiligen Endpunkte der Break-Even-Linie. Alle Punkte der Break-Even-Linie stellen mögliche Absatzmengenkombinationen zur Deckung der Kosten dar. Alle Kombinationen oberhalb der Geraden erwirtschaften einen Gewinn; alle darunter einen Verlust

2.2.4.3.1.3 Kritische Betrachtung

Mit Hilfe der Break-Even-Analyse können die komplexen Zusammenhänge der Gewinnentstehung sowohl im Einproduktunternehmen als auch im Mehrproduktunternehmen **vereinfacht und anschaulich** dargestellt werden. Zumindest beim Einprodukt- und Zweiproduktbetrieb lassen sich die Zusammenhänge zwischen Umsatz, Kosten und Gewinn ergänzend **grafisch veranschaulichen**.

Trotz der extrem vereinfachten Betrachtungsweise vermag die Gewinnschwellenanalyse sowohl im Einprodukt- als auch im Mehrproduktunternehmen einen gewissen Erkenntniswert zu haben, der das Management bei der **Entscheidungsfindung unterstützen** kann. Allerdings sollte ihre Aussagefähigkeit insbesondere aufgrund der Prämissen nicht überschätzt werden.

Ein schwerwiegender Nachteil ist, dass die Break-Even-Analyse auf einer Reihe von vereinfachenden **Annahmen** basiert. Im Einzelnen sind zu nennen:

☹ Die Kostenentwicklung und die Umsatzentstehung werden lediglich auf eine Einflussgröße, nämlich die Absatzmenge, zurückgeführt. Die Beschäftigung ist die einzige veränderbare Größe.

☹ Lagerbestandsveränderungen werden nicht berücksichtigt, so dass die Produktionsmenge stets der Absatzmenge entspricht.

☹ Bei den variablen Kostenfunktionen und den Umsatzfunktionen der einzelnen Produktarten wird eine lineare Abhängigkeit unterstellt, d.h. die variablen Stückkosten und die Verkaufspreise sind konstant. In der Praxis hingegen nehmen mit der steigenden Absatzmenge oft die variablen Stückkosten und die Stückverkaufspreise beispielsweise aufgrund von Mengenrabatten ab.

☹ Ebenso werden die Fixkosten über die gesamte Periode als vollkommen mengenunabhängig betrachtet. Sprungfixe Kosten, wie sie in Verbindung mit produktionstechnischen Erweiterungen auftreten können, finden keine Berücksichtigung.

2.2.4.3.2 Produktlebenszyklusrechnung auf Teilkostenbasis

Produktlebenszyklus

Schon seit der 50er Jahre ist bekannt, dass Konsumgüter am Markt einen bestimmten, sich wiederholenden Zyklus durchlaufen. Kurz nach der Markteinführung ist der Absatz (verkaufte Stückzahl) zunächst noch relativ gering, steigt jedoch bei einem erfolgreichen Erzeugnis schnell an. Nach einer gewissen Zeit wird der Höhepunkt erreicht. Im weiteren Verlauf sinkt der Absatz wieder, bis die Produktion des Erzeugnisses schließlich eingestellt wird. Der Zusammenhang zwischen Absatz und Lebensdauer eines Produktes seit Markteinführung wird **Produktlebenszyklus** genannt (vgl. Abbildung 2/14).

Übersicht 2/14: Produktlebenszyklus

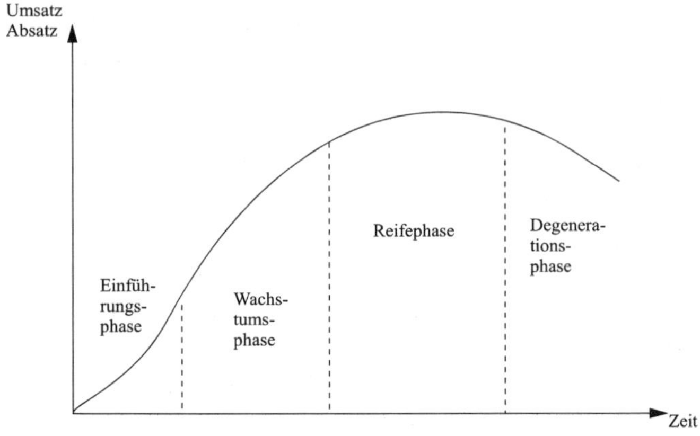

Analog zum Absatz werden sich die **Deckungsbeiträge** entwickeln. Ein neues, gerade eingeführtes Produkt wird in der Regel negative Deckungsbeiträge erwirtschaften, da zunächst Einführungs- und Umstellungskosten anfallen und häufig eine umfangreiche Werbung erforderlich wird. In einer späteren Phase des Produktlebenszyklus werden sich nach und nach positivere Deckungsbeiträge und schließlich auch Gewinne einstellen. Im Höhepunkt werden die höchsten Deckungsbeiträge und Gewinne erzielt. Geht dann in der Schlussphase der Absatz wieder zurück, dann ist dieses oft auch mit einem Preisverfall oder der Notwendigkeit erhöhter Marketinganstrengungen verbunden. Der Deckungsbeitrag nimmt somit langsam wieder ab.

> Unter einem **Produktlebenszyklus** versteht man ein Konzept, das von der Annahme ausgeht, dass die zeitliche Entwicklung des Produktumsatzes oder Produktdeckungsbeitrages in charakteristische Phasen unterteilt werden kann und einem glockenförmigen Verlauf folgt. Jedes Produkt hat also einen Anfang und ein Ende.

Grundidee der Produktlebenszyklusrechnung

Die Produktlebenszyklusrechnung – auch *Produktlebenszykluskostenrechnung* oder *Life-Cycle-Accounting* genannt – ist ein weiteres neueres Betätigungsfeld im Rahmen der Kosten- und Leistungsrechnung. Grundaussage ist, dass die im klassischen Rechnungswesen ermittelten Herstell- und Selbstkosten nur ein sehr unvollständiges Bild über die Gesamtkosten eines Erzeugnisses zeigen. Die von einem Produkt tatsächlich zu tragenden **Kosten bezogen auf den gesamten Lebenszyklus** sind oft erheblich höher. Untersuchungen zeigen zudem, dass die Produktions- und Vermarktungsphasen von zahlreichen Gütern immer kürzer werden (vgl. Hardt, R.: Kostenmanagement, S. 12), d.h., alte Produkte werden immer schneller von neuen Produkten abgelöst. Dadurch bedingt wird die Bedeutung der Vorlauf- und Nachlaufphasen ständig größer. Neben der Kostensituation im Zeitpunkt der Markteinführung müssen für strategische Überlegungen auch die angefallenen Entwicklungs- und Konstruktionskosten sowie die geschätzten Kostenentwicklungen in den Phasen der Marktreife und Marktsättigung inklusive der Desinvestitionskosten eingebunden werden.

Das **Ziel der Produktlebenszyklusrechnung** ist es, die lebensspezifischen Kosten der Produkte unter Einbeziehung der Vorlauf- und Nachlaufkosten zu erfassen, zu planen, zu kontrollieren und schließlich auch zu beeinflussen. Ziel ist somit die Optimierung der gesamten Lebenszykluskosten.

Die **Produktlebenszyklusrechnung** verfolgt die Kostenentwicklung über alle Phasen im Produktlebenszyklus. Sie berücksichtigt üblicherweise in der traditionellen Kostenrechnung nicht erfasste Kosteneinflussgrößen.

Typische Fragestellungen und Entscheidungen sind (vgl. Hillmer, H.-J.: Strategisches Kostenmanagement, S. 1537):

- Soll ein neues Produkt unter Berücksichtigung der Vorlauf- und Nachleistungskosten in das Produktionsprogramm aufgenommen werden?
- Wird ein Erzeugnis seine voraussichtlichen direkten Entwicklungs- und Konstruktionskosten erwirtschaften?
- Wann soll das neue Produkt auf dem Markt eingeführt werden?
- Zu welchem Preis soll das neue Produkt angeboten werden?
- Reichen die aufgelaufenen Deckungsbeiträge eines Gutes aus, die Entwicklungs- und Konstruktionskosten für die Nachfolgegeneration zu decken?
- Wie sollen Wartungspreispolitik, Ersatzteilpolitik oder Rückkaufaktionen den Ersatz eines alten Erzeugnisses durch ein Nachfolgeprodukt steuern?

Den schematischen Aufbau einer Produktlebenszykluskostenrechnung auf Basis einer Deckungsbeitragsrechnung zeigt die Grafik 2/15.

Übersicht 2/15: Deckungsbeitragsrechnung für einen Produktlebenszyklus

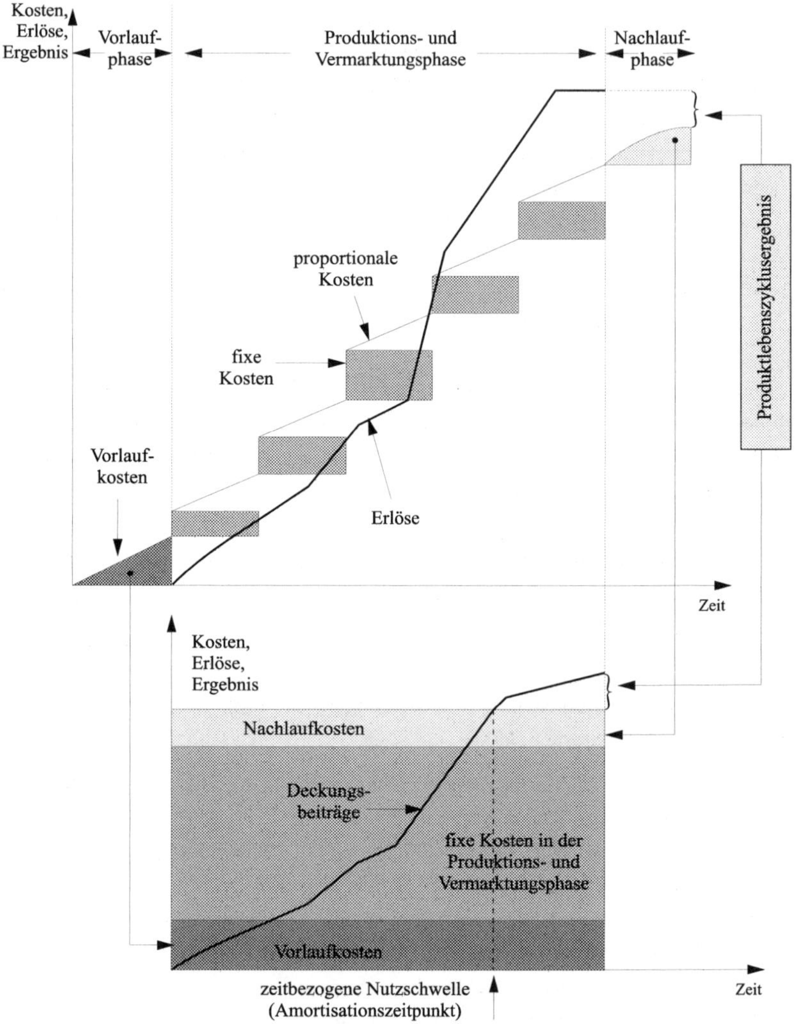

Quelle: In Anlehnung an Männel, W.: Deckungsbeitragsrechnung in der Holz- und Möbelindustrie, S. 22

Kritische Betrachtung

Die Produktlebenszykluskostenrechnung ist ein **wichtiges Instrument der strategischen Unternehmensplanung**. Sie dient dazu, die Erfolgspotenziale in Form des künftigen Produktionsprogrammes zu planen, in dem die Zusammensetzung der Produktpalette so gestaltet wird, dass eine kostenminimale Forschung und Entwicklung, Produktion und letztendlich auch Entsorgung der einzelnen Produkte erreicht wird. Die Unsicherheit hinsichtlich des künftigen wirtschaftlichen Erfolges wird reduziert, indem Produktionsvorhaben bereits in der Planungsphase dahingehend überprüft werden, ob sie dem Unternehmen über den gesamten Zeitraum des Lebenszyklus einen Gewinn zuführen. Die Lebenszykluskostenrechnung bietet insofern sowohl für die **Produktsortimentsplanung** als auch in Hinsicht auf **Kosteneinsparungsüberlegungen** wichtige Lösungs- und Entscheidungsansätze.

Doch auch die Durchführung der Lebenszykluskostenrechnung liefert keine Garantie für einen langfristigen Gewinn und damit für einen Unternehmenserfolg. Der Grund dafür liegt nicht zuletzt darin, dass die Parameter dieser Rechnung selbst mit einem **Unsicherheitscharakter** behaftet sind. So lässt sich beispielsweise der Absatz der Produkte nur mit einer gewissen Wahrscheinlichkeit prognostizieren, die in Abhängigkeit von den Marktforschungsanstrengungen recht unterschiedlich sein wird.

Gegenüber der Produktlebenszyklusrechnung werden in der Literatur zudem folgende Kritikpunkte geäußert (vgl. Hillmer, H.-J.: Strategisches Kostenmanagement, S. 1537):

- ☹ Bei einer Addition von Kosten über alle Phasen hinweg werden **kurzfristig und langfristig anfallende Kosten vermischt**. Das führt dazu, dass relativ sichere Zahlen mit noch weit in der Zukunft liegenden und damit unsicheren Kosten verrechnet werden;
- ☹ Lebenszyklusrechnungen werden in den einzelnen Phasen des Produktlebenszyklus aufgrund der sehr unterschiedlich ausgeprägten Untersuchungsobjekte leicht **unübersichtlich**.

2.3 Mehrstufige Deckungsbeitragsrechnung

2.3.1 Grundlegende Darstellung

Notwendigkeit der mehrstufigen Deckungsbeitragsrechnung

Die bisher vorgestellte **einstufige Deckungsbeitragsrechnung** kann durch die Beschränkung auf einen einzigen Fixkostenblock nur den Erfolg des gesamten Unternehmens genau ermitteln. Sie hat aber in einem Mehrproduktbetrieb nur eine **beschränkte Aussagekraft**. In einem Mehrproduktbetrieb mit verschiedenen Produktgruppen, deren einzelne Produkte miteinander in fertigungstechnischer Abhängigkeit stehen, genügt es nicht, mit einem einstufigen Deckungsbeitrag die relative Deckungsbeitragsstärke bzw. die Preisuntergrenze zu ermitteln. Dieses Vorgehen kann zu ähnlich schwerwiegenden **Fehlentscheidungen** führen wie die traditionelle Vollkostenrechnung. Die Begründung hierfür liegt in der Behandlung der fixen Kosten als ein homogener Block, obwohl sich dieser in der Realität aus heterogenen Elementen zusammensetzt. So werden die Kosten eines Pförtners ebenso behandelt wie die fixen Kosten einer Produktionsmaschine, obschon sie sich in ihrer Verursachung und Nähe zum Produkt erheblich unterscheiden. Einen Ausweg bietet die mehrstufige Deckungsbeitragsrechnung.

Charakteristika der mehrstufigen Deckungsbeitragsrechnung

Die mehrstufige Deckungsbeitragsrechnung – auch *stufenweise Fixkostendeckungsrechnung* oder kurz *Fixkostendeckungsrechnung* genannt – ist eine **Weiterentwicklung der Grenzkostenrechnung**. Sie wurde in Deutschland von *Agthe* und *Mellerowicz* konzipiert. Das Grundprinzip ist identisch mit dem der einstufigen Deckungsbeitragsrechnung. Auch die mehrstufige Deckungsbeitragsrechnung nimmt eine **Auflösung der Gesamtkosten in fixe und variable Bestandteile** vor und betrachtet die variablen Kosten als den Kostenträgern direkt zurechenbare Kosten, die auf jeden Fall in die Kalkulation und Erfolgsermittlung der Produkte einbezogen werden müssen.

Übersicht 2/16: Aufspaltung des Fixkostenblocks

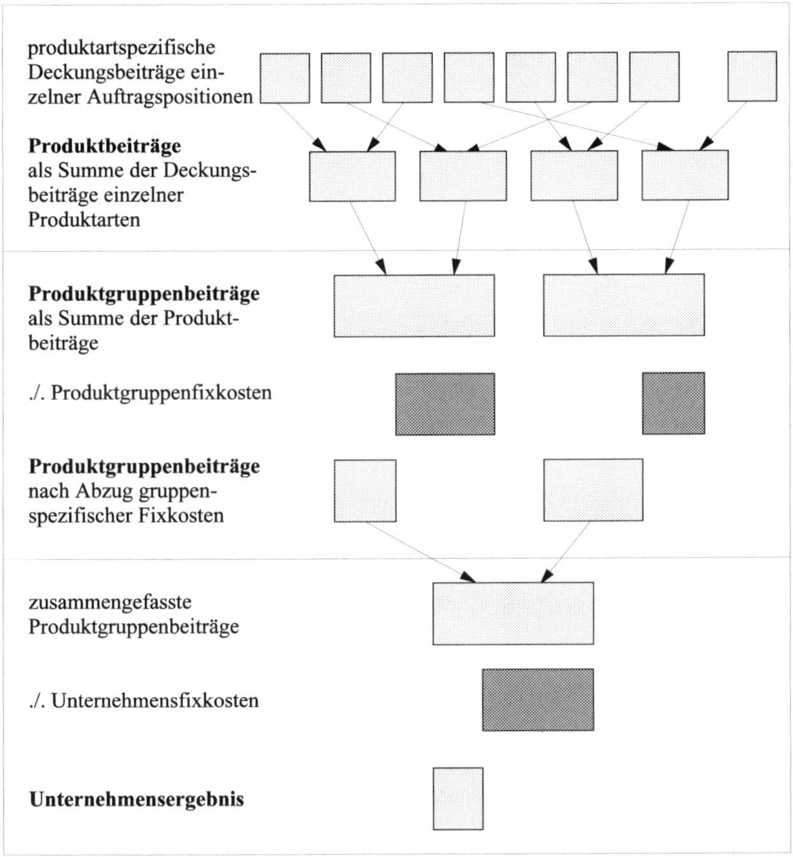

Quelle: In Anlehnung an Männel, W.: Grundlagen der Kostenrechnung, S. 37

Unterschiede gegenüber der einfachen Form der Deckungsbeitragsrechnung bestehen jedoch in der Behandlung der Fixkosten. Bei der mehrstufigen Deckungsbeitragsrechnung erfolgt im Unterschied zur einstufigen Variante eine **Aufspaltung des Fixkostenblocks** auf mehreren Ebenen (vgl. Übersicht 2/16). Als Ebenen kommen beispielsweise die Produktfixkosten, Produktgruppenfixkosten und Unternehmensfixkosten in Frage. Man arbeitet also nicht mehr mit einem einzigen, anonymen Fixkostenblock wie bei der einstufigen Deckungsbeitragsrechnung, sondern ordnet die Fixkosten den Teilbereichen zu, die diese Kosten eindeutig verursacht haben. Eindeutig bedeutet in diesem Zusammenhang, dass die Kosten ohne Schlüsselung respektive mit einer verursachungsgerechten Schlüsselung zugeordnet werden können. So ist es beispielsweise möglich, die Kapitalkosten einer Produktionsanlage, auf der eine ganz bestimmte Produktgruppe gefertigt wird, auch dieser Produktgruppe zuzuordnen, oder die Kosten einer Vertriebsabteilung, die nur für den Absatz ganz bestimmter Erzeugnisgruppen zuständig ist, diesen Erzeugnisgruppen anzulasten. Der Teil der Fixkosten, der sich keinem Bereich eindeutig zuordnen lässt, bezeichnet man als Unternehmensfixkosten. Er ist insofern von allen Produktgruppen zu tragen. Hierzu zählen beispielsweise die Geschäftsführergehälter oder die Kosten des Pförtners.

Durch diese differenzierte Vorgehensweise werden tiefere Einblicke in die Erfolgsstruktur des Fertigungsprogramms ermöglicht. Die schichtenweise Verteilung der fixen Kosten zeigt, inwieweit die verschiedenen Produkte an der Deckung der Fixkosten beteiligt sind.

Die **mehrstufige Deckungsbeitragsrechnung** vermeidet den Nachteil der einstufigen Variante, nämlich die globale Fixkostendeckung, und kommt durch eine weitgehende Auflösung, Hierarchisierung und stufenweise Verrechnung des Fixkostenblocks zu genaueren und aussagekräftigeren Ergebnissen.

Schematisch betrachtet ergibt sich der in Übersicht 2/17 dargestellte Aufbau der mehrstufigen Deckungsbeitragsrechnung. Die Abbildung zeigt die stufenweise Abdeckung der Fixkosten. Diese Abdeckung erfolgt unter sukzessiver Aggregation der Deckungsbeiträge von der kleinsten spezialisiertesten Fixkostenebene bis hin zur allgemeinsten Fixkostenschicht, der Unternehmensfixkosten. Die Deckungsbeitragsebenen werden entsprechend der zugehörigen Schicht durchnumeriert.

Fixkostenhierarchie

Eine solche mehrstufige Erfassung führt zu einer Fixkostenhierarchie. Ausgangspunkt der Kostenhierarchie sind die einzelnen Produkte. Fasst man mehrere Produkte zusammen, so kommt man zu Produktgruppen. Die letzte Stufe bildet immer die Unternehmung als kostenverursachende Einheit. Diesen einzelnen Hierarchiestufen versucht man nun die Fixkosten so weit wie möglich verursachungsgerecht zuzuordnen.

Übersicht 2/17: Schematischer Aufbau der Fixkostendeckungsrechnung

Produktgruppen	A		B		C		Summe
Produkte	1	2	3	4	5	6	
Nettoerlöse	x	x	x	x	x	x	x
- variable Selbstkosten	x	x	x	x	x	x	x
= Deckungsbeitrag I	x	x	x	x	x	x	x
- Produktfixkosten	x	x	x	x	x	x	x
= Deckungsbeitrag II	x	x	x	x	x	x	x
- Produktgruppenfixkosten	x		x		x		x
= Deckungsbeitrag III	x		x		x		x
- Unternehmensfixkosten				x			x
= Betriebserfolg				x			x

In der Fachliteratur haben sich unterschiedliche **Modelle und Ausprägungen der Fixkostenhierarchie** herausgebildet, die im Folgenden in der Übersicht 2/18 zusammengefasst werden sollen.

Übersicht 2/18: Modelle der Fixkostenhierarchie

Modelle	2	3	4	5	5
Vertreter	*Schwarz*	*Heine*	*Agthe*	*Mellerowics*	
Schichten	Spezielle Fixkosten (Erzeugnis- und Erzeugnisgruppenfixkosten) Allgemeine Fixkosten (restlicher Fixkostenblock)	Produktfixkosten Produktgruppenfixkosten Gesamtbetriebsfixkosten	Erzeugnisfixkosten Erzeugnisgruppenfixkosten Bereichsfixkosten Unternehmensfixkosten	Produktfixkosten Produktgruppenfixkosten Kostenstellenfixkosten Bereichsfixkosten Unternehmensfixkosten	Produktfixkosten Produktgruppenfixkosten Warengruppenfixkosten Spartenfixkosten Unternehmensfixkosten

Aus der Vielzahl der Ausprägungen werden im Folgenden ausschließlich das drei- und die fünfstufigen Modelle näher vorgestellt.

Dreistufige Fixkostenhierarchie im Industrieunternehmen

Das von *Heine* beschriebene dreischichtige Modell orientiert sich an der in den USA üblichen Differenzierung. Im Industrieunternehmen sieht danach eine dreistufige Fixkostenhierarchie wie folgt aus:

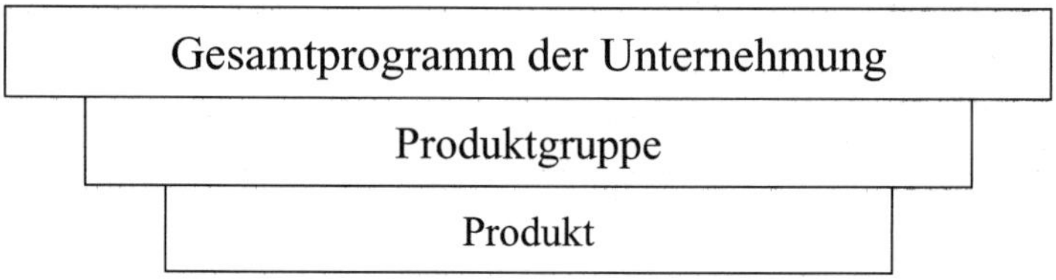

Dabei lassen sich die einzelnen Fixkostenebenen wie folgt beschreiben:

I **Produktfixkosten**

Produktfixkosten werden durch ein bestimmtes Erzeugnis verursacht. Sie lassen sich aber nicht einem Artikel allein zurechnen, sondern nur der Gesamtzahl der Artikel. Sie werden beispielsweise durch Entwicklung, Konstruktion, Produktion und Vertrieb verursacht. Kosten, die zu den Produktfixkosten zählen, sind zum Beispiel Entwicklungskosten, pauschale Patent- und Lizenzgebühren, Werbekosten für eine produktbezogene Anzeige und produktionsmengenunabhängige Kosten (wie kalkulatorische Zinsen und Abschreibungen) für Maschinen und Werkzeuge, die ausschließlich durch die Herstellung des Erzeugnisses verursacht sind. Die Maschinen und Werkzeuge werden wiederum von bestimmten Mitarbeitern bedient und kontrolliert. Soweit deren Löhne nicht als Einzelkosten gebucht wurden, lassen sie sich als Hilfslöhne ebenfalls dem Erzeugnis zurechnen. Diese und andere Kosten müssen deshalb von dem jeweiligen Produkt getragen werden.

II **Produktgruppenfixkosten**

Produktgruppenfixkosten sind Kosten, die nur einer Erzeugnisgruppe zugeordnet werden können. Beispielsweise gehören hierzu Forschungs- und Entwicklungskosten für mehrere zusammenhängende Artikel, pauschale Patent- und Lizenzkosten für die Produktgruppe, Werbekosten für die betreffende Produktgruppe und erzeugungsmengenunabhängige Kosten für Maschinen und Werkzeuge, die ausschließlich durch die Herstellung der Produktgruppe verursacht sind. Ferner gehören zu den Produktgruppenfixkosten Gehälter für Kostenstellen- oder Bereichsleiter und Meister sowie Kosten für Gebäude und Logistikkosten, sofern sie dieser Produktgruppe direkt zurechenbar sind.

III **Unternehmensfixkosten**

Zu den Unternehmensfixkosten zählt der Teil der Fixkosten, der sich keinem Bereich eindeutig zuordnen lässt. Er ist insofern von allen Produktgruppen zu tragen und pauschal in das Betriebsergebnis zu übernehmen. Beispiele sind Kosten der Unternehmensführung oder der Stabsabteilungen, aber auch Kosten der Lagerhaltung und des Transports sowie der Reparaturabteilung, sofern deren Leistungen mehreren Bereichen zugute kommen. Ebenso gehören in diese Gruppe die Fixkosten im Bereich Lohnbuchhaltung, zentrale EDV und Betriebssicherheit.

Fünfstufige Fixkostenhierarchie nach Mellerowicz

Mellerowicz hatte ursprünglich folgende fünf Ebenen vorgesehen:

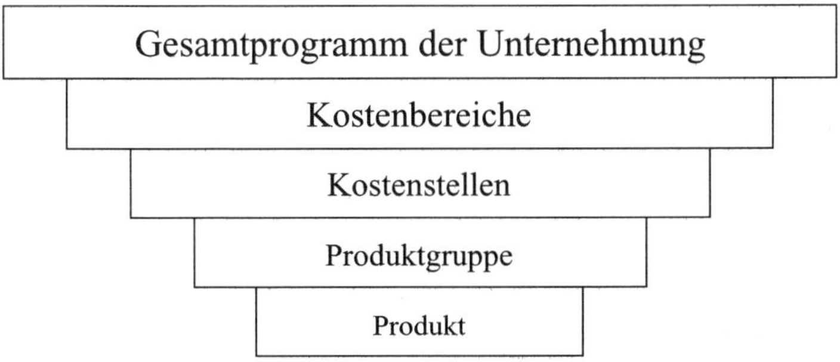

Das dargestellte Drei-Schichten-Modell „Produktfixkosten“, „Produktgruppenfixkosten“ und „Unternehmensfixkosten“ wird bei ihm um die beiden Ebenen „**Kostenstellenfixkosten**“ und „**Bereichsfixkosten**“ ergänzt. Darunter fallen alle Fixkosten, die nur einer Kostenstelle bzw., wenn verschiedene Kostenstellen zu Werksbereichen zusammengefasst werden, nur einem Kostenbereich direkt zurechenbar sind. Beispiele für

Kostenstellenfixkosten sind Meistergehalt und Raumkosten für eine Kostenstelle. Beispiele für Bereichsfixkosten sind Gehalt des Bereichsdirektors und kalkulatorische Abschreibungen und Zinsen für das Gebäude, sofern es ausschließlich von diesem Bereich genutzt wird.

Kostenstellenfixkosten fallen nicht für eine bestimmte Produktart oder Produktgruppe, wohl aber für eine Kostenstelle an und sind dieser daher unmittelbar zuzuordnen.

Bereichsfixkosten sind nicht mehr einer, sondern einer Gruppe von Kostenstellen – sog. Werksbereichen – direkt zurechenbar.

Das Konzept von *Mellerowicz* hat sich aber als **nicht besonders praxisnah** erwiesen, weil sich oft Überschneidungen zwischen den produktgruppenabhängigen Fixkosten, den Kostenstellenfixkosten und den Bereichsfixkosten ergeben haben (vgl. Michel, R./Torspecken, H.-D.: Neuere Formen der Kostenrechnung, S. 156). Zudem ist nach *Schwarz* eine solche Tiefengliederung der fixen Kosten für laufende Kostenrechnungen von wenigen Ausnahmen abgesehen nicht sinnvoll (vgl. Schwarz, H.: Kostenrechnung als Instrument der Unternehmensführung, S. 56). Der zusätzliche Arbeitsaufwand in derartigen Rechnungen aufgrund der Komplizierung des Rechenwerkes steht oft in keinem Zusammenhang mit dem Nutzen.

Fünfstufige Fixkostenhierarchie im Großunternehmen

Eine fünfstufige Fixkostenhierarchie könnte beispielsweise nachstehendes Aussehen haben. Ausgangspunkt sind wieder die einzelnen Produkte. Fasst man mehrere Produkte zusammen, so kommt man wie bei der dreistufigen Variante zu Produktgruppen. Werden die Produktgruppen weiter aggregiert, so gelangt man zu den Warengruppen. Die nächsthöhere Ebene könnten Sparten darstellen. Die letzte Stufe bildet schließlich wieder die Unternehmung als Ganzes.

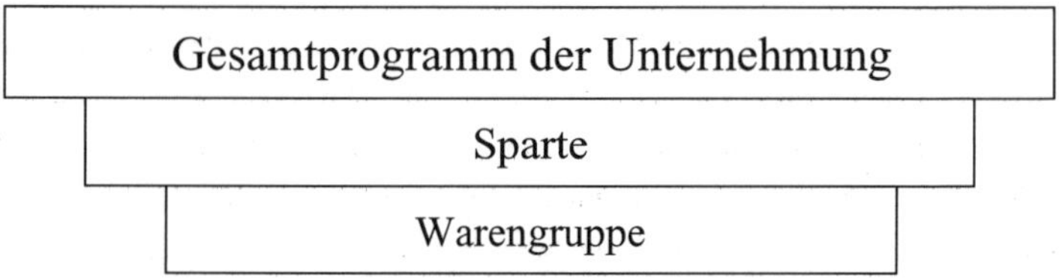

Produktgruppe

Produkt

Optimale Anzahl der Fixkostenschichten

Je nach Bedarf und speziellen Unternehmensgegebenheiten sind noch weitere Unterteilungen vorzunehmen. Die Literatur schlägt mindestens zwei, jedoch höchstens fünf Fixkostenschichten vor (vgl. Olfert, K.: Kostenrechnung, S. 330 f. oder Wolfstetter, G.: Verfahren der Kostenrechnung, S. 174). In der betrieblichen Praxis sind gelegentlich auch bis zu sieben Ebenen anzutreffen (vgl. Wallner, G.: Die Fixkosten-Aufteilung im Fertigungsunternehmen, S. 14). Die Informationen werden um so geringer, je weniger Ebenen gebildet werden. Umgekehrt proportional verhält sich der Aufwand der Zuordnung und Abgrenzung. Es gilt also auch hier das **Wirtschaftlichkeitsprinzip**, das besagt, dass die Kosten für zusätzliche Informationsbeschaffung in einem angemessenen Verhältnis zum zusätzlichen Nutzen stehen müssen.

> Eine optimale Anzahl von Fixkostenschichten gibt es nicht. Dieses muss immer unternehmensbezogen entschieden werden.

Voraussetzungen der mehrstufigen Deckungsbeitragsrechnung

Um die stufenweise Deckungsbeitragsrechnung einsetzen zu können, müssen eine Reihe von Voraussetzungen erfüllt sein.

Der Installationsaufwand einer stufenweisen Fixkostendeckungsrechnung lässt sich nur rechtfertigen, wenn die **Fixkosten entsprechend hoch** sind. Ist der Anteil der Fixkosten gering, reicht die einstufige Variante völlig aus.

Es versteht sich von selbst, dass die mehrstufige Deckungsbeitragsrechnung eine **Mehrproduktunternehmung** voraussetzt. In einer Einproduktunternehmung ist sie definitionsgemäß nicht anwendbar.

Eine zwingende Voraussetzung für die mehrstufige Deckungsbeitragsrechnung ist eine **geeignete Produktgruppenbildung**. Dies gilt insbesondere für Unternehmen mit hohem Fixkostenanteil und mit wenigen stark unterschiedlichen Erzeugnissen. Damit zusammenhängend macht die Fixkostendeckungsrechnung nur Sinn, wenn es einwandfrei gelingt, größere Teile der Fixkosten vor allem in die beiden Kategorien „produktabhängig“ und „produktgruppenabhängig“ einzuordnen. „Wenn hingegen der weitaus überwiegende Teil der fixen Kosten der Kategorie „unternehmensbezogen“ angerechnet werden muss, dürfte der mit der Differenzierung verbundene Arbeitsaufwand in keinem vernünftigen Verhältnis zum zusätzlichen Erkenntniswert stehen.“ (vgl. Michel, R./ Torspecken, H.-D.: Neuere Formen der Kostenrechnung, S. 160)

Grundsätzlich sollte sich die Gruppierung an Vertriebsgegebenheiten orientieren. Auch die **Kostenstellen sind nach dem Prinzip der Produktbezogenheit** zu bilden. Maschinen und Arbeitsplätze, auf denen nur ein einziges Erzeugnis oder eine Erzeugnisgruppe hergestellt werden, sollten als eigene Kostenstelle bzw. Kostenstellengruppe geführt werden. „Je produktbezogener ein Betrieb organisiert und in Kostenstellen gegliedert ist, desto aussagefähiger wird die stufenweise Fixkostendeckungsrechnung.“ (Däumler, K.D./Grabe, J.: Deckungsbeitragsrechnung, S. 157) Kostenrechnung und Organisation hängen also gerade hier eng miteinander zusammen.

Häufig wird der betriebliche Kostenstellenplan um Schein-Kostenstellen für einzelne Produkte oder Produktgruppen ergänzt, auf die dann jeweils produktfixe oder produktgruppenfixe Kosten gebucht werden können.

Die Gruppenbildung muss über einen **längeren Zeitraum konstant** bleiben, um Zeitvergleiche durchführen zu können.

2.3.2 Kostenarten- und Kostenstellenrechnung

<u>Besonderheiten der Kostenarten- und Kostenstellenrechnung</u>

Eine mehrstufige Deckungsbeitragsrechnung lässt sich nur durchführen, wenn in der Kostenarten- oder Kostenstellenrechnung eine **getrennte Erfassung der fixen und variablen Kosten** erfolgt. Die Kostenauflösung kann – wie in der einstufigen Deckungsbeitragsrechnung – entweder bereits in der Kostenartenrechnung durchgeführt werden, oder sie erfolgt erst im Betriebsabrechnungsbogen (BAB).

Bei der **Kostenstellenbildung** sollte nach dem **Prinzip der Produktbezogenheit** vorgegangen werden, d.h., die Kostenstelleneinteilung ist so vorzunehmen, dass möglichst viele Stellen nur durch einen Kostenträger beansprucht werden.

Schichtkostenbogen

Zur Durchführung der Kostenträgerrechnung ist die Aufstellung eines **Schichtkostenbogens**, auch *Kostenverteilungsbogen* genannt, notwendig. Dort sind in der Vertikalen – wie in der konventionellen Kostenstellenrechnung im Betriebsabrechnungsbogen – die einzelnen Kostenarten aufzulisten. Die Horizontale zeigt die hierarchische Darstellung der Produkte.

Damit hat der Kostenverteilungsbogen – drei Ebenen unterstellt – etwa den in Übersicht 2/19 beschriebenen schematischen Aufbau. Die produktabhängigen Fixkosten werden neben den variablen Kosten als unmittelbar zurechenbare Kosten der Erzeugnisse angesehen und damit Bestandteil der Deckungsbeiträge II. Die Deckungsbeiträge II derjenigen Fabrikate, die eine Produktgruppe bilden, werden zusammengefasst und mit den Produktgruppenfixkosten verrechnet. Die verbleibenden Deckungsbeiträge III werden in der nächsten und letzten Stufe um die Unternehmensfixkosten korrigiert. Die Saldogröße ist der Betriebserfolg.

Übersicht 2/19: Aufbau des Schichtkostenbogens

Produktgruppen	A		B		C		Summe
Produkte	1	2	3	4	5	6	
Nettoerlöse	x	x	x	x	x	x	x
- variable Selbstkosten	x	x	x	x	x	x	x
= Deckungsbeitrag I	x	x	x	x	x	x	x
- Produktfixkosten	x	x	x	x	x	x	x
= Deckungsbeitrag II	x	x	x	x	x	x	x
- Produktgruppenfixkosten	x		x		x		x
= Deckungsbeitrag III	x		x		x		x
- Unternehmensfixkosten	x						x
= Betriebserfolg	x						x

Grundsätzlich gilt, "daß Fixkosten, die ursächlich mit mehreren Stufen zusammenhängen, der jeweils höheren Stufe zugerechnet werden, es sei denn, die Fixkosten lassen sich für jede Stufe genau bestimmen." (Olfert, K.: Kostenrechnung, S. 326). Kosten, die auf einer niedrigen Stufe noch Gemeinkosten sind, können bereits auf der nächst höheren Stufe Einzelkosten sein. Zum Beispiel sind die Lohnkosten des Pförtners für die einzelnen Abteilungen Gemeinkosten, hinsichtlich des gesamten Betriebes aber Einzelkosten. Für die Unternehmensfixkosten gilt das Verursachungsprinzip nicht mehr. Sie sind von allen Erzeugnissen mehr oder weniger willkürlich, je nach der gewählten Zuschlagsbasis, zu tragen.

Die Kostenverteilung im Rahmen des Schichtkostenbogens setzt eine besondere Belegausgestaltung und Kontierung voraus.

Die schematische Darstellung soll nun durch ein kleines Zahlenbeispiel verdeutlicht werden.

<u>Beispiel:</u> Schichtkostenbogen

In diesem Beispiel wird ein Betrieb betrachtet, der in einer Abrechnungsperiode vier verschiedene Produkte P11, P12, P21 und P22 herstellt und absetzt. Die Fabrikate P11 und P12 sowie P21 und P22 gehören jeweils zu einer Produktgruppe, deren Fertigung in getrennten Produktionsbereichen erfolgt. Für den Vertrieb der beiden Produktgruppen wurden außerdem eigenständige Vertriebsabteilungen eingerichtet. Die Höhe der Erlöse, die direkten Produktkosten und die gesamten Fixkosten des Unternehmens sowie die Deckungsbeiträge der vier Erzeugnisse für eine Abrechnungsperiode sind der folgenden Tabelle zu entnehmen.

August	Produktgruppe 1		Produktgruppe 2		
Werte in T€	P11	P12	P21	P22	Σ
= Nettoerlöse	480	380	300	230	1.390
- variable Kosten	180	260	150	200	790
= DB I	300	120	150	30	600
- Produktfixkosten	100	40	100	20	260
= DB II	200	80	50	10	340
- Gruppenfixkosten	80		20		100
= DB III	200		40		240
- Unternehm.fixko.	30				30
= Betriebsergebnis	210				210

Durch die schichtenweise Verteilung der Fixkosten erhält man wichtige Hinweise, ob die einzelnen Erzeugnisse die durch sie verursachten fixen Kosten decken und in welchem Umfang die Produkte zur Deckung der allgemeinen Fixkosten des Unternehmens bzw. zur Erwirtschaftung eines Gewinns beitragen.

Betriebsabrechnungsbogen

Durch den Schichtkostenbogen wird zwar die grundsätzliche Vorgehensweise nachvollziehbar, die konkrete Umsetzung im Rahmen der Kostenstellenrechnung wird dadurch allerdings noch nicht deutlich. Aus diesem Grund soll als nächstes der Aufbau des BAB beispielhaft beschrieben werden (vgl. Übersicht 2/20).

Übersicht 2/20: Aufbau des BAB

BAB	Kostenstellenbereich 1										KoSt-Bereiche 2-10	Unt.-fixkosten	
in €	KoSt 11 P I		KoSt 12 P II		KoSt 13 P III		P-Gruppe I+II		Bereichskosten 1				
	v	f	v	f	v	f	v	f	v	f	...	v	f
GK											...		
Σ											...		

mit BAB Betriebsabrechnungsbogen
f fixe Kosten
GK Gemeinkosten
KoSt Kostenstelle(-n)
P Produkt
Unt. Unternehmens
v variable Kosten

Allerdings wird eine solche Trennung der Kostenarten je Kostenstelle in fixe und variable Bestandteile meistens nur im **Fertigungs- und Vertriebsbereich** durchgeführt.

2.3.3 Kostenträgerrechnung

Analog zur Voll- und einstufigen Teilkostenrechnung wird auch in der Fixkostendeckungsrechnung im Rahmen der Kostenträgerrechnung zwischen einer Kostenträgerstück- und einer Kostenträgerzeitrechnung differenziert.

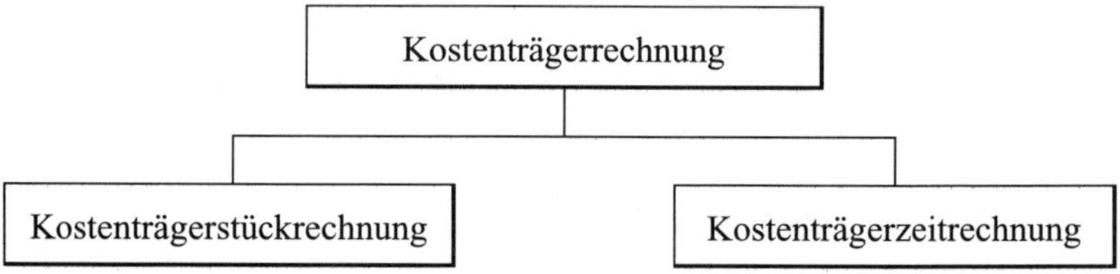

Allerdings unterscheidet sich die mehrstufige Deckungsbeitragsrechnung von der einstufigen Variante grundlegend. Sowohl die Kostenträgerstückrechnung als auch die Kostenträgerzeitrechnung sind nicht nur als Teil-, sondern auch als Vollkostenrechnung durchführbar. Hierdurch wird der Ausweis nicht nur von Brutto-, sondern auch von Netto- oder Stufengewinnen möglich.

2.3.3.1 Kostenträgerstückrechnung

Ziel der Kostenträgerstückrechnung im Rahmen der mehrstufigen Deckungsbeitragsrechnung ist es, die von dem einzelnen Kostenträger verursachten oder zu tragenden Kosten zu ermitteln.

2.3.3.1.1 Grundstruktur der Zuschlagskalkulation

Die Herstell- und Selbstkosten eines Produktes können auf zwei Wegen ermittelt werden: als **progressive Kalkulation** und als **retrograde Kalkulation**.

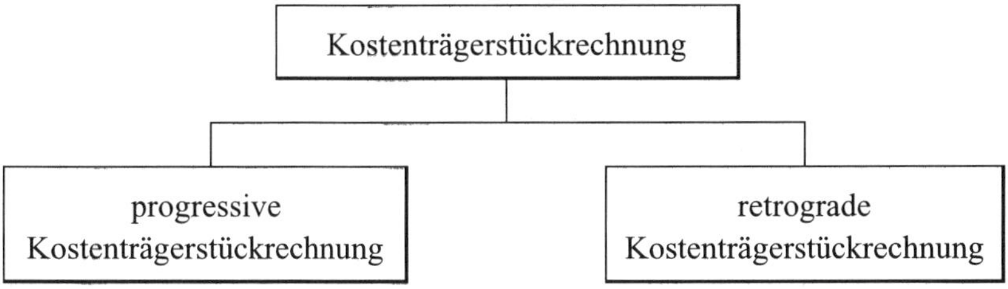

Progressive Kostenträgerstückrechnung

Ein entscheidendes Merkmal der mehrstufigen Deckungsbeitragsrechnung ist die Möglichkeit einer progressiven Kostenträgerstückrechnung. Ausgehend von dem *Schichtkostenbogen* werden die Kosten der einzelnen Stufen, bezogen auf die gewählte Zuschlagsgrundlage, den einzelnen Kostenträgern zugerechnet. Der Zuschlagssatz errechnet sich aus dem Verhältnis der jeweiligen Schichtkosten zu den als Zuschlagsgrundlage gewählten Kosten, meist den **variablen Kosten** oder den **Einzelkosten**.

Bei der **progressiven Kostenträgerstückrechnung** wird der Angebotspreis ausgehend von den variablen Kosten oder den Einzelkosten durch stufenweise Addition der Fixkosten ermittelt. Dabei werden die Fixkosten der einzelnen Schichten auf die Zuschlagsgrundlage bezogen und als Prozentsatz ausgedrückt. Durch Berücksichtigung eines angemessenen Gewinnaufschlages sowie der dem Kunden einzuräumenden Erlösschmälerungen kann der Angebotspreis ermittelt werden.

Bei der Ermittlung der Selbstkosten mit differenzierten **Zuschlagssätzen bezogen auf die variablen Kosten** wird nicht von einem bekannten Marktpreis ausgegangen, sondern von den variablen Kosten. Die Zuschlagssätze werden für jede Fixkostenstufe (beispielsweise Produkt, Produktgruppe und Unternehmen) getrennt ermittelt und auf die variablen Kosten bezogen. Die Kostenträgerstückrechnung hat somit folgendes Aussehen:

	variable Stückselbstkosten (Materialeinzelkosten inkl. Verpackung lt. Stückliste, Fertigungslöhne lt. Arbeitsplan, evtl. Logistikkosten lt. cbm, variable Gemeinkosten lt. BAB)
+	anteilige Produktfixkosten (in % von den variablen Kosten)

+	anteilige Produktgruppenfixkosten (in % von den variablen Kosten)
+	anteilige Unternehmensfixkosten (in % von den variablen Kosten)
=	volle Stückselbstkosten
+	Gewinnaufschlag (in % auf die vollen Selbstkosten)
=	Angebotspreis

Dieser prozentualen Aufschlüsselung liegt die Annahme zugrunde, dass Produkte mit hohen variablen Kosten die Betriebsteile stärker in Anspruch nehmen als Produkte mit niedrigeren variablen Kosten und deshalb mit höheren fixen Kosten belastet werden müssen als Produkte mit vergleichsweise niedrigen proportionalen Kosten.

Voraussetzung dieser Vorgehensweise ist, dass die Unternehmung imstande ist, eine **aktive Preispolitik** zu betreiben, d.h., dass sie über einen dazu erforderlichen preispolitischen Spielraum verfügt.

Beispiel: Ermittlung der Selbstkosten auf Basis variabler Kosten

Die Vorkalkulation wird in zwei Schritten vollzogen. Zunächst werden die Fixkosten in Prozent der variablen Kosten ausgedrückt. Es wird dabei auf die Daten des oben vorgestellten Schichtkostenbogens zurückgegriffen. Die Prozentangaben sind gerundet.

August	Produktgruppe 1		Produktgruppe 2		
Werte in T€	P11	P12	P21	P22	Σ
= Nettoerlöse	480	380	300	230	1.390
- variable Kosten	180	260	150	200	790
= DB I	300	120	150	30	600
- Produktfixkosten	55,6 %	15,4 %	66,7 %	10 %	32,9 %
= DB II	200	80	50	10	340
- Gruppenfixkosten	18,2 %		5,7 %		12,7 %
= DB III	200		40		240
- Unt.fixkosten	3,8 %				3,8 %
= Betriebsergebnis	210				210

Danach kann mit Hilfe der ermittelten Zuschlagssätze die Kalkulation durchgeführt werden. Diese könnte beispielsweise für ein neues Produkt – ähnlich dem Artikel P12 – mit variablen Stückselbstkosten von 100 € wie folgt aussehen:

variable Stückselbstkosten	100,00 €
+ Produktfixkosten (15,4 %)	15,38 €
+ Produktgruppenfixkosten (18,2 %)	18,18 €
+ Unternehmensfixkosten (3,8 %)	3,80 €
= volle Stückselbstkosten	137,36 €
+ Gewinnaufschlag (z.B. 15 %)	20,60 €
= Angebotspreis	157,96 €

Der Angebotspreis in Höhe von 157,96 € muss danach noch mit den jeweiligen Marktgegebenheiten verglichen werden. Im ungünstigen Fall muss der Gewinnaufschlag von 15 % reduziert werden.

Durch die progressive Kalkulation wird eine Preisgrundlage sowohl für **innerbetriebliche Leistungen** als auch für **Angebote** geschaffen. Der so ermittelte Angebotspreis muss dann mit dem Marktpreis verglichen werden, sofern ein solcher bekannt ist. Zu beachten ist, dass die stufenweise Deckungsbeitragsrechnung zu Selbstkosten führen kann, die deutlich von der mit Hilfe der traditionellen Vollkostenkalkulation errechneten abweichen.

Die progressive Kostenträgerstückrechnung wird in der Literatur allerdings heftig **kritisiert**. So ist *Männel* der Meinung, dass ein Rechnen mit solchen prozentualen Zuschlägen einem Rückschritt zu den Prinzipien der traditionellen Vollkostenrechnung gleichkommt (vgl. Männel, W.: Moderne Verfahren und Systeme der Kosten- und Leistungsrechnung, S. 72). Dies gilt um so mehr, je mehr Produkte bzw. Produktgruppen eine Fixkostenschicht umfasst.

Eine Möglichkeit die Fehlerquelle aufgrund der Fixkostenzuordnung zu reduzieren, besteht darin, eine **kostenträgerbezogene** anstatt einer funktionsbezogenen **Kostenstellenbildung** anzustreben. D.h., die Kostenstellenbildung ist so durchzuführen, dass möglichst viele Kostenstellen durch eine Produktart oder eine Produktgruppe repräsentiert werden.

Retrograde Kostenträgerstückrechnung

Hat die Unternehmung **keinen preispolitischen Spielraum**, ist die Anwendung der retrograden Kostenträgerstückrechnung sinnvoll. Bei der retrograden Kostenträgerstückrechnung wird vom Listenpreis bzw. vom Nettoerlös ausgegangen und werden schichtweise die Kosten abgezogen. Einzige Voraussetzung ist, dass die Preise oder die Deckungsbeiträge bekannt sind. Die retrograde Kalkulation zeigt den Spielraum zwischen Vollkostendeckung und Marktpreis. Mit ihr lässt sich der absolute Erfolgsbeitrag (Gewinn oder Verlust) pro Erzeugnis zum Betriebsergebnis abbilden. Die retrograde Kalkulation ist in erster Linie für eine *Nachkalkulation* verwendbar.

Bei der **retrograden Kostenträgerstückrechnung** wird der Stückerfolg ausgehend vom bekannten Marktpreis errechnet, indem zunächst vom Stücknettoerlös die variablen Stückselbstkosten subtrahiert werden. Von diesem Deckungsbeitrag I werden die Produktfixkosten mit Hilfe der gebildeten Prozentsätze abgezogen. In den nachfolgenden Stufen wird analog vorgegangen.

Die retrograde Kalkulation hat – drei Fixkostenebenen unterstellt – schematisch folgendes Aussehen:

	Listenpreis
-	Erlösschmälerungen
=	Stücknettopreis
-	variable Stückselbstkosten (Materialeinzelkosten inkl. Verpackung lt. Stückliste, Fertigungslöhne lt. Arbeitsplan, evtl. Logistikkosten lt. cbm, variable Gemeinkosten lt. BAB)
=	Deckungsbeitrag I
-	Produktfixkosten (in % vom Deckungsbeitrag I)
=	Deckungsbeitrag II
-	Produktgruppenfixkosten (in % vom Deckungsbeitrag II)
=	Deckungsbeitrag III
-	Unternehmensfixkosten (in % vom Deckungsbeitrag III)
=	Nettoergebnis (Stückgewinn, Gewinnaufschlag)

Beispiel: Ermittlung des Nettoergebnisses auf Basis der Deckungsbeiträge

Auch hier erfolgt die Kalkulation zweistufig. Zunächst müssen die Prozentsätze bezogen auf die Deckungsbeiträge aus den vorliegenden Gesamtzahlen errechnet werden.

August	Produktgruppe 1		Produktgruppe 2		
Werte in T€	P11	P12	P21	P22	Σ
= Nettoerlöse	480	380	300	230	1.390
- variable Kosten	180	260	150	200	790
= DB I	300	120	150	30	600
- Produktfixkosten	33,3 %	33,3 %	66,7 %	66,7 %	43,3 %
= DB II	200	80	50	10	340
- Gruppenfixkosten	28,6 %		33,3 %		29,4 %
= DB III	200		40		240
- Unternehm.fixko.	12,5 %				12,5 %
= Betriebsergebnis	210				210

Angenommen die variablen Stückselbstkosten für das neue Produkt P12 betragen wieder 100 € und der Verkaufspreis wird mit 146 € festgelegt, dann ergibt sich folgende Rechnung (gerundete Zahlen):

Verkaufspreis	146,00 €
- variable Stückselbstkosten	100,00 €
= Deckungsbeitrag I	46,00 €
- Produktfixkosten (33,3 %)	15,33 €
= Deckungsbeitrag II	30,67 €
- Produktgruppenfixkosten (28,6 %)	8,76 €
= Deckungsbeitrag III	21,91 €
- Unternehmensfixkosten (12,5 %)	2,74 €
= Nettoergebnis	19,17 €

Der Gewinnaufschlag in % auf die vollen Selbstkosten beträgt im Beispiel etwa 15 %

Kritische Anmerkungen

Ein Vergleich der traditionellen Vollkostenrechnung mit der mehrstufigen Deckungsbeitragsrechnung lässt den Schluss zu, dass die Kalkulation mit Zuge der Fixkostendeckungsrechnung genauer ist. Die stufenweise Deckungsbeitragsrechnung hat für die Ermittlung der Vollkosten eines einzelnen Kostenträgers allerdings kaum Bedeutung erlangt. Weit häufiger in der Praxis anzutreffen ist dagegen die – bereits im Rahmen der einstufigen Deckungsbeitragsrechnung vorgestellte – *Parallelkalkulation* bzw. *kombinierte Teilkosten-/Vollkostenrechnung* (vgl. Vormbaum, H./Rautenberg, H.G.: Plankostenrechnung, S. 201).

2.3.3.1.2 Bestandsbewertung

Bestandsbewertung

Die **Bewertung der fertigen und unfertigen Erzeugnisse** zu vollen Herstellkosten bietet keine besonderen Schwierigkeiten. Im Gegenteil, die Umbewertung der Bestände von Teil- auf Vollkosten ist durch die Aufspaltung des Fixkostenblocks auf die einzelnen Ebenen in der mehrstufigen Deckungsbeitragsrechnung einfacher als in der Grenzkostenrechnung. Die aktivierungspflichtigen und –fähigen Kosten werden im Schichtkostenbogen gesondert erfasst und den entsprechenden Produkten und Produktgruppen zugerechnet.

2.3.3.2 Kostenträgerzeitrechnung

Die Kostenträgerzeitrechnung im System der Fixkostendeckungsrechnung hebt sich grundlegend von derjenigen der traditionellen Vollkostenrechnung oder auch der einstufigen Deckungsbeitragsrechnung ab. Die stufenweise Deckungsbeitragsrechnung zeigt, in welchem Maße durch die Produkte und Produktgruppen etc. die Fixkostenblöcke gedeckt und Überschüsse erzielt werden.

Verfahren der Betriebsergebnisrechnung

Analog zur Betriebsergebnisrechnung auf Vollkostenbasis und zur einstufigen Deckungsbeitragsrechnung kann der Betriebserfolg in der Fixkostendeckungsrechnung mittels **Gesamtkosten- oder Umsatzkostenverfahren** bestimmt werden.

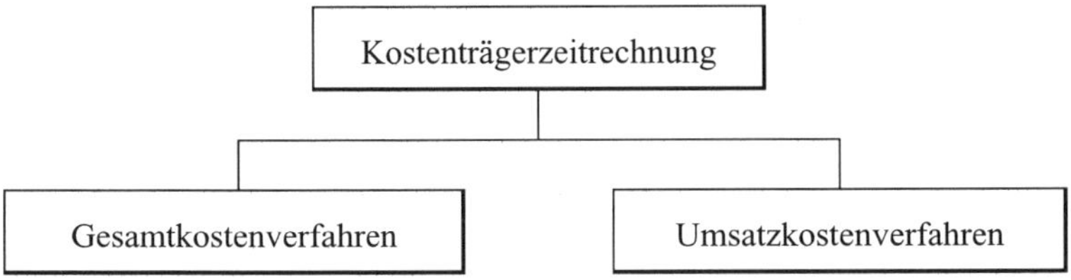

Umsatzkostenverfahren

Die retrograde Kostenträgerzeitrechnung nach dem Umsatzkostenverfahren baut auf dem Schichtkostenbogen auf. **Bruttoerlöse** und **Erlösminderungen** können differenziert nach Erzeugnisarten aus der Finanzbuchhaltung übernommen werden. Die verbleibenden **Nettoerlöse** abzüglich der **variablen Selbstkosten** wie Materialeinsatz und Fertigungslöhne sowie variable Gemeinkosten ergeben den **Deckungsbeitrag I**. Davon sind die **Produktfixkosten** abzuziehen, und man erhält den **Deckungsbeitrag II** usw. Zwar kann man immer noch nicht erkennen, wie viel ein bestimmtes Produkt an Gewinn gebracht hat, doch lässt sich der Beitrag, den ein Erzeugnis oder eine Erzeugnisgruppe zur Deckung der restlichen Fixkosten leistet, als plan-, kontrollier- und verantwortbare Volumengröße bestimmen. Von der Summe aller in der Abrechnungsperiode erwirtschafteten Deckungsbeiträge sind zum Schluss noch die **Unternehmensfixkosten** zu reduzieren, um zum **Unternehmensergebnis** (Betriebserfolg) zu gelangen.

Das monatliche Unternehmensergebnis auf Umsatzkostenbasis hat demnach folgende Struktur:

	Bruttoerlöse der Periode
-	Erlösschmälerungen
	Nettoerlöse der Periode
-	variable Kosten des Umsatzes der Produktarten (Material- und Fertigungseinzelkosten sowie variable Gemeinkosten)
=	Deckungsbeitrag I
-	Produktfixkosten
=	Deckungsbeitrag II
-	Produktgruppenfixkosten
=	Deckungsbeitrag III
-	Unternehmensfixkosten
=	Unternehmensergebnis (Betriebserfolg)

Gesamtkostenverfahren

Das Gesamtkostenverfahren unterscheidet sich von dem Umsatzkostenverfahren durch den Ansatz der Bestandsveränderungen und die unterschiedliche Abgrenzung der variablen Selbstkosten. Das monatliche Unternehmensergebnis auf Gesamtkostenbasis hat folgende Struktur:

	Bruttoerlöse der Periode
-	Erlösschmälerungen
	Nettoerlöse der Periode
-	variable Kosten der Periode (Material- und Fertigungseinzelkosten sowie variable Gemeinkosten)
+/-	Bestandsveränderungen und aktivierte Eigenleistungen (zu variablen Herstellkosten)
=	Deckungsbeitrag I
-	Produktfixkosten

=	Deckungsbeitrag II
-	Produktgruppenfixkosten
=	Deckungsbeitrag III
-	Unternehmensfixkosten
=	Unternehmensergebnis (Betriebserfolg)

2.3.3.3 Kostenträgerrechnung als Planungs-, Kontroll- und Steuerungsinstrument

Einsatzmöglichkeiten und praktische Anwendungen

Über die Vorgehensweise und Bedeutung der mehrstufigen Deckungsbeitragsrechnung im Rahmen der Kostenträgerstück- und -zeitrechnung wurde gerade ausführlich gesprochen. Darüber hinaus kann die mehrstufige Rechnung aber auch zur **bereichsbezogenen Erfolgsplanung, -kontrolle und -steuerung** gezielt eingesetzt werden.

Das Haupteinsatzgebiet der mehrstufigen Deckungsbeitragsrechnung liegt in der mittel- bis langfristigen **Produkt- und Sortimentsplanung**. Mit ihrer Hilfe lassen sich die Deckungsbeiträge der Produkte und Produktgruppen ermitteln und, falls notwendig und keine anderen Argumente dagegen sprechen, Produkte und Produktgruppen mit negativen Deckungsbeiträgen aus dem Produktionsprogramm der Unternehmung eliminieren. Ebenso ist sie zur Ermittlung von Preisobergrenzen bei **Make-or-Buy-Entscheidungen** ein wichtiges und ggf. unverzichtbares Hilfsmittel.

Deckungsbeitragsrechnung als Instrument der Produkt- und Sortimentsplanung

Nachstehend ist eine dreistufige Deckungsbeitragsrechnung für einen Betriebsbereich mit vier Erzeugnissen und zwei Erzeugnisgruppen abgebildet. Erst eine differenzierte Fixkostenbetrachtung ermöglicht die Überprüfung der Wirtschaftlichkeit der Produkte und Sortimente.

Beispiel: Mehrstufige Kostenträgerzeitrechnung

August Werte in T€	Produktgruppe 1 P11	 P12	Produktgruppe 2 P21	 P22	 Σ
Listenpreise	500	400	310	260	1.470
- Rabatte etc.	20	20	10	30	80
= Nettoerlöse	480	380	300	230	1.390
- variable Kosten	180	260	150	200	790
= DB I	300	120	150	30	600
- Produktfixkosten	100	140	100	120	460
= DB II	200	**- 20**	50	**- 90**	140
- Gruppenfixkosten	50		20		70
= DB III	130		**- 60**		70
- Unternehm.fixko.	30				30
= Betriebsergebnis	40				40

Wie man aus der Tabelle einfach ablesen kann, sind die Deckungsbeiträge der Produkte P12 und P22 negativ. Der negative Deckungsbeitrag führt beim letzten Erzeugnis sogar dazu, dass der Produktgruppendeckungsbeitrag Nr. 2 negativ wird. Unter den Annahmen, dass die produktbezogenen Fixkosten exakt zurechenbar sind, dass keine verbundenen Erlöse vorliegen und dass die Fixkosten bei Eliminierung der Produkte mittelfristig in voller Höhe eingespart werden können, lässt sich der Betriebserfolg durch eine modifizierte Produktionsprogrammplanung um mindestens 20 T€ + 90 T€ = 110 T€ erhöhen. Über die Produktgruppenfixkosten Nr. 2 in Höhe von 20 T€ liegen keine weiteren Angaben vor, so dass davon auszugehen ist, dass sie auch nach Wegfall von Produkt 22 in voller Höhe anfallen werden.

Festzuhalten bleibt aber, dass die Fixkostendeckungsrechnung nur erste Hinweise geben kann, ob ein Erzeugnis vorübergehend oder endgültig aus dem Produktionsprogramm gestrichen werden soll. Es ist stets vorab zu prüfen, ob eine Erhöhung der Absatzmenge oder der Verkaufspreise möglich ist bzw. ob Kosteneinsparungen realisierbar sind und dabei eine Erhöhung des Deckungsbeitrages erreicht werden kann. Ferner können absatzpolitische Überlegungen zu anderen Entscheidungen führen. Nicht selten stoßen nämlich solche Bereinigungsentscheidungen auf den Widerstand der Verkaufsabteilungen, die meist absatzpolitische Argumente ins Feld führen, wonach es unzweckmäßig wäre, die betreffenden Produkte aus dem Sortiment zu nehmen. Auch ist zu bedenken, dass mit der Produktionseinstellung einhergehende Entlassungen für den sozialen Frieden schädlich sind.

Um die **Informationsunterschiede zur einstufigen Deckungsbeitragsrechnung** zu verdeutlichen, soll die Betriebsergebnisrechnung nach der einstufigen Variante gegenübergestellt werden.

Beispiel: Einstufige Deckungsbeitragsrechnung

Ausgangsdaten wie Beispiel oben

August Werte in T€	Produktgruppe 1 P11	P12	Produktgruppe 2 P21	P22	Σ
Listenpreise	500	400	310	260	1.470
- Rabatte etc.	20	20	10	30	80
= Nettoerlöse	480	380	300	230	1.390
- variable Kosten	180	260	150	200	790
= DB	300	120	150	30	600
- Fixkosten	560				560
= Betriebsergebnis	40				40

Der errechnete Betriebserfolg ist mit 40 T€ selbstverständlich der Gleiche, jedoch ist die Kostenstruktur eine völlig andere mit erheblich weniger Detailinformationen und einer infolgedessen geringeren Aussagekraft. Während die Ergebnisse der Fixkostendeckungsrechnung die Entscheidung unterstützen auf die Produkte P12 und P22 zu verzichten, befürwortet der klassische Deckungsbeitragsrechner ausnahmslos alle Erzeugnisse. Insofern ist zu erkennen, dass die Darstellungsweise der Kostenstruktur massiv die unternehmerischen Entscheidungen beeinflussen kann.

Ebenfalls ist darauf hinzuweisen, dass auch der **Vorteilhaftigkeitsvergleich** und die präferierte Reihenfolge der Produktherstellung nach der ein- und mehrstufigen Deckungsbeitragsrechnung unterschiedlich ausfallen kann.

Nach einstufiger Sichtweise ergibt sich beispielsweise folgendes Bild:

Beispiel: Einstufige Deckungsbeitragsrechnung

August Werte in T€	Produktgruppe 1 P11	 P12	Produktgruppe 2 P21	 P22	 Σ
Listenpreise	500	400	310	260	1.470
- Rabatte etc.	20	20	10	30	80
= Nettoerlöse	480	380	300	230	1.390
- variable Kosten	180	260	150	200	790
= DB I	300	120	150	30	600
Rangfolge	(1)	(3)	(2)	(4)	
- Fixkosten	560				560
= Betriebsergebnis	40				40

Die Reihenfolge der Produkte ist aus der Übersicht direkt abzulesen. Zudem weisen alle Fabrikate einen positiven Deckungsbeitrag auf.

Nach mehrstufiger Vorgehensweise könnte der gleiche Vorteilhaftigkeitsvergleich beispielsweise wie nachstehend beschrieben aussehen. Die Fixkostenaufspaltung ist dabei im Vergleich zum Ausgangsbeispiel leicht verändert worden.

Beispiel: Mehrstufige Deckungsbeitragsrechnung

August Werte in T€	Produktgruppe 1 P11	 P12	Produktgruppe 2 P21	 P22	 Σ
Listenpreise	500	400	310	260	1.470
- Rabatte etc.	20	20	10	30	80
= Nettoerlöse	480	380	300	230	1.390
- variable Kosten	180	260	150	200	790
= DB I	300	120	150	30	600
- Produktfixkosten	250	140	80	10	480
= DB II	50	- 20	70	20	120
Rangfolge	(2)	(4)	(1)	(3)	
- Gruppenfixkosten	10		20		30
= DB III	20		70		90
- Unternehm.fixko.	50				50
= Betriebsergebnis	40				40

Während die klassische Deckungsbeitragsrechnung das Erzeugnis P11 am stärksten und daran anschließend die Produkte P21, P12 und P22 in dieser Rangfolge favorisiert, liegt in der Fixkostendeckungsrechnung das Erzeugnis P21 an erster Stelle, gefolgt von P11, P22 und zuletzt P12. Der Deckungsbeitrag II von Produkt P12 ist sogar negativ.

Die meisten Entscheidungen, die mit der Fixkostendeckungsrechnung getroffen werden sollen, sind mittel- oder langfristiger Art. Es reicht daher aus, wenn die Rechnung **als Ergänzung zur jährlichen Ergebnisplanung und -kontrolle** vorgenommen wird (vgl. Wolfstetter, G.: Verfahren zur Kostenrechnung, S. 177).

Deckungsbeitragsrechnung als Instrument zur Erfolgsplanung

Der Einsatzbereich der mehrstufigen Deckungsbeitragsrechnung ist sehr vielfältig. Ebenso wie in der einstufigen Variante kann man auch mit der Fixkostendeckungsrechnung eine Erfolgsplanung mit unterschiedlichen Szenarien durchführen.

Beispiel: Ergebnissimulation mit unterschiedlichen Szenarien

	Ergebnissimulation Produkt X	ungünstigster Fall	Plan für 01	günstigster Fall
1	Absatzmenge (ME)	530	540	550
2	Stücknettoerlös (€)	180	190	195
3	./. proportionale Herstellkosten (€)	111	110	109
4	./. proportionale V+V-Kosten (€)	12	12	10
5	Stückdeckungsbeitrag (€) (in Prozent vom Nettoerlös)	57 (31,67 %)	68 (35,79 %)	76 (38,97 %)
6	Deckungsbeitrag I der Periode (€)	30.210	36.720	41.800
7	./. Produktfixkosten der Periode (€)	33.500	31.720	30.500
8	Deckungsbeitrag II der Periode (€) (in Prozent vom Nettoerlös)	- 3.290 (- 3,44 %)	+ 5.000 (4,87 %)	+ 11.300 (10,54 %)

Mit der Szenariotechnik hat der Controller die Möglichkeit erwägbare Zukunftsentwicklungen zu bestimmen. Je nachdem, ob der ungünstigste oder der günstigste Fall eintreten wird, schwankt der geplante Deckungsbeitrag II zwischen - 3.290 € und +

11.300 €. Wird der Plan realisiert erwartet man einen Deckungsbeitrag II in Höhe von + 5.000 €. Dies entspricht 4,87 % des Nettoerlöses.

Grafisch dargestellt ergibt sich folgendes Bild:

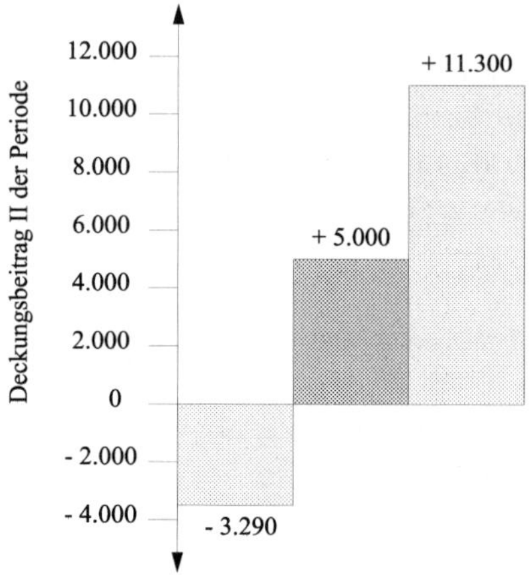

Quelle: In Anlehnung an Männel, W.: Deckungsbeitragsrechnung in der Holz- und Möbelindustrie, S. 6

Deckungsbeitragsrechnung als Kontrollinstrument

Stellt man am Periodenende den Planwerten die tatsächlichen Daten gegenüber, befindet man sich bereits in der Kostenkontrolle. Solche Plan-Ist-Abweichungen können auch im Rahmen der mehrstufigen Deckungsbeitragsrechnung durchgeführt werden.

Beispiel: Plan-Ist-Vergleich

Es wurde auf das oben dargestellte Beispiel zurückgegriffen und das „normale" Szenario zugrunde gelegt.

	Plan-Ist-Vergleich Produkt X	Plan 01	Ist 01	Abweichungen absolut	in %
1	Absatzmenge (ME)	540	550	10	1,85
2	Stücknettoerlös (€)	190	194	4	2,11
3	./. proportionale HK (€)	110	111	- 1	- 0,91
4	./. proportionale V+V-Kosten (€)	12	12,5	- 0,50	- 4,17
5	Stückdeckungsbeitrag (€) (in Prozent vom Nettoerlös)	68 (35,79 %)	70,5 (36,34 %)	3	4,41
6	Deckungsbeitrag I der Periode (€)	36.720	38.775	2.055	5,6
7	./. Produktfixkosten der Periode (€)	31.720	33.500	- 1.780	- 5,61
8	Deckungsbeitrag II der Periode (€) (in Prozent vom Nettoerlös)	+ 5.000 (4,87 %)	+ 5.275 (4,94 %)	275	5,5

Etwas anschaulicher ist die folgende grafische Übersicht der Abweichungen:

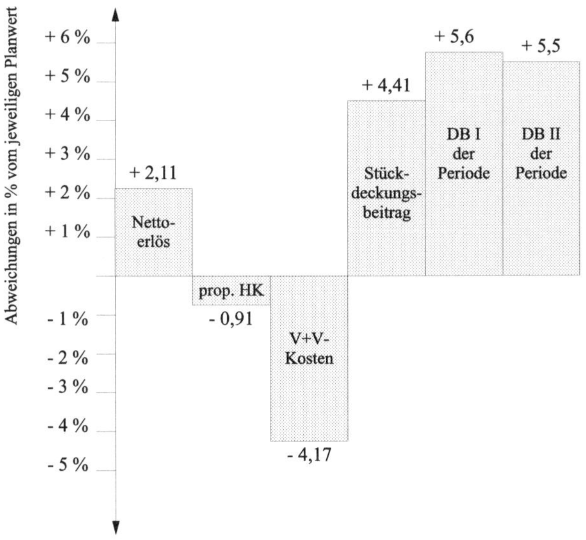

Quelle: In Anlehnung an Männel, W.: Deckungsbeitragsrechnung in der Holz- und Möbelindustrie, S. 9

Trotz der den Planwerten übersteigenden variablen Herstellkosten (- 0,91 %) und Verwaltungs- und Vertriebskosten (- 4,17 %) ist der effektive Stückdeckungsbeitrag um 4,41 % höher als im Plan vorgesehen. Der Grund liegt in der erfreulichen Entwicklung der Nettoerlöse mit + 2,11 % über Plan. Dieses Ergebnis führt zu einem über den Planwerten liegenden tatsächlichen Deckungsbeitrag I mit + 5,6 % und unter Berücksichtigung der um 1.780 € gestiegenen Produktfixkosten einem höheren Deckungsbeitrag II um + 5,5 %.

Beurteilung der Managementleistung

Neben der Planung und Kontrolle des Unternehmenserfolgs kann die mehrstufige Deckungsbeitragsrechnung zur Leistungsbeurteilung von Führungskräften eingesetzt werden.

Eine etwas andere Darstellung der Fixkostendeckungsrechnung, die um den Managementerfolg ergänzt ist, zeigt die Grafik 2/21.

Übersicht 2/21: Messung der Managementleistung

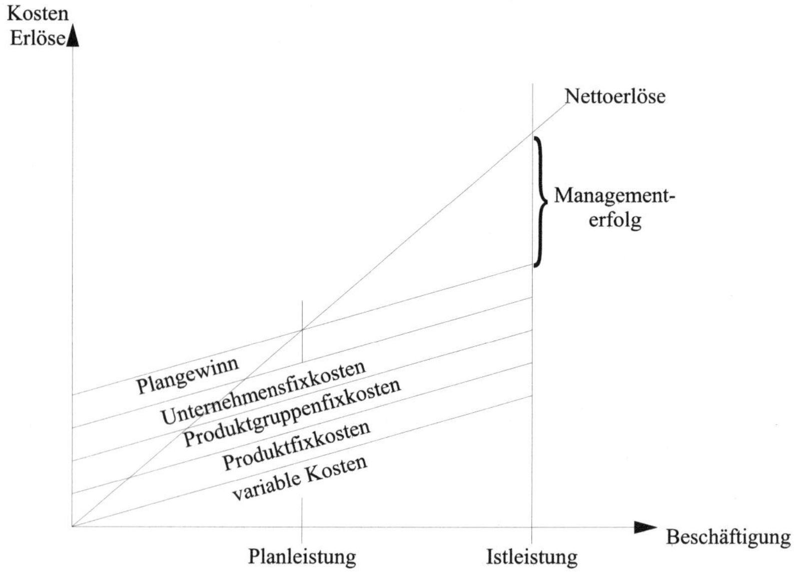

2.3.4 Erweiterungen der mehrstufigen Deckungsbeitragrechnung

Ansatzpunkte mehrstufiger Deckungsbeitragsrechnungen

Bisher wurde die Fixkostenschichtung ausschließlich nach Produkten und Produktgruppen vorgenommen. Diese fundamentale und klassische Einteilung der mehrstufigen Deckungsbeitragsrechnung kann aber noch **durch weitere Hierarchisierungskriterien ergänzt** werden. So lässt sich ebenso eine Schichtenbildung nach Vertriebsgesichtspunkten wie Kundengruppen, Vertriebsbezirken oder Distributionswegen vornehmen (vgl. Übersicht 2/22). Gerade der Vertriebsbereich fällt durch große Fixkostenblöcke auf, die auf diese Weise transparent gemacht und auf ihre Effizienz untersucht werden können.

Übersicht 2/22: Ansatzpunkte mehrstufiger Deckungsbeitragsrechnungen

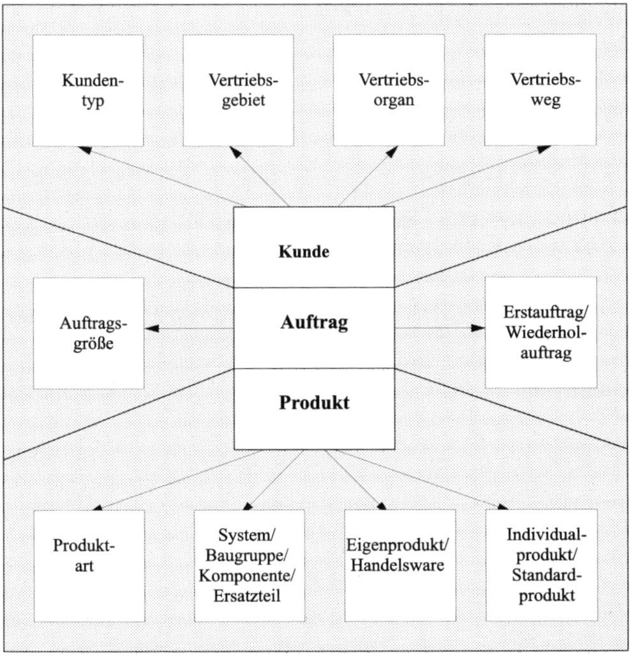

Quelle: Männel, W.: Deckungsbeitragsrechnung in der Holz- und Möbelindustrie, S. 13

Durch Auswahl einzelner oder Kombination unterschiedlicher Ansatzpunkte – auch *Bezugsobjekte* oder *Kalkulationsobjekte* genannt – lassen sich für das **Ergebniscontrolling** wichtige *Bezugsobjekthierarchien* erstellen. Die Auftragspositionen bilden dabei meist den Ausgangspunkt, weil sie erlösmäßig nicht weiter aufgespalten werden können. Durch Aggregation mehrerer Auftragspositionen nach bestimmten Kriterien entstehen dann übergeordnete Bezugsobjekte wie Aufträge oder Produktarten. Da sich in der Praxis mehrere Merkmale für die Zusammenfassung anbieten, können ganze Verdichtungs- und Auswertungshierarchien entworfen werden.

Ein- und mehrdimensionale Deckungsbeitragsrechnungen

Grundsätzlich kann zwischen eindimensionalen und mehrdimensionalen Deckungsbeitragsrechnungen differenziert werden. **Eindimensionale Deckungsbeitragsrechnungen** sind dadurch gekennzeichnet, dass die Hierarchiebildung nur nach einem Merkmal erfolgt (vgl. die Abbildung 2/23) oder es werden Bezugsgrößen, die unterschiedlichen Kriterien unterliegen, miteinander kombiniert (vgl. Abbildung 2/22). Grundsätzlich werden die Fixkosten dabei nacheinander, entsprechend der Hierarchie und nur jeweils einem Merkmal in einer Hierarchie zugeordnet (vgl. Hieke, H.: Teilkosten- und Deckungsbeitragsrechnung, S. 67).

Beim Aufbau der Verdichtungshierarchien können auch scheinbar konkurrierende Wege eingeschlagen werden. Übersicht 2/24 verdeutlicht dies.

Übersicht 2/23: Eindimensionale Verdichtungs- und Auswertungshierarchien

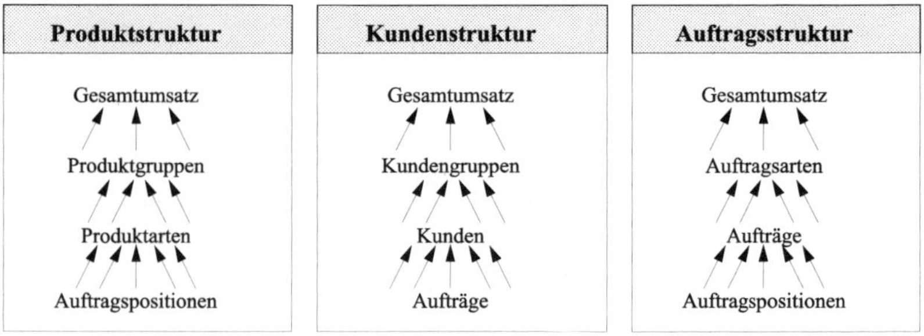

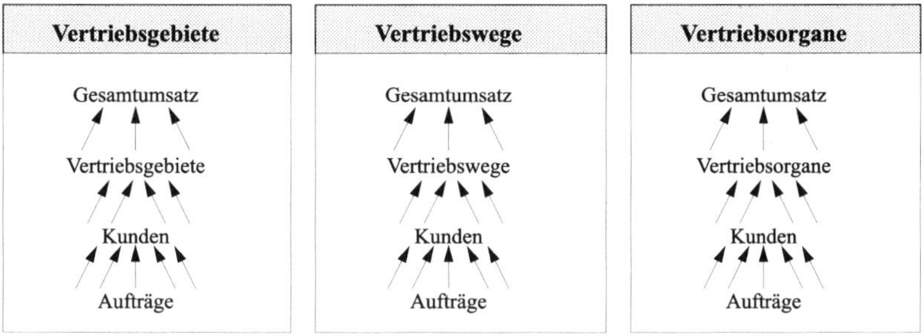

Quelle: Männel, W.: Deckungsbeitragsrechnung in der Holz- und Möbelindustrie, S. 14

Übersicht 2/24: Gemischt eindimensionale Verdichtungs- und Auswertungshierarchien

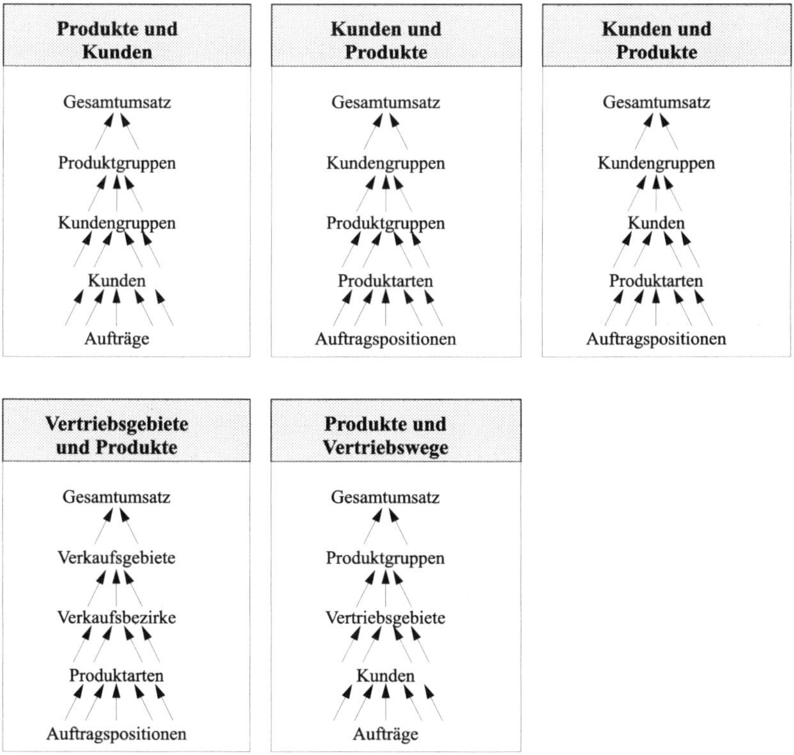

Quelle: In Anlehnung an Männel, W.: Deckungsbeitragsrechnung in der Holz- und Möbelindustrie, S. 14

Wenn die Fixkostenstufen auf mehrere Bezugsobjekte unterschiedlicher Hierarchien, denen verschiedene Kriterien zugrunde liegen, nebeneinander direkt zurechenbar sind sowie entsprechende Deckungsbeiträge errechnet werden, spricht man von **mehrdimensionalen Deckungsbeitragsrechnungen** (vgl. Hieke, H.: Teilkosten- und Deckungsbeitragsrechnung, S. 72). Da einerseits die Marktbearbeitung in unterschiedlichen Formen geschieht und anderseits für die strategische Planung vielfältige Auswertungen notwendig sind, ergibt sich ein zunehmender Bedarf nach mehrdimensionaler Darstellung der Deckungsbeiträge. So muss es – je nach Denk- und Vorgehensweise im Unternehmen – möglich sein, mehrstufige Deckungsbeitragsrechnungen beispielsweise nach Kunden, Verkaufsgebieten oder Regionen, Absatzkanälen sowie strategischen Geschäftsfeldern und Profit Center erstellen zu können.

Etwas anschaulicher und konkreter sind die nachstehenden Beispiele für Verdichtungs- und Auswertungshierarchien.

Beispiele für mehrstufige Deckungsbeitragsrechnungen

In Unternehmen mit einem relativ hohen Vertriebskostenanteil steht der Aufbau einer Fixkostendeckungsrechnung nach am Vertrieb orientierten Gesichtspunkten im Vordergrund. Beispielsweise können die Fixkosten nach den Kriterien „Kundengruppen“ oder „Verkaufsgebieten“ gestuft werden. Eine nach Kundengruppen, Kunden und Produktarten differenzierte Fixkostendeckungsrechnung wird auch kurz als *Kundendeckungsbeitragsrechnung* bezeichnet. Ist sie nach Verkaufsgebieten, -bezirken und Produktarten gegliedert nennt man sie auch vereinfacht *Verkaufsgebietsdeckungsbeitragsrechnung*. Die Auswahl von Bezugsobjekten erfolgt allein aus dem Interesse absatzpolitischer Einflussnahme.

Mit der **Kundendeckungsbeitragsrechnung** soll dargestellt werden, welchen Deckungsbeitrag ein bestimmter Kunde erbringt, nachdem alle Kosten, die per Beleg nachweisbar für diesen Kunden entstanden sind, von den Erlösen abgezogen sind.

<u>Beispiel:</u> Kundendeckungsbeitragsrechnung

Gesamtunternehmen	gesamter Absatzmarkt									
Kundengruppe	Kaufhäuser									
Kunde	Kaufhof			KarstadtQuelle			Σ	Groß-handel	Ein-zel-han-del	Σ
Produktart	A1	...	Σ	A1	...	Σ				
Bruttoerlöse	25.065	68.892	93.957	18.560	49.890	68.450	162.407	213.466	98.665	474.538
./. Erlösschmälerungen	3.250	4.769	8.019	2.950	2.067	5.017	13.036	15.687	4.597	33.320
Nettoerlöse (NE)	21.815	64.123	85.938	15.610	47.823	63.433	149.371	197.779	94.068	441.218
Vertriebseinzelko.	2.654	5.463	8.117	1.560	4.563	6.123	14.240	15.633	6.630	36.503
prop. Vertriebs-GK	1.250	3.893	5.143	1.050	2.250	3.300	8.443	17.560	7.905	33.908
./. prop. Vertriebsko.	3.904	9.356	13.260	2.610	6.813	9.423	22.683	33.193	14.535	70.411
Materialkosten	3.785	13.005	16.790	3.050	11.068	14.118	30.908	38.169	16.759	85.836
prop. Fert.-kosten	2.990	11.560	14.550	1.960	8.775	10.735	25.285	32.076	18.354	75.715
./. prop. Herstellkosten	6.775	24.565	31.340	5.010	19.843	24.853	56.193	70.245	35.113	161.551
Deckungsbeitrag I	11.136	30.202	41.338	7.990	21.167	29.157	70.495	94.341	44.420	209.256
(in % vom NE)	51,05	47,10	48,10	51,19	44,26	45,94	47,20	47,70	47,22	47,42
./. Kunden zurechenbare Fixkosten			982			875	1.750	2.795	112	4.657
Kundenbeitrag			40.356			28.282	68.745	91.546	44.308	204.599
(in % vom NE)			46,96			44,56	46,02	46,29	47,10	46,37
./. Kundengruppen zurechenbare Fixko.							356	456	268	1.080
Kundengruppenbeitrag							68.389	91.090	44.040	203.519
(in % vom NE)							45,79	46,06	46,81	46,13
./. nicht direkt zurechenbare Fixkosten										4.024
Nettoergebnis										199.495

Die abgebildete Kundendeckungsbeitragsrechnung zeigt die Deckungsbeiträge der einzelnen Produktarten, ermittelt aus den Deckungsbeiträgen der einzelnen Artikel beim einzelnen Kunden und den speziellen Aufwendungen für diesen Artikel wie beispielsweise spezielle Werbung oder spezielle Verpackung. Ferner ist der Deckungsbeitrag eines bestimmten Kunden errechnet, d.h. der Deckungsbeitrag aller Geschäfte mit diesem Kunden abzüglich dem Kunden direkt zurechenbarer, noch nicht erfasster Kosten, beispielsweise Werbekostenzuschüsse und Jubiläumsgeschenke. Fasst man die Deckungsbeiträge aller Kunden einer Kundengruppe zusammen, erhält man den Kundengruppenbeitrag, hier z.B. Deckungsbeitrag der Kaufhäuser unter Berücksichtigung der für diese Kundengruppe speziell aufgewandten, ihr direkt zurechenbaren Kosten. Solche Kundengruppenbetrachtungen sind wichtige Auswertungen für die Gestaltung der Marktbearbeitung und für die strategische Unternehmensführung.

Eine empirische Studie unter den 500 größten deutschen Unternehmen hat ergeben, dass mittlerweile über 60 % der befragten Unternehmen eine Kundendeckungsbeitragsrechnung einsetzen (vgl. Horsch, J.: Anwendung von Controlling-Systemen in der Praxis, S. 1205). Weitere 14 % der Unternehmen planen eine solche in den nächsten Jahren (vgl. Horsch, J.: Anwendung von Controlling-Systemen in der Praxis, S. 1206).

Sehr aussagekräftig ist auch die **Verkaufsgebietsdeckungsbeitragsrechnung**. Diese verfolgt das Ziel, den Erfolg und das Maß der Zielerreichung eines oder mehrerer Verkaufsgebiete nach einzelnen Erfolgsquellen aufzuzeigen. Dazu müssen alle Veränderungen isoliert werden, die nicht auf vom Verkauf beeinflussbaren oder beobachtbaren Faktoren beruhen. Abweichungen zwischen Soll und Ist, die nicht dem Verkauf zugeordnet werden können, schlagen daher auch nicht in diese Form der Deckungsbeitragsrechnung durch.

Beispiel: Verkaufsgebietsdeckungsbeitragsrechnung

Gesamtunternehmen	gesamter Absatzmarkt								
Verkaufsgebiet	Inland							Aus-land	Σ
Verkaufsbezirk	Westdeutschland			Ostdeutschland			Σ		
Produktart	A1	...	Σ	A1	...	Σ			
Bruttoerlöse	98.251	325.687	423.938	99.560	197.569	297.129	721.067	278.520	999.587
./. Erlösschmäl.	9.582	11.056	20.638	9.056	52.587	61.643	82.281	31.059	113.340
Nettoerlöse (NE)	88.669	314.631	403.300	90.504	144.982	235.486	638.786	247.461	886.247
Vertriebseinzelko.	8.990	19.268	28.258	8.563	15.025	23.588	52.867	23.560	76.427
prop. Vertr.-GK	7.520	15.912	23.432	10.050	12.890	22.940	46.372	19.590	65.962

./. prop. Vertriebsko.	16.510	35.180	51.690	18.613	27.915	46.528	99.239	43.150	142.389
Materialkosten	14.506	50.900	65.406	11.894	17.890	29.784	95.190	42.256	137.446
prop. Fert.-kosten	13.056	76.369	89.425	15.056	15.156	30.212	119.637	40.125	159.762
./. prop. Herstellko.	27.562	127.269	154.831	26.950	33.046	59.996	214.827	82.381	297.208
Deckungsbeitrag I	44.597	152.182	196.779	44.941	84.021	128.962	324.720	121.930	446.650
(in % vom NE)	50,30	48,37	48,79	49,67	57,95	54,76	50,83	49,27	50,40
./. Verkaufsbezirken zurechenbare Fixko.			11.760			7.785	19.545		19.545
Verkaufsbezirks-beitrag			185.019			121.177	305.175	121.930	427.105
(in % vom NE)			45,88			51,46	47,77	49,27	48,19
./. Verkaufsgebieten zurechenbare Fixko.							3.325	8.560	11.885
Verkaufsgebiets-beitrag							301.850	113.370	415.220
(in % vom NE)							47,25	45,81	46,85
./. nicht direkt zu-rechenbare Fixko.									328.840
Nettoergebnis									86.380

Ausgangsbasis dieser Verkaufsgebietsdeckungsbeitragsrechnung sind die Deckungsbeiträge aller Produktarten in einem bestimmten Verkaufsbezirk. Der Deckungsbeitrag eines bestimmten Verkaufsbezirks ist die Summe aller in diesem Bezirk erwirtschafteten Deckungsbeiträge abzüglich der dem Bezirk unmittelbar zurechenbaren Kosten für Betreuung, Werbung usw. Den Deckungsbeitrag zusammengehöriger Verkaufsbezirke, d.h. die Summe der Deckungsbeiträge aller Verkaufsbezirke abzüglich der allen Bezirken gemeinsam zurechenbaren Kosten wie Verkaufsbetreuung oder Werbung etc, bezeichnet man als Verkaufsgebietsbeitrag.

Sowohl als Erweiterung einer vertriebsorientierten Deckungsbeitragsrechnung als auch unabhängig davon kann es – insbesondere bei Großaufträgen – sinnvoll sein, eine **Auftragsdeckungsbeitragsrechnung** aufzubauen. Mit ihr erhält man zusätzliche Informationen über die Effizienz bestimmter Aufträge (vgl. Hieke, H.: Teilkosten- und Deckungsbeitragsrechnung, S. 71 f.).

Selbstverständlich bestehen noch erheblich mehr Möglichkeiten der Aufgliederung der Deckungsbeiträge. Es hängt jeweils vom **Erkenntnisziel** ab, wie die genannten Ansatzpunkte in Beziehung gesetzt werden. So sind beispielsweise bei der Planung von Werbemaßnahmen bei Konsumenten die Bezugsobjekte Produktarten und Vertriebsgebiete vorrangig zu betrachten. Dagegen sind rabattpolitische Entscheidungen auf die Bezugsgrößen Kunden bzw. Aufträge zu beziehen. Bei vertriebspolitischen Entscheidungen wiederum sind die Hierarchien Vertriebsgebiete, Vertriebswege oder Vertriebsorgane heranzuziehen. Allgemein gilt: Es sind diejenigen Bezugsobjekte für eine Analyse heranzuziehen, bei denen die Kosten und Erlöse durch betriebspolitische Maßnahmen beeinflussbar sind.

Weiterführende Ausführungen zu diesem Thema finden sich bei Hieke, H.: Teilkosten- und Deckungsbeitragsrechnung, S. 72 ff.

Entscheidungsregeln

Es sollten diejenigen Untersuchungsobjekte unterstützt und forciert werden, in denen positive und hohe Deckungsbeiträge erwirtschaftet werden. Das Schwergewicht der Absatzpolitik wird dementsprechend auf denjenigen Produktarten, Kundengruppen, Verkaufsbezirken etc. liegen, bei denen die **höchsten Deckungsbeiträge** erzielt werden. Umgekehrt werden Produktarten, Kundengruppen und Verkaufsbezirke, bei denen negative Deckungsbeiträge feststellbar sind, die ersten Ansatzpunkte für eine absatzpolitische Bereinigung sein.

Diese Betrachtung lässt allerdings die **zeitliche Komponente** außer acht. So ist es denkbar, dass ein Artikel oder ein Kunde, der heute noch schlechte Deckungsbeiträge erzielt, sich in den nächsten Geschäftsjahren positiv entwickelt. Umgekehrt ist es nicht auszuschließen, dass ein gutes Produkt durch einen starken Wettbewerb an Attraktivität verliert oder ein guter Kunde in der nächsten Zeit insolvent wird. Dasselbe gilt für bestimmte Verkaufsbezirke oder sonstige Hierarchieebenen. Dieser Überlegung liegt der Gedanke der **Produktlebenszyklusrechnung** zugrunde. Geht man davon aus, dass jedes Produkt nach einer Einführungsphase zunächst umsatz- und deckungsbeitragsmäßig stark wächst, um nach Erreichen des Maximums wieder abzufallen, dann ist es sinnvoll, zu jedem Zeitpunkt nicht nur „gutgehende" Produktarten, sondern auch solche im Programm zu haben, die noch am Anfang stehen. Dasselbe gilt auch für entwicklungsfähige Kunden und Bezirke etc. (vgl. Böckel, J.-J./Hoepfner, F.G.: Die Kostenrechnung, S. 3144).

Organisatorische Voraussetzungen

Die vorhergehenden Beispiele machen deutlich, dass sich der Aufbau einer mehrstufigen Deckungsbeitragsrechnung an den organisatorischen Gegebenheiten des Unternehmens, insbesondere der **Vertriebsabteilungen** orientieren muss. Eine so aufgebaute Fixkostendeckungsrechnung ist eine echte Entscheidungshilfe.

EDV-technische Voraussetzungen

„Die marktgängige **Standardsoftware** für Personal Computer erlaubt es, mit Hilfe relationaler Datenbanksysteme eine multidimensionale Deckungsbeitragsrechnung einzurichten, die so flexibel ist, dass der Anwender jeweils seine persönlichen Interessen bei der Auswertung einer Deckungsbeitragsrechnung walten lassen kann. So kann er nach Gutdünken in ad hoc gebildeten Bezugsgrößenhierarchien auf- und absteigen sowie Verknüpfungen herstellen, um die vertriebspolitische Information zu bekommen, die er gerade benötigt." (Plinke, W.: Industrielle Kostenrechnung für Ingenieure, S. 231) Die Problematik besteht lediglich darin, „daß die erforderlichen Erlös- und Kostendaten in der benötigten Detailliertheit überhaupt erfasst werden und daß der mit der Erfassung und Aufbereitung verbundene Arbeitsaufwand in einem gesunden Verhältnis zu den mit solchen Rechnungen erzielbaren Informationen steht." (Hieke, H.: Teilkosten- und Deckungsbeitragsrechnung, S. 81) Es gilt also auch hier wieder das **Wirtschaftlichkeitsprinzip**.

2.3.5 Beurteilung der mehrstufigen Deckungsbeitragrechnung

Die mehrstufige Deckungsbeitragsrechnung will durch eine stufenweise Abdeckung der Fixkosten bessere **Einblicke in die Erfolgsstruktur** des Unternehmens liefern. Es wird offengelegt, ob und inwieweit die einzelnen Produkte und Produktgruppen über die Deckung der durch sie verursachten Fixkosten hinaus noch zur Deckung der allgemeinen Unternehmensfixkosten sowie zur Gewinnerzielung beigetragen haben.

Die Vor- und Nachteile der mehrstufigen Deckungsbeitragsrechnung gegenüber der einstufigen Variante können wie folgt umschrieben werden:

Vorteile

☺ Das "**Gießkannenprinzip**" wird außer Kraft gesetzt. Gezielt lassen sich je nach Ebene detaillierte Deckungsbeiträge stufenweise ermitteln. Kein Programm subventioniert unwissentlich das Andere;

☺ Gegenüber der einstufigen Deckungsbeitragsrechnung lassen sich die **Nettogewinne für bestimmte Produktgruppen** ermitteln;

☺ Dient als Entscheidungsgrundlage zur **kurz- und mittelfristigen Preisbildung** (Preisober- und -untergrenzen);

☺ Da eine weitgehend verursachungsgerechte Fixkostenzurechnung erfolgt, kann die mehrstufige Deckungsbeitragsrechnung auch als Entscheidungsgrundlage zur **langfristigen Preispolitik** (Angebots- oder Vorkalkulation) dienen. Die einstufige Variante nahm den Marktpreis als feststehendes Datum. Sie war nicht in der Lage, einen Angebotspreis zu kalkulieren. Das ist aber gelegentlich erforderlich, weil beispielsweise für neuentwickelte Erzeugnisse keine Marktpreise vorliegen oder die Verwendung anderer Produktionsverfahren oder Materialien andere Angebotspreise bedingt.

☺ Dient als Entscheidungsgrundlage für die Ausgestaltung der **Produktionsprogramme** bei unterschiedlichen Beschäftigungslagen;

☺ Dient als Entscheidungsgrundlage für die Ausgestaltung der **Produktionsverfahren** bei Kapazitätsänderungen;

☺ Dient als Entscheidungsgrundlage für die **Auswahl desjenigen Vertriebsapparates**, der die relativ geringsten Kosten für bestimmte Produktgruppen verursacht;

☺ Dient als Entscheidungsgrundlage zwischen **Eigenfertigung und Fremdbezug**;

☺ Dient der **Überwachung der Fixkosten**, insbesondere der kurzfristig abbaubaren Fixkosten;

☺ Die stufenweise Verrechnung der Fixkosten kann auch für die Preisermittlung aufgrund von Selbstkosten – **LSP im Rahmen öffentlicher Aufträge** – angewandt werden. Die einstufige Verrechnung ist dagegen nicht in der Lage, den LSP-Bestimmungen zu genügen.

Mit der Fixkostendeckungsrechnung lassen sich somit die Ziele der Vollkostenrechnung und der Deckungsbeitragsrechnung erreichen. Sie kann als Versuch gewertet werden, Voll- und Teilkostenrechnungssysteme miteinander zu verbinden.

Nachteile

Allerdings ist die Fixkostendeckungsrechnung nicht ganz unumstritten.

- ☹ Schon aus den dargestellten Beispielen ist erkennbar, dass der mit dem Aufbau und der Durchführung der mehrstufigen Deckungsbeitragsrechnung verbundene **Arbeitsaufwand erheblich größer** ist als bei einer einstufigen Rechnung.
- ☹ Die Voraussetzung der **gleichartigen Gruppenbildung** ist in erster Linie für Unternehmen mit räumlich getrennten Betrieben bzw. Produktionsstätten mit eigenständigen Produktionsprogrammen gegeben. Betriebe mit vertikaler Produktionsstruktur sind für diese Rechnung schlechter geeignet als solche mit horizontalem Fertigungsverlauf (vgl. Michel, R./Torspecken, H.-D.: Neuere Formen der Kostenrechnung, S. 160 f.).
- ☹ Eine Fixkostendeckungsrechnung kann nur funktionieren, wenn entsprechende buchhalterische Voraussetzungen geschaffen werden. Die getrennte Erfassung der fixen Kosten bedingt eine darauf abgestellte **Beleggestaltung**, durch die eine Zurechnung des Fixkostenanteils zu bestimmten Produkten und Produktgruppen etc. gewährleistet ist.
- ☹ Auch die schichtenweise Verteilung der Fixkosten führt **nicht zu einer vollkommen verursachungsgerechten Zuordnung**. Gelegentlich ist eine Schlüsselung auf Basis von Durchschnittswerten notwendig, weil periodenbezogene Kosten auf Produktarten verrechnet werden müssen. Die auf diese Weise errechneten vollen Selbstkosten sind demnach eher fiktiver Art. Das Problem der „richtigen" Zurechnung der Fixkosten auf die einzelnen Produkte wird auch mit dieser Variante der Deckungsbeitragsrechnung nicht endgültig gelöst. Die gewonnenen Informationen sind entsprechend kritisch zu hinterfragen und vorsichtig zu interpretieren.
- ☹ Eine verursachungsgerechtere Zuordnung der Kostenarten allein schafft noch **keine qualifizierte Kostenkontrolle**, sondern bildet lediglich eine von mehreren Voraussetzungen dafür. Gegenüber anderen Kostenrechnungssystemen, z.B. der Grenzplankostenrechnung, weist die Fixkostendeckungsrechnung Schwächen in der Kostenkontrolle auf (vgl. Bramsemann, R.: Controlling, S. 86 f.).
- ☹ Die entscheidungsunterstützende Funktion der Fixkostendeckungsrechnung bedingt, dass die Fixkosten mittel- bis langfristig abbaubar sind. Diese **Abbaufähigkeit** ist jedoch insbesondere mittelfristig nur zum Teil gegeben.

2.4 Beurteilung und kritische Betrachtung der Deckungsbeitragsrechnung

Vorzüge der Deckungsbeitragsrechnung

Die Deckungsbeitragsrechnung ist **für die Wirtschaftspraxis besonders wertvoll**, weil durch sie die Kostenrechnung einfacher, schneller und informativer wird. Auf verhältnismäßig einfache Weise und mit beachtlicher Genauigkeit werden die **Auswirkungen unternehmerischer Entscheidungen** auf die Erfolgssituation des Unternehmens aufgezeigt. So lassen sich die kostenmäßigen Auswirkungen von Mengenänderungen im Produktionsprogramm relativ genau vorhersagen. Ist es zum Beispiel günstiger, 2.000 Farbeimer zu 100 € je Stück oder 3.000 Eimer zu 80 € je Stück zu verkaufen? Die Deckungsbeitragsrechnung zeigt sofort auf, welche der beiden Varianten die günstigste ist.

Als weiterer Vorteil der Deckungsbeitragsrechnung erweist sich ihre **Flexibilität**. Fast immer ist es möglich, die Deckungsbeitragsrechnung auf die speziellen Informationsbedarfe und Entscheidungsprobleme des Managements auszurichten.

Der Deckungsbeitragsrechnung gelingt es, insbesondere im Vertriebsbereich **transparente Kosten- und Erlösinformationen** zu liefern. Sie stellt die rechnerische Synthese zwischen Kosten und Erlösen her. Sowohl der Stück- als auch der Gesamtdeckungsbeitrag eines Artikels oder Kunden bringen dabei interessante Informationen.

Last not least wäre zu nennen, dass die Deckungsbeitragsrechnung die Anwender dazu „verführt", im Sinne der **Unternehmensziele** zu denken und zu handeln und stets im Auge zu behalten, wofür die Kosten aufgewandt werden. Das für die Unternehmung häufig schädliche Umsatzdenken im Vertriebsbereich wird durch ein zielbezogenes Deckungsbeitragsdenken abgelöst. Dieses sichert wiederum das langfristige Überleben gerade derjenigen mittelgroßen Betriebe, die besonders unter dem Angebotsdruck in konjunkturell schwierigen Zeiten zu leiden haben.

Kritikpunkte

Obwohl die Deckungsbeitragsrechnung gegenüber der traditionellen Kosten- und Leistungsrechnung auf Vollkostenbasis wesentliche Vorzüge aufweist, so sind dennoch einige kritische Anmerkungen gerechtfertigt:

☹ In der Deckungsbeitragsrechnung werden die variablen Kosten **mit proportionalen Kosten gleichgesetzt**. Das ist nicht immer richtig. So gibt es in der Praxis häufig Kosten, z.B. die Fertigungslöhne, die mit der Beschäftigung nur sprunghaft ansteigen oder fallen. Auch Mengenrabatte bleiben bei einer solchen Betrachtung oft unberücksichtigt.

☹ Bei der **Messung der „richtigen“ Beschäftigung** stößt man in praxi auf erhebliche Probleme.

☹ **Andere wichtige Kosteneinflussfaktoren** neben der Beschäftigung werden vernachlässigt. Andere wichtige Kosteneinflussfaktoren sind beispielsweise die Auftragsgröße oder die Produktqualität.

☹ Die **Kostenspaltung** erweist sich in der Praxis als **äußerst schwierig**. Oft werden Kosten als variabel ausgewiesen, die zumindest kurzfristig eher beschäftigungsunabhängig sind. Ein Beispiel hierfür sind wieder die Fertigungslöhne, die man allgemein als variabel einstuft, obwohl sie effektiv (auf kurze Sicht) zu den Fixkosten gehören, weil man die gesetzlichen Kündigungsfristen einhalten muss. Ferner wird vernachlässigt, dass keineswegs alle variablen Kosten Einzelkosten sind, denn auch variable Gemeinkosten müssen auf die Produkte verrechnet werden, was wiederum eine Gemeinkostenschlüsselung nach sich zieht.

☹ Die Entscheidung über die Annahme eines zusätzlichen Auftrages gilt nur für den **Fall der Unterbeschäftigung**, d.h., wenn noch freie Kapazitäten vorhanden sind. Bei Vollbeschäftigung versagt dieses Kalkulationsverfahren.

☹ Die fixen Kosten werden entweder als Block (in der einstufigen Deckungsbeitragsrechnung) oder auf der jeweiligen Ebene (in der mehrstufigen Variante) zugerechnet. Außer acht bleibt die **Abbaufähigkeit der Fixkosten**, d.h., es ist nicht erkennbar, wie schnell man über bestimmte beschäftigungsunabhängige Kosten disponieren kann. Aber gerade eine solche Information wäre für die Unternehmensleitung in manchen Situationen – insbesondere, wenn es um die Eliminierung eines Produktes oder einer Produktgruppe geht – besonders wertvoll.

☹ Neben den Kosten werden auch die Erlöse insbesondere die Nettoerlöse in die gleiche Rechnung einbezogen. In der Praxis ergeben sich gelegentlich Schwierigkeiten durch die nicht immer einfache Buchung von **Erlösschmälerungen** oder der dubiosen Außenstände.

Kontrollfragen und -aufgaben zu Kapitel 2

2/1. Gehören die Fertigungslöhne zu den fixen oder variablen Kosten?

2/2. Lars Locke war früher glückloser Friseur der Highsociety und der Möchte-gern-Promis. Wegen andauernder Schadenersatzforderungen der insbesondere weiblichen Kundschaft hat er sein Klientel aufgegeben und sich auf Vierbeiner spezialisiert. Als mal wieder eines Tages sein Stammkunde Graf von Merkwürden mit seinem adeligen Rauhaardackel „Runter von Sofa“ für eine Kurzhaarfrisur bei ihm reinschaute, jammerten Herr Locke und der Graf unisono über die ständig steigenden Kosten. Uneinig waren sich beide darüber, ob „variable Kosten“ das gleiche sind wie „proportionale Kosten“. Können Sie helfen? Worin bestehen die Unterschiede zwischen „variablen Kosten“ und „proportionalen Kosten“?

2/3. Skizzieren Sie mit wenigen Worten die Deckungsbeitragsrechnung!

2/4. Welche anderen Bezeichnungen für Deckungsbeitragsrechnung kennen Sie?

2/5. Was versteht man unter „Direct Costing“?

2/6. Woher kommt der Begriff „Marginal Costing“?

2/7. Was ist das Ziel der Deckungsbeitragsrechnung?

2/8. Was ist eine Kostenfunktion?

2/9. Was ist ein Fixkostenblock?

2/10. Grenzen Sie die Begriffe "Deckungsbeitrag" und "Gewinn" voneinander ab!

2/11. In der Literatur findet man häufiger den Begriff „Periodendeckungsbeitrag“. Was könnte damit gemeint sein?

2/12. Welche Konsequenzen ergeben sich aus einem negativen Deckungsbeitrag?

2/13. Welche Gründe gibt es, ein Produkt mit negativem Deckungsbeitrag uneingeschränkt weiter zu produzieren?

2/14. Kathrin Klunker ist Inhaberin eines renommierten Schmuckgeschäftes in Düsseldorf. Eines Tages erscheint bei ihr im Geschäft die Stammkundin Frau Gräfin Caroline von Reichhausen. Weil ihr Ehemann Ernst-August wieder einmal in der Öffentlichkeit unangenehm aufgefallen ist und dies von der Boulevardpresse auf der Titelseite rücksichtslos vermarktet wurde, ist die Gräfin von einem Frustkauf nicht abzubringen. Sie entscheidet, nicht eher nach Hause zu gehen bis 10.000 € auf den Kopf gehauen sind. Besonderes Interesse weckt bei ihr die Brosche „Liebesglück", die Frau Klunker in vier Preislagen und in ausreichenden Mengen vorrätig hat (in enger Anlehnung an Däumler, K.-D./Grabe, J.: Kostenrechnung 2, S. 27 f.):

Brosche	Preis	var. Stückkosten
A	10.000 €	9.000 €
B	5.000 €	4.400 €
C	1.000 €	800 €
D	500 €	350 €

Welche Broschen sollte Frau Klunker der Gräfin anbieten, wenn sie ihren Gewinn maximieren möchte? Frau Gräfin von Reichhausen ist durchaus nicht abgeneigt, einen oder mehrere Artikel gleich mehrfach zu kaufen.

2/15. Die Obelix GmbH & Co.KG erzielte im vergangenen Jahr mit der Herstellung und dem Verkauf von Hinkelsteinen bei 40 Mio.€ Umsatzerlöse einen Deckungsbeitrag von 55 % sowie einen Gewinn von 6 Mio.€. Um bei nicht ausgelasteter Kapazität den Umsatz zu steigern, wird vom Geschäftsführer Obelix eine Preissenkung um 15 % erwogen.

Geben Sie an, welche – auf volle T€ gerundete – Umsatzerlöse nach erfolgter Preissenkung zu einem gleich hohen Gewinn führen!

2/16. Was verstehen Betriebswirte unter einer Preisuntergrenze?

2/17. Kennzeichnen Sie die kostenorientierte kurzfristige Preisuntergrenze!

2/18. Ein Unternehmen aus Eichstätt fertigt drei Sorten Schulkreide. In der betrachteten Abrechnungsperiode werden folgende Mengen hergestellt und abgesetzt:

blaue Kreide: 6.500 Päckchen

lila Kreide: 1.300 Päckchen
weiße Kreide: 7.000 Päckchen

Werte in €	blaue Kreide	lila Kreide	weiße Kreide
Erlöse	26.000	13.000	21.000
Materialeinzelkosten	6.800	1.100	1.400
Fertigungslöhne	7.700	4.800	9.200
Vertriebskosten	1.700	2.500	1.800

Die Materialeinzelkosten, die Fertigungslöhne und die Vertriebskosten sind als variabel anzusehen. Die Fixkosten pro Periode betragen 10.000 €.

a) Wie hoch ist der Gewinn der betrachteten Periode?
b) Wie hoch sind die Stückdeckungsbeiträge der einzelnen Produkte?
c) Bis zu welchen Stückpreisen könnte das Unternehmen kurzfristig zurückgehen?

2/19. Was sind Mischkosten?

2/20. Bernhard Besserwisser ist Ihr Arbeitskollege und PC-Administrator in der EDV-Abteilung, die sich in den Räumen nebenan befindet. Bernhard hat zwar von allem, was nicht mit Informationstechnologie zu tun hat, keine Ahnung, was ihn aber nicht davon abhält, seine Meinung ständig ungefragt kundzutun. Kürzlich war er wieder einmal der Überzeugung, dass Kostenauflösungsverfahren dazu dienen, die Kosten im Unternehmen aufzulösen, also vollständig abzubauen. Was bedeutet Kostenauflösung tatsächlich?

2/21. Nennen und beschreiben Sie kurz die Verfahren der Kostenauflösung!

2/22. Beurteilen Sie, ob die folgenden Behauptungen richtig sind oder nicht! Kennzeichnen Sie das entsprechende Feld mit einem Kreuz! Es können mehrere Antworten richtig sein.

Zu den Methoden der Kostenauflösung in fixe und variable Kosten zählen die folgenden Verfahren:

Nr.	Behauptungen	richtig	falsch
1)	Grafische Verfahren,		

2)	Kleinste-Quadrate-Methode,		
3)	Anbauverfahren,		
4)	Mathematische Verfahren,		
5)	Iterationsverfahren,		
6)	Gesamtkostenverfahren,		
7)	Mathematisch-statistische Verfahren,		
8)	Simultanverfahren.		

2/23. Kennen Sie andere Bezeichnungen für die grafische Kostenauflösung?

2/24. Skizzieren Sie grob die grafische Kostenauflösung!

2/25. In der Kostenstelle Instandhaltung sind nachstehende Kosten (in Euro) für Kleinmaterialien angefallen:

Monat	Stunden	Kosten
Januar	430,00	3.860,00
Februar	440,00	3.890,00
März	500,00	4.300,00
April	460,00	4.190,00
Mai	420,00	3.740,00
Juni	360,00	3.420,00
Juli	410,00	3.630,00
August	455,00	4.110,00
September	480,00	4.290,00
Oktober	450,00	3.910,00
November	470,00	4.250,00
Dezember	320,00	3.280,00

Ermitteln Sie die variablen und fixen Kostenbestandteile für diese Kostenart nach der grafischen Methode!

2/26. Für das abgelaufene Jahr liegen dem Kostenrechner „Tino Tohuwabohu“ für die Kostenart Energie in der Kostenstelle 321 folgende Daten vor:

Monat	Beschäftigung in Stunden	Kosten in €
Januar	2.700	16.000,00
Februar	2.500	15.000,00
März	1.300	9.000,00
April	1.900	10.000,00
Mai	500	4.000,00

Juni	1.100	7.000,00
Juli	2.600	13.500,00
August	2.000	19.000,00
September	2.100	12.500,00
Oktober	1.500	8.500,00
November	3.500	19.000,00
Dezember	2.300	12.000,00

Im Monat Mai konnte wegen Instandsetzungsarbeiten nur an wenigen Tagen und im Monat November musste ausnahmsweise dreischichtig gearbeitet werden, um einen eiligen Auftrag durchzuziehen. Die normale Arbeitsweise ist zweischichtig. Im Monat August sind die Istkosten infolge eines Kontierungsfehlers besonders hoch gewesen.
Ermitteln Sie die Höhe der fixen und variablen Kosten mit Hilfe des grafischen Kostenauflösungsverfahrens!

2/27. Was bedeutet "Kostenremanenz"?

2/28. Nennen Sie Synonyme für das mathematische Verfahren der Kostenspaltung!

2/29. Skizzieren Sie kurz die mathematische Kostenauflösungsmethode!

2/30. Welchen Bedingungen müssen die beiden Wertepaare beim mathematischen Verfahren genügen?

2/31. Der türkische Gewürzhersteller „IZMIRÜBEL“ analysiert einmal im Jahr seine Kostenstruktur. In der vergangenen Periode wurden in der Kostenstelle 345 „Gewürzmischung“ unter anderem folgende repräsentative Werte für die Kosten und die Beschäftigung festgestellt:

Monat	Kosten in €/Monat	Beschäftigung in Stück
Februar	11.500 €	1.900 Päckchen
März	15.000 €	2.600 Päckchen

Wie hoch sind die variablen Kosten je Päckchen, die fixen Gesamtkosten und wie lautet die Kostenfunktion? Benutzen Sie zur Kostenauflösung die mathematische Methode!

2/32. Ein Unternehmen mit Sitz in Sachsen-Anhalt produziert Fernkopierer und verkauft diese an den Facheinzelhandel. Im Monat Juni wurden die Produktionskapazitäten zu 100 % ausgelastet, im Juli des gleichen Jahres verringerte sich die Auslastung auf 75 %. Die Faxgeräte wurden sofort, d.h. ohne Zwischenlagerung, verkauft. Für diese beiden Monate liegen aus dem internen Rechnungswesen folgende Daten vor:

	Juni	Juli
Produktionsmenge	10.000 Stück	7.500 Stück
Gesamtkosten	700.000 €	580.000 €

Die Geräte werden zu 90 € je Stück verkauft. Ermitteln Sie aufgrund der Angaben (proportionaler Kostenverlauf unterstellt)

a) die variablen und die fixen Gesamtkosten sowie die variablen und fixen Stückkosten nach dem mathematischen Verfahren,
b) den Gewinn und den Deckungsbeitrag in den Monaten Juni und Juli! Begründen Sie die Gewinnveränderung zwischen den beiden Monaten Juni und Juli!

2/33. Frau Milli Meter von der „Clever & Cool"-AG kennt für ein Erzeugnis, dessen Verkaufspreis bei 11 €/Stück liegt, die Gesamtkosten (K) bei folgenden Absatzmengen (x):

K1	=	25.000 €	x1	=	2.600 Stück
K2	=	18.000 €	x2	=	1.725 Stück

Die Daten beziehen sich auf die Monate März (K1, x1) und April (K2, x2). Die Aufgabenstellung von Frau Meter besteht nun darin

a) die variablen Stückkosten und die fixen Gesamtkosten nach der Differenzen-Quotienten-Methode zu ermitteln,
b) die mathematische Gleichung für den Gewinn aufzustellen und
c) aufzuzeigen, bei welcher Absatzmenge das Unternehmen in die Gewinnzone gelangt!

2/34. Praktikant Heinz Oberflächlich soll mit Hilfe der mathematischen Methode eine Kostenauflösung vornehmen. Aus dem großen Datenbestand für das vergangene Jahr hat er willkürlich folgende Werte ausgewählt.

Monat	Kosten in €/Monat	Beschäftigung in Stück
Juni	12.000 €	1.600 Stück
Dezember	10.000 €	2.000 Stück

Zu welchen variablen Kosten kommt Heinz Oberflächlich? Interpretieren Sie die Ergebnisse!

2/35. Beurteilen Sie, ob die folgenden Behauptungen richtig sind oder nicht! Kennzeichnen Sie das entsprechende Feld mit einem Kreuz! Es können mehrere Antworten richtig sein.

Fixe Kosten haben ein Reagibilitätsgrad von

Nr.	Behauptungen	richtig	falsch
1)	R = 0		
2)	R = 0,5		
3)	R = 1		
4)	R = 5		
5)	R = 10		

2/36. Beurteilen Sie, ob die folgenden Behauptungen richtig sind oder nicht! Kennzeichnen Sie das entsprechende Feld mit einem Kreuz! Es können mehrere Antworten richtig sein.

Bei einem Reagibilitätsgrad von $R < 1$

Nr.	Behauptungen	richtig	falsch
1)	sinken die durchschnittlichen Stückkosten mit steigender Beschäftigung.		
2)	steigen die durchschnittlichen Stückkosten mit steigender Beschäftigung.		
3)	sinken die durchschnittlichen Stückkosten mit fallender Beschäftigung.		

4)	steigen die durchschnittlichen Stückkosten mit fallender Beschäftigung.		
5)	bleiben die durchschnittlichen Stückkosten unabhängig von der Beschäftigung konstant.		

2/37. Errechnen Sie anhand der folgenden Daten den Reagibilitätsgrad und lösen Sie die Kosten für beide Perioden in variable und fixe Bestandteile auf!

	April	Mai
gesamte Kosten	40.000 €	42.000 €
Beschäftigung	240 Std.	270 Std.

2/38. Ihre irländische Freundin Miss. Raten bekommt in einem Vorstellungsgespräch folgende Aufgabe:

In einer Kostenstelle betragen für eine Kostenart die Plankosten beim Planbeschäftigungsgrad, der gleich 100 % gesetzt wird, 250.000 € und enthalten 200.000 € Fixkosten. Wie hoch ist der Variator für diese Kostenart?

Da Frau Raten diese Fragestellung nicht einmal ansatzweise beantworten konnte, werden Sie nach dem Vorstellungsgespräch um Hilfe gebeten.

2/39. Beschreiben Sie die Vorgehensweise bei der Methode der kleinsten Quadrate!

2/40. Warum werden bei der Methode der kleinsten Quadrate die Abweichungen quadriert?

2/41. Dr. Seltsam ist neuer Chefcontroller in einer mittelständischen Firma. Aus der Abteilung Kostenrechnung liegen ihm die folgenden Quartalsdaten für den Verbrauch an Maschinenöl vor:

Quartal	Verbrauch an Maschinenöl in Liter	Maschinenlaufstunden
1. Quartal	19	90
2. Quartal	39	380
3. Quartal	34	290
4. Quartal	22	210

Dr. Seltsam, ein angeblicher Experte in Statistik und Wirtschaftsmathematik, versucht nun den Zusammenhang zwischen Ölverbrauch und Maschinenlaufstunden mit Hilfe der Kleinste-Quadrate-Methode zu beschreiben. Nach mehreren vergeblichen Rechenversuchen werden Sie als Praktikant hinzugezogen. Ihre Aufgabenstellung lautet: Wie hoch sind die Fixkosten und die variablen Kosten pro Maschinenlaufstunde, wenn 1 Liter Maschinenöl 10 € kostet?

2/42. Für das abgelaufene Jahr liegen für die Kostenart Energie in einer Kostenstelle folgende Daten vor:

Monat	Beschäftigung in Stunden	Kosten in €
Januar	2.700	16.000,00
Februar	2.500	15.000,00
März	1.300	9.000,00
April	1.900	10.000,00
Mai	500	4.000,00
Juni	1.100	7.000,00
Juli	2.600	13.500,00
August	2.000	19.000,00
September	2.100	12.500,00
Oktober	1.500	8.500,00
November	3.500	19.000,00
Dezember	2.300	12.000,00

Im Monat Mai konnte wegen Instandsetzungsarbeiten nur an wenigen Tagen und im Monat November musste ausnahmsweise dreischichtig gearbeitet werden, um einen eiligen Auftrag durchzuziehen. Die normale Arbeitsweise ist zweischichtig. Im Monat August sind die Istkosten infolge eines Kontierungsfehlers besonders hoch gewesen.

Ermitteln Sie die Höhe der fixen und variablen Kosten mit Hilfe der Methode der kleinsten Quadrate!

2/43. Welche Aufgabe hat die Regressionsanalyse?

2/44. Welcher Unterschied besteht zwischen der Einfachregression und der Mehrfachregression?

2/45. Welche anderen Bezeichnungen für analytische Verfahren der Kostenauflösung kennen Sie?

2/46. Wodurch ist die analytische Kostenauflösung gekennzeichnet?

2/47. Welche Aspekte sind bei der Wahl eines Kostenauflösungsverfahrens zu beachten?

2/48. Ein Betrieb aus Ostthüringen ermittelt bei einem Beschäftigungsgrad von 80 % einen auf die (proportionalen) Einzelkosten bezogenen Kalkulationssatz von 130 %. Die Gemeinkosten sind teils fixe, teils variable Kosten. Beurteilen Sie, ob die folgenden Behauptungen richtig sind oder nicht! Kennzeichnen Sie das entsprechende Feld mit einem Kreuz! Es können mehrere Antworten richtig sein. (Frage entnommen aus: Wöhe, G./Kaiser, H./Döring, U.: Übungsbuch zur Einführung in die Allgemeine Betriebswirtschaftslehre, S. 583)

Nr.	Behauptungen	richtig	falsch
1)	Bei einer Änderung des Beschäftigungsgrades führt die Verrechnung eines Gemeinkostenzuschlages zu Kostenüber- bzw. Kostenunterdeckungen.		
2)	Wenn in den Gemeinkosten nur variable Kosten enthalten wären, käme es bei Anwendung eines Kalkulationssatzes von 130 % auch bei Beschäftigungsänderungen nicht zu Kostenüber- oder Kostenunterdeckungen.		
3)	Im Falle eines Beschäftigungsrückganges können Kostenunterdeckungen nur vermieden werden, wenn der Kalkulationssatz erhöht wird.		
4)	Eine Kostenüberdeckung führt zwangsläufig zu höheren Absatzpreisen und somit zu einem höheren Gewinn.		

2/49. In der „Hinz & Kunz“-KG hat die Betriebsbuchhaltung für den Abrechnungsmonat Mai die Verteilung der Gemeinkosten im BAB bereits vorgenommen. Es wurden folgende Daten ermittelt (vgl. auch Däumler, K.-D./Grabe, J.: Kostenrechnung I, S. 245 f.):

Umsatzerlöse	680.000 €
Bestandsveränderungen	0 €

Materialeinzelkosten	240.000 €
Fertigungseinzelkosten	120.000 €
Sondereinzelkosten des Vertriebs	7.800 €

BAB	Mat.			Fert.			Verw.			Vertr.		
(in T€)	fix	var	Σ	fix	var	Σ	fix	var	Σ	fix	var	Σ
Σ GK	25	12	37	70	72	142	65	0	65	34	22,2	56,2

Bestimmen Sie für den Monat Mai

a) die variablen Gesamtkosten,
b) die Gemeinkostenzuschlagssätze und
c) das Betriebsergebnis

auf Basis einer Teilkostenrechnung!

2/50. In einer Ziegelei werden drei Sorten Klinker zu Selbstkosten von insgesamt 1.378.000 € hergestellt. Darin sind fixe Kosten in Höhe von 120.000 € enthalten; sie sollen zu je einem Drittel auf die Produkte A, B und C verteilt werden. Die variablen Kosten sollen mit Hilfe von Äquivalenzziffern verteilt werden. Die Äquivalenzziffer ist bei Sorte C dreimal so hoch wie bei Sorte B und halb so hoch wie bei Sorte A. Die Produktionsmengen je Sorte betragen bei Sorte A 500.000 Stück, bei B 800.000 Stück und bei C 1.200.000 Stück.

Berechnen Sie mit Hilfe der Äquivalenzziffernrechnung die variablen Stückkosten je Sorte, die variablen Gesamtkosten je Sorte und die Gesamtkosten je Sorte einschließlich der Fixkosten!

2/51. In welcher Weise kann die Deckungsbeitragsrechnung zur Entscheidungsfindung beitragen?

2/52. Was sind betriebliche „Engpässe"?

2/53. Ein Hersteller verkauft im Monatsdurchschnitt 5.625 Toaster über den Facheinzelhandel zum Stückpreis von 69 €. Bei fixen Kosten von 91.200 € pro Monat ist damit die vorhandene Kapazität zu 75 % ausgelastet. Unerwartet bietet ein Großversandhaus einen längerfristigen Zusatzauftrag zum Preis von 65 € je Toaster an.

a) Wie hoch muss der Zusatzauftrag pro Monat sein, wenn bei variablen Stückkosten von 53 €/Stück ein Gesamtgewinn von 7.800 € pro Monat erzielt werden soll?
b) Zu wie viel Prozent ist die Kapazität ausgelastet, wenn der Zusatzauftrag in der oben berechneten Höhe angenommen wird?
c) Mit welchen Gefahren ist die Annahme des Zusatzauftrages für den Hersteller verbunden?

2/54. Die Betriebsleiterin Tina Tüchtig von den Hüttenwerken Anröchte hat am Beginn des Wirtschaftsjahres zur Instandhaltung der Werkshalle von der Geschäftsführung ein Budget von 45.000 € zugesichert bekommen. Sie hat mit diesen Mitteln sparsam gewirtschaftet, so dass sie kurz vor Jahresende erst 30.000 € ausgegeben hat. Frau Tüchtig beschließt daraufhin, die Fassade der Werkshalle für den Restbetrag renovieren zu lassen und bietet dem Malerbetrieb "Flinker Pinsel"-GmbH den Auftrag an.

Der Auftrag kommt der "Flinker Pinsel"-GmbH gerade recht, da sie seit Wochen an chronischem Auftragsmangel leidet. Man ist also an dem Auftrag sehr interessiert, überlegt sich aber, ob der Preis von 15.000 € akzeptabel ist. Für den Auftrag werden nämlich zwei Wochen lang der Meister Franz Fleißig mit 4.500 € Monatsgehalt und die beiden indischen Auszubildenden Dalai und Lama für ebenfalls zwei Wochen mit je 500 € Vergütung pro Monat und Person benötigt. An Arbeitsmaterial fallen ferner noch ca. 8.250 € an. Die ebenfalls notwendigen Glaserarbeiten kann die "Flinker Pinsel"-GmbH nicht selbst durchführen. Sie müssen extern für weitere 5.000 € zugekauft werden.

Entscheiden Sie über die Annahme oder Ablehnung des Auftrages! Sie können bei Ihren Berechnungen vereinfachend davon ausgehen, dass der Monat vier Wochen hat.

2/55. Der Uhrenhersteller „Quatsch“-KG produziert im Monat Juli 5.000 Uhren einer Sorte ausschließlich für den Einzelhandel. Der Verkaufspreis dieser Sorte beträgt 96 € je Uhr. Die Kapazitätsgrenze liegt bei 8.500 Uhren pro Monat. Eine Handelskette garantiert der „Quatsch“-KG für ein Jahr eine Abnahme von 3.500 Uhren pro Monat zu einem Preis von 63 €. Der Uhrenhersteller rechnet durch diesen Zusatzauftrag aufgrund der Seriengröße mit einer Kosteneinsparung von 11 € je Uhr gegenüber der bisherigen

Fertigung. Die Kosteneinsparung gilt also nicht für die gesamte Uhrenproduktion, sondern nur für den zusätzlichen Auftrag. (In Anlehnung an Däumler, K.-D./Grabe, J.: Kostenrechnung I, S. 127)

a) Die „Quatsch"-KG wendet eine Vollkostenrechnung an. Sie ermittelt für die Normalproduktion von 5.000 Uhren 400.000 € Gesamtkosten pro Monat.
   aa) Reicht der Preis des Zusatzauftrages aus, die gesamten Stückkosten des Zusatzauftrages zu decken?
   ab) Nimmt der Vollkostenrechner den Zusatzauftrag an?
   ac) Wie hoch ist der Betriebserfolg im Juli nach seiner Entscheidung?
b) Wie wird sich der Uhrenhersteller in Bezug auf den Zusatzauftrag entscheiden, wenn er eine Teilkostenrechnung zur Verfügung hat und feststellt, dass die unter a) genannten Gesamtkosten in Höhe von 400.000 € 150.000 € Fixkosten enthalten? Wie hoch ist dann der Betriebserfolg im Juli?

2/56. Der Uhrenhersteller „Quatsch"-KG produziert im Monat Juli 10.000 Uhren einer Sorte ausschließlich für den Einzelhandel. Der Verkaufspreis dieser Sorte beträgt 90 € je Uhr. Die Kapazitätsgrenze liegt bei 12.000 Uhren pro Monat. Eine Handelskette garantiert der „Quatsch"-KG für ein Jahr eine Abnahme von 2.000 Uhren pro Monat zu einem Preis von 55 €. Der Uhrenhersteller rechnet durch diesen Zusatzauftrag aufgrund der Seriengröße mit einer Kosteneinsparung von 5 € je Uhr gegenüber der bisherigen Fertigung. Die Kosteneinsparung gilt für die gesamte Uhrenproduktion und nicht nur für den zusätzlichen Auftrag. (In Anlehnung an Däumler, K.-D./Grabe, J.: Kostenrechnung I, S. 127)

a) Die „Quatsch"-KG wendet eine Vollkostenrechnung an. Sie ermittelt für die Normalproduktion von 10.000 Uhren 700.000 € Gesamtkosten pro Monat.
   aa) Reicht der Preis des Zusatzauftrages aus, die gesamten Stückkosten zu decken?
   ab) Nimmt der Vollkostenrechner den Zusatzauftrag an?
   ac) Wie hoch ist der Betriebserfolg im Juli nach seiner Entscheidung?
b) Wie wird sich der Uhrenhersteller in Bezug auf den Zusatzauftrag entscheiden, wenn er eine Teilkostenrechnung zur Verfügung hat und feststellt, dass die unter a) genannten Gesamtkosten in Höhe von 700.000 € 300.000 € Fixkosten enthalten? Wie hoch ist dann der Betriebserfolg im Juli?

2/57. Der Unternehmer „Goldfinger" stellt ein Produkt zu variablen Stückkosten in Höhe von 10 € bei einem Absatzpreis von 13 € her. Die Fixkosten betragen pro

Periode 180.000 €. Die Produktionskapazität beträgt 100.000 Stück bei einer gegenwärtigen effektiven Auslastung (inkl. eines noch nicht zugesagten Auftrages) von 90 %. Ein Großabnehmer ist bereit, weitere 12.000 Stück abzunehmen, wenn das Unternehmen einen Preis von 11 € akzeptiert. Die Durchsicht der Auftragsbücher zeigt, dass ein bestehender Auftrag mit 2.000 Stück für 13 € noch nicht verbindlich zugesagt wurde.
Wie würden Sie entscheiden, wenn die Aufträge nicht teilbar sind?

2/58. Warum kann die Vollkostenrechnung im Rahmen der Produktionsprogrammplanung zu falschen Ergebnissen führen?

2/59. Wie ist im Mehrproduktunternehmen zu verfahren, wenn in der Produktion eine Maschine ausfällt und dadurch eine Engpasssituation auftritt?

2/60. Einem Kleinbetrieb liegen mehrere nicht aufschiebbare Kundenaufträge vor, die insgesamt die Produktionskapazität überschreiten.

a) Anhand welcher Größe ist festzustellen, welcher Auftrag Vorrang haben sollte?
b) Bei welcher Preishöhe kann ein Auftrag ohne nähere Untersuchung abgelehnt werden?
c) Unter welchen Voraussetzungen lohnt es sich, die eigene Produktionskapazität zu erweitern?

2/61. Die schreckliche und ebenso geheimnisvolle Geschäftsführerin Madame Medousa der „Medousa“-KG hat die Möglichkeit, in einer Periode entweder 1.000 Stück von Produkt A und 2.000 Stück von Produkt B oder 1.600 Stück von A und 1.500 Stück von B zu fertigen. Die Verkaufspreise betragen 100 € für A und 150 € für B, die variablen Kosten 80 € für A und 120 € für B. Die fixen Kosten belaufen sich auf 60.000 €. Welches Produktionsprogramm ist für Frau Medousa optimal?

2/62. Die Kostenträgerzeitrechnung des Fruchtsaftherstellers „Frisch & Fruchtig“ zeigt für den abgelaufenen Monat Mai bei den drei im Sortiment befindlichen Getränkesorten folgendes Bild (Werte in €):

Kostenarten	O-Saft	Z-Saft	A-Saft	Gesamt
Fertigungsmaterial	80.000	50.000	20.000	150.000
Materialgemeinkosten	8.000	5.000	2.000	15.000
Fertigungslöhne	70.000	40.000	30.000	140.000
Fertigungsgemeinko.	105.000	60.000	45.000	210.000
Herstellkosten	263.000	155.000	97.000	515.000
Verwaltungsgemeinko.	13.150	7.750	4.850	25.750
Vertriebsgemeinkosten	39.450	23.250	14.550	77.250
Selbstkosten	315.600	186.000	116.400	618.000
Nettoerlöse	374.600	246.000	87.400	708.000
Gewinn	59.000	60.000	- 29.000	90.000

Aufgrund der Informationen schlägt die Geschäftsführung der „Frisch & Fruchtig" vor, die Produktion von A-Saft einzustellen. Begründung: Das negative Ergebnis hat das Gesamtergebnis ungünstig beeinflusst. Ohne A-Saft wäre ein Gesamtgewinn von 119.000 € erzielt worden.

Ist die Entscheidung, den Verlustartikel aus dem Programm zu nehmen, bei Anwendung der Deckungsbeitragsrechnung richtig? Sie können bei Ihrer Entscheidung davon ausgehen, dass die Einzelkosten sowie die Vertriebsgemeinkosten als variabel anzusehen sind. Die übrigen Gemeinkosten stellen fixe Kosten dar. Belegen Sie Ihre Entscheidung mit Zahlen! Erstellen Sie die Kostenträgerzeitrechnung auf Teilkostenbasis!

2/63. Ein Hersteller von Rasendünger hat in seinem Programm ein Produkt namens „Immergrün", dessen Verkaufspreis in den letzten Monaten trotz aller Verkaufsanstrengungen auf 300 €/t und dessen Absatzmenge im gleichen Zeitraum auf nur noch 800 t pro Monat gesunken ist. Die Absatzprognose des Marketingleiters Olaf Optimist deutet jedoch auf eine spürbare Verbesserung der Absatzchancen in genau zwölf Monaten hin, die unter Umständen auch zu einer Preiserhöhung genutzt werden können. Da die variablen Kosten für „Immergrün" mit 280 €/t nur knapp unter dem zur Zeit erzielbaren Marktpreis liegen, erwägt die Unternehmensleitung, die Herstellung von „Immergrün" für genau ein Jahr auszusetzen. Nach Berechnungen des Kostenrechners Fritz Fleißig könnte für den Zeitraum der Produktionseinstellung die Hälfte der Fixkosten – die gesamten Fixkosten betragen 40.000 € pro Monat – eingespart werden. Allerdings ist zu beachten, dass bei Wiederaufnahme der Produktion im nächsten Jahr zusätzliche einmalige Kosten in Höhe von 18.000 € anfallen werden.

Soll die Unternehmung eine vorübergehende Produktionseinstellung vornehmen? Wie hoch müsste eine sofortige Preiserhöhung (ohne Absatzmengenrückgang) mindestens sein, damit es vorteilhafter wird, auf die Produktionseinstellung zu verzichten?

2/64. Ein Industriebetrieb aus Rheinland-Pfalz verfügt über eine Maschinenkapazität von 450 Stunden pro Monat. Für den nächsten Monat liegen nachstehende teilbare Aufträge vor:

Auftrag	Kapazitätsbelastung	Deckungsbeitrag
I	60 Stunden	1.500 €
II	400 Stunden	12.000 €
III	80 Stunden	16.800 €
IV	180 Stunden	18.000 €
V	120 Stunden	24.000 €
VI	40 Stunden	16.000 €

Ermitteln Sie, in welcher Reihenfolge die Aufträge abgearbeitet werden sollten und wie die Gesamtkapazität auf die einzelnen Aufträge aufgeteilt wird!

2/65. Ihnen liegen aus der Betriebsbuchhaltung der „Student"-GmbH die folgenden Informationen vor:

Produktarten	A	B	C	D	effektive Kapazität der Stelle je Periode
Nettoerlöse pro Stück	100 €	90 €	70 €	80 €	
variable Kosten pro Stück	60 €	50 €	60 €	60€	
absetzbare Menge in Stück	2.000	3.000	1.000	4.000	
Beanspruchung der Stellen:					
Fertigungsstelle I	6 h	7 h	9 h	3 h	54.000 h
Fertigungsstelle II	4 h	3 h	8 h	2 h	25.000 h
Fertigungsstelle III	2 h	1 h	7 h	1 h	19.000 h

Die Fixkosten betragen 90.000 €.

Bestimmen Sie das optimale Produktionsprogramm und errechnen Sie das Periodenergebnis, das bei diesem Programm realisiert wird!

2/66. Die international tätige „Heraklit"-AG stellt vier artverwandte Rasenmäher I, II, III und IV her, für die folgende Fertigungszeiten ermittelt wurden:

Rasenmäher I	0,2 Stunden je Stück
Rasenmäher II	0,2 Stunden je Stück
Rasenmäher III	0,8 Stunden je Stück
Rasenmäher IV	0,4 Stunden je Stück

Die gesamten Fixkosten der Abrechnungsperiode betragen 444.000 €. An weiteren Angaben liegen vor:

Artikel	produzierte und abgesetzte Menge	Verkaufspreis in € je Stück	variable Kosten in € je Stück
I	12.000	82,-	57,-
II	6.000	120,-	106,-
III	3.000	78,-	28,-
IV	5.000	65,-	43,-

a) Ermitteln Sie den Betriebsgewinn der Periode nach der Deckungsbeitragsrechnung!

b) Bestimmen Sie die Rangfolge der Produktion für die vier Produkte, wenn kein Engpass vorliegt!

c) Bei welchem Preis liegt die jeweilige absolute (kurzfristige) Preisuntergrenze der vier Produkte? Begründen Sie kurz Ihre Aussage!

d) Bestimmen Sie das optimale Produktionsprogramm unter Berücksichtigung der Tatsache, dass insgesamt in der Abrechnungsperiode 5.000 Fertigungsstunden zur Verfügung stehen! Die Absatzmengen können aufgrund der Marktlage nicht gesteigert werden.

e) Das Unternehmen könnte einen Zusatzauftrag für einen weiteren Rasenmäher V erhalten. Folgende Daten sind bekannt:

Auftragsmenge	4.000 Stück
Verkaufspreis	104,00 €/Stück
variable Stückkosten	71,50 €/Stück
Fertigungszeit	0,5 Stunden je Stück

Erklären Sie rechnerisch, weshalb dieser Auftrag unter Berücksichtigung des bestehenden Engpasses angenommen werden sollte und wie sich dadurch das optimale Produktionsprogramm stückzahlenmäßig verändert!

2/67. (Text und Aufgabenstellung in enger Anlehnung an Bitz, M.: Übungen in Betriebswirtschaftslehre, S. 57)

Die "Fusel"-GmbH aus Flensburg verarbeitet reinen Alkohol zu den Schnapsmarken "Dröhnung Light" (D), "Kopfweh" (K) und "Schwiegermuttermörder" (S). Von der staatlichen Monopolstelle kann die "Fusel"-GmbH im betrachteten Planungsmonat höchstens 19.200 l Alkohol beziehen.

Die variablen Kosten pro Flasche (1 l) verstehen sich einschließlich des Alkoholbedarfs, bewertet mit dem Normalpreis. Das Unternehmen arbeitet mit konstanten Fertigungskosten pro Flasche. Die je Monat eingekaufte Alkoholmenge wird im gleichen Zeitraum verarbeitet und verkauft. Angestrebt wird das für den Entscheidungsmonat gewinnmaximale Fertigungsprogramm. Andere Restriktionen als die genannten werden nicht wirksam. Folgende Daten sind bekannt:

	D	K	S
variable Kosten pro Flasche	11 €	12 €	6 €
Absatzpreis pro Flasche	16 €	14 €	13,8 €
Alkoholbedarf pro Flasche	0,8 l	0,4 l	0,6 l
Absatzhöchstmengen pro Monat	16.000 Fl.	18.000 Fl.	14.000 Fl.

Welche Produktionsentscheidungen würden Sie treffen?

2/68. Ein Serienfertiger produziert die drei Produkte A, B und C, die während der Bearbeitung die Fertigungsstellen I und II durchlaufen und diese zeitlich unterschiedlich beanspruchen. Bestandsveränderungen sind nicht zu berücksichtigen. Dem Produktionscontroller liegen für die Abrechungsperiode folgende Daten vor:

	Produkt A	Produkt B	Produkt C
Produktion und Absatz	1.000 Stück	2.000 Stück	3.000 Stück
Verkaufspreis pro Stück	39,35 €	38,50 €	37,65 €

Inanspruchnahme in Std./Stück:			
Fertigung I	1,2 h/Stück	1,5 h/Stück	2,2 h/Stück
Fertigung II	3,3 h/Stück	1,4 h/Stück	1,7 h/Stück
Verbrauch von Fertigungsmaterial	3,00 €/Stück	4,00 €/Stück	5,00 €/Stück
Fertigungslöhne in Fertigung I	8,00 €/Stück	7,00 €/Stück	6,00 €/Stück
Fertigungslöhne in Fertigung II	10,00 €/Stück	9,00 €/Stück	8,00 €/Stück
Gesamtkapazität in Stunden:			
Fertigung I	10.000 h		
Fertigung II	11.200 h		

In der Abrechnungsperiode fielen zudem folgende Kosten an:

Fertigungsmaterial	20.000 €
Materialgemeinkosten	3.000 €, davon 1.000 € variabel
Fertigungslöhne I	30.000 €
Fertigungsgemeinkosten I	30.000 €, davon 12.000 € variabel
Fertigungslöhne II	50.000 €
Fertigungsgemeinkosten II	40.000 €, davon 25.000 € variabel
Verwaltung und Vertrieb	10.000 €

a) Zeigen Sie auf, wo der Engpass in der Fertigung liegt!

b) Errechnen Sie den gesamten Deckungsbeitrag der Periode für das optimale Produktionsprogramm!

c) Kann die Firma die Gewinnschwelle erreichen, wenn die Produktion des Produktes C ersatzlos gestrichen werden muss, weil der Hauptabnehmer zahlungsunfähig geworden ist?

d) Wie groß müsste das Auftragsvolumen in Stück von Produkt C sein, damit die Firma die Gewinnschwelle erreicht?

2/69. Womit befasst sich die lineare Programmierung?

2/70. Unter welchen Voraussetzungen ist die lineare Programmierung möglich?

2/71. Ein Produzent von Taschenrechnern stellt zwei Taschenrechner "Logik I" und "Logik II" her, die den Einsatz von drei Maschinen M1, M2 und M3 erforderlich machen. Die benötigten Maschinenzeiten pro Taschenrechner und der zur Verfügung stehende Maschinenzeitfonds sind aus der nachstehenden Tabelle zu entnehmen:

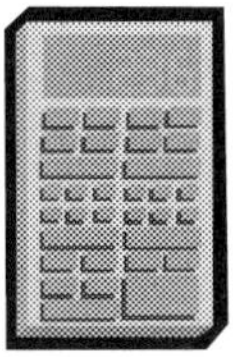

Maschine	Logik I	Logik II	Zeitfonds
M1	4 Min.	12 Min.	720 Min.
M2	8 Min.	8 Min.	640 Min.
M3	15 Min.	5 Min.	900 Min.

(Zahlen entnommen aus: Vogt, K.-D.: Mathematik-Repetitorium, S. 90 f.)

Taschenrechner "Logik I" erzielt einen Deckungsbeitrag von 30 €/Stück, Taschenrechner "Logik II" einen Deckungsbeitrag von 45 €/Stück.

Es soll diejenige Stückzahl x von "Logik I" und y von "Logik II" produziert werden, die den Deckungsbeitrag maximiert. Lösen Sie das Optimierungsproblem grafisch!

2/72. Die „Kurzschluss"-AG stellt Fernsehgeräte (x) und Rundfunkgeräte (y) her. Bei der derzeitigen Marktlage kann sie für die Fernsehgeräte einen Deckungsbeitrag in Höhe von 120 € und für die Rundfunkgeräte einen Deckungsbeitrag von 90 € erzielen. Bei der Monatsproduktion muss allerdings einiges beachtet werden:

a) Die Gehäuseabteilung kann insgesamt höchstens 1.000 Gehäuse beider Erzeugnisse herstellen.
b) Die Fernsehgeräte-Montageabteilung kann höchstens 600 Geräte montieren.
c) Das Maximum der Rundfunkapparate-Montageabteilung liegt bei 800 Geräten.
d) Die Kostenstelle für elektrische Installation kann höchstens 800 Fernsehapparate oder maximal 1.200 Rundfunkgeräte fertigstellen.
e) Wegen abgeschlossener Lieferverträge darf die Anzahl der Rundfunkgeräte um höchstens 600 über der der Fernseher liegen.

(Zahlen entnommen aus: Brauner, R./Jung, W.: Mathematik, S. 346 ff.)

Wie viel Fernseh- und Rundfunkgeräte müssen von der „Kurzschluss"-AG hergestellt werden, so dass einerseits den einschränkenden Bedingungen Rechnung getragen wird und andererseits die Produktion optimal, d.h. der Deckungsbeitrag maximal ist? Lösen Sie das Optimierungsproblem grafisch!

2/73. Ein Zweigbetrieb des expandierenden mittelständischen Bestattungskonzerns „Trauer Haus" aus Sensenhausen fertigt nur zwei Särge namens „Erfüllung" (x_1) und „Himmlische Ruhe" (x_2). Die vorgeschnittenen Buchenholzplatten werden jeweils in drei aufeinanderfolgenden Betriebsabteilungen i = 1, 2 und 3 bearbeitet. Die für einen Planungsmonat verfügbaren Kapazitäten betragen (in enger Anlehnung an Bitz, M.: Übungen in Betriebswirtschaftslehre, S. 58 und S. 82 ff.):

- in Abteilung 1 b_1 = 500 Std./Monat
- in Abteilung 2 b_2 = 1.200 Std./Monat
- in Abteilung 3 b_3 = 950 Std./Monat

Zur Produktion eines Sarges werden im Einzelnen folgende Bearbeitungszeiten a_{ij} benötigt:

	Abteilung 1	Abteilung 2	Abteilung 3
„Erfüllung" (x_1)	2 Std./Stück	5 Std./Stück	2 Std./Stück
„Himmlische Ruhe" (x_2)	2 Std./Stück	4 Std./Stück	5 Std./Stück

Die variablen Kostensätze g_i für eine Werkstattstunde betragen:

- in Abteilung 1 20 €/Std.
- in Abteilung 2 50 €/Std.
- in Abteilung 3 30 €/Std.

Die sonstigen variablen Kosten (Einsatzmaterial, Energie etc.) f_j betragen:

- pro „Erfüllung" 70 €/ Stück
- pro „Himmlische Ruhe" 80 €/ Stück

Das Zweigwerk liefert die monatliche Produktion zu fest vorgegebenen Preisen von p_1 = 450 € pro „Erfüllung" und p_2 = 560 € pro „Himmlische Ruhe" an eine konzerneigene Vertriebsgesellschaft. Der Leiter des Zweigwerkes, Herr Zombi, ist von der Konzernleitung angewiesen worden, pro Monat von „Erfüllung" maximal 200 Stück und von „Himmlische Ruhe" maximal 180 Stück zu produzieren. Innerhalb dieses Rahmens soll er, den technischen Möglichkeiten des Zweigwerkes entsprechend, das Sargsortiment so zusammenstellen, dass sich für das Zweigwerk ein maximaler Deckungsbeitrag pro Monat ergibt.

a) Formulieren Sie das lineare Programm zur Ermittlung des optimalen Produktionssortiments!
b) Ermitteln Sie anhand einer Grafik das optimale Sortiment und den zugehörigen Deckungsbeitrag!
c) Ermitteln Sie das optimale Sortiment nach der Simplex-Methode!

2/74. Der Haushaltsgerätehersteller „Scheuer & Milch" bietet als Kleinzubehör vier Produkte an. Dem Controlling liegen aus dem internen Rechnungswesen folgende Daten vor:

(Werte in €) Produkte	Preis pro Stück	variable Stückkosten	gesamte Fixkosten	Absatzmenge in Stück
1	32	20	6.000	1.500
2	21	17	1.500	400
3	15	8,50	2.450	350
4	56	62	800	80

a) Ermitteln Sie die Absatzprogramme auf der Grundlage von Voll- und Teilkosten! Begründen Sie, welches Auswahlkriterium zur optimalen Entscheidung führt!
b) Wie verändert sich das in a) ermittelte optimale Produktionsprogramm, wenn bei Eliminierung von Produkt 4 der Absatz von Produkt 1 um 4 % sinkt und der Preis von Produkt 3 auf 14 € gesenkt werden muss, um den Absatz zu halten? Ergibt sich ein neues optimales Produktionsprogramm?
c) Der Vorarbeiter Peter Fleißig weist – zusätzlich zu den in Teilaufgabe b) genannten Aspekten – auf einen Engpass in der Mechanik hin. Alle vier Produkte werden auf der gleichen Maschine hergestellt, die lediglich eine Kapazität von

10.000 Min. hat. Zur Erstellung der einzelnen Produkte benötigt die Maschine die folgenden Zeiten:

Produkt 1	6,0 Min./Stück
Produkt 2	1,0 Min./Stück
Produkt 3	0,5 Min./Stück
Produkt 4	20,0 Min./Stück

Ermitteln Sie unter Berücksichtigung der Verbundeffekte das optimale Absatzprogramm und die Maschinenbelegungszeit! Sie können davon ausgehen, dass es sich um nicht teilbare Aufträge handelt.

2/75. Die „Küchenhilfe"-GmbH aus Kempten stellt Haushaltsgeräte her und hat zur Optimierung des Einkaufs den selbstständigen Unternehmensberater Ignaz Tropez engagiert. Da die Produktion von Eierkochern einen nicht unerheblichen Anteil an der Kostenstruktur ausmacht, wird dieses Sortiment von Herr Tropez zuerst analysiert. Er steht nun vor der Frage, ob der Eierkocher „Weichei" selbst oder fremdgefertigt werden soll. Dabei geht es nicht nur um eine kurzfristige, sondern auch um eine langfristige Betrachtung. Die Kalkulation des Eierkochers „Weichei" hat bei Eigenfertigung folgendes Aussehen:

Fertigungsmaterial	5,00 €
Materialgemeinkosten	1,00 € (davon 50 % fix)
Fertigungslohn	4,00 €
Fertigungsgemeinkosten	3,00 € (davon 70 % fix)
Verwaltungsgemeinkosten	1,50 € (davon 90 % fix)
Vertriebsgemeinkosten	2,00 € (davon 80 % fix)

Selbstkosten	16,50 €

Ein kleiner, bereits bis an die Schmerzgrenze gedrückter Lieferant bietet der „Küchenhilfe"-GmbH einen ähnlichen, aber funktionsgleichen Eierkocher zum Preis von 12,20 € pro Stück an. Welchen Rat würden Sie Herrn Ignaz Tropez geben, wenn

a) eigene Produktionskapazitäten ausreichend vorhanden sind,
b) Produktionskapazitäten durch Investitionen erst noch geschaffen werden müssten?

2/76. Ein Industrieunternehmen aus Bocholt fertigt die beiden exklusiven Kinderwagenmodelle „Single“ und „Duo“ für den europäischen Markt. Aus dem internen Rechnungswesen liegen folgende Plandaten vor:

Plandaten	Single	Duo
Kosten für Fertigungsmaterial	40 €	70 €
Fertigungslöhne	30 €	40 €
Verkaufspreise	150 €	220 €
Produktions- und Absatzmenge	1.000 Stück	3.000 Stück

Als Fixkosten werden 80.000 € eingeplant. Das Unternehmen arbeitet mit folgenden variablen Gemeinkostenzuschlagssätzen:

Unternehmensbereiche	Zuschläge
Materialbereich	30 %
Fertigungsbereich	50 %
Verwaltung	20 %
Vertriebsbereich	10 %

Wie groß sind die geplanten Stückdeckungsbeiträge der beiden Produktarten „Single“ und „Duo“? Erstellen Sie die Betriebsergebnisrechnung nach dem Umsatzkostenverfahren (UKV)!

2/77. In einem Industriebetrieb werden drei Erzeugnisse unter folgenden Bedingungen produziert:

	A	B	C
Optimale Produktionsmenge	20.000 Stück	30.000 Stück	10.000 Stück
Variable Stückkosten bei X_{opt}	30 €	55 €	20 €
Stückerlös	50 €	65 €	30 €

Die fixen Kosten betragen 600.000 €. Wegen des befürchteten Nachfragerückgangs bei Erzeugnis C und der damit verbundenen Abweichung von der optimalen Kapazitätsauslastung soll der Verkaufspreis von C gesenkt werden.

Welcher Verkaufspreis soll in Zukunft verlangt werden, wenn ein Betriebsgewinn in Höhe von 150.000 € erreicht werden soll?

2/78. Was ist die unabdingbare Voraussetzung, um eine Gewinnschwellenanalyse durchführen zu können?

2/79. Nennen Sie die Einsatzbereiche der Gewinnschwellenanalyse!

2/80. Welche anderen Bezeichnungen für „Break-Even-Punkt“ kennen Sie?

2/81. Beschreiben Sie den Break-Even-Punkt!

2/82. Wie lauten die Formeln zur Berechnung des Break-Even-Umsatzes und der Break-Even-Menge?

2/83. Beurteilen Sie, ob die folgenden Gleichungen zur Break-Even-Analyse richtig sind oder nicht! Kennzeichnen Sie das entsprechende Feld mit einem Kreuz! Es können mehrere Antworten richtig sein.

Nr.	Behauptungen	richtig	falsch
1)	$p * x - (k_v * x + K_f) = 0$		
2)	Break-Even-Menge = $K_f / (p - k_v)$		
3)	Break-Even-Umsatz = $K_f / (p - k_v)$		
4)	$p * x - (K_v * x + K_f) = 0$		
5)	Break-Even-Umsatz = $K_f / (1 - k_v/p)$		
6)	Break-Even-Menge = K_f / DB		
7)	$x (p - k_v) - K_f = 0$		
8)	Break-Even-Menge = K_f / db		

2/84. Konstruieren Sie an einem selbstgewählten Beispiel den Break-Even-Punkt eines Einproduktunternehmens!

2/85. Zeigen Sie an einem selbstgewählten Beispiel die Bedeutung der Break-Even-Analyse für Fragen der Kosten- und Erlöskontrolle!

2/86. Der Fixkostenanteil einer CNC-Fräsmaschine liegt bei 2.496 € pro Monat. Die variablen Kosten pro Maschinenstunde betragen 35,50 €. Dem Kunden wird für eine Maschinenstunde ein Betrag in Höhe von 55,00 € in Rechnung gestellt.

Wie hoch muss der Auslastungsgrad (gemessen in Stunden pro Periode) der CNC-Fräsmaschine mindestens sein, um keinen Verlust zu erwirtschaften? Gesucht ist also die Break-Even-Menge!

2/87. Die „Tinte“-OHG aus Oberursel stellt Kugelschreiber her. Die Fixkosten betragen jährlich 42.000 €, die proportionalen Kosten je Kugelschreiber 0,52 €. Aus Konkurrenzgründen kann der Verkaufspreis nicht mehr als 0,80 € je Stück betragen. Errechnen Sie den Mindestumsatz für die betrachtete Periode, der die Selbstkosten deckt und ermitteln Sie den Gewinn oder Verlust je Kugelschreiber und insgesamt bei einer Jahresproduktion von 110.000 Stück!

2/88. Ein Betrieb aus Mecklenburg-Vorpommern erzielt für ein Erzeugnis einen Preis von 33 € pro Stück. Die variablen Stückkosten für dieses Erzeugnis belaufen sich auf 27 €. An fixen Kosten fallen insgesamt für dieses Erzeugnis 54.000 € pro Monat an.
Berechnen Sie die Absatzmenge, bei der der kumulierte Deckungsbeitrag dem Fixkostenblock entspricht, und den Gewinn bei einer geplanten Absatzmenge von 11.200 Stück!

2/89. Der Lieferant „Günstig & Söhne“ bietet uns ein Einbauteil zu einem Einstandspreis von 500 € an. Die proportionalen Stückkosten der Eigenfertigung bestehen aus Fertigungsmaterial 200 € und Fertigungslöhne 250 €. Die Fixkosten der Periode belaufen sich auf 10.000 €.
Wie viele Einbauteile müssen in der Periode mindestens hergestellt werden, damit sich die Eigenfertigung lohnt?

2/90. Unser Unternehmen stellt als Zulieferer Pressteile für die Elektroindustrie her. Folgende Daten liegen für diese Periode vor:

Materialverbrauch	1,--	€/Stück
Fertigungslöhne	2,--	€/Stück
var. Fertigungsgemeinkosten	0,10	€/Stück
fixe Fertigungsgemeinkosten	5.000	€/Periode
var. Vertriebsgemeinkosten	0,40	€/Stück
fixe Verwaltungs- und Vertriebskosten	10.000	€/Periode
Nettoverkaufspreis	5,--	€/Stück

a) Berechnen Sie den Stückdeckungsbeitrag!

b) Berechnen Sie die Gewinnschwelle (Absatzmenge)!

c) Auf wie viel Euro beläuft sich der Deckungsbeitrag bei einem Verkauf von 10.000, 20.000 bzw. 30.000 Pressteilen? Wie hoch ist jeweils der Gewinn der Unternehmung?

2/91. Ein Unternehmen, das ausschließlich Schlüsselrohlinge herstellt, hat im abgelaufenen Geschäftsjahr 50.000.000 Rohlinge zu einem Preis von 0,1 € pro Stück verkauft. Die variablen Kosten beliefen sich auf 0,07 € pro Stück, Fixkosten waren in der betrachteten Periode in Höhe von 800.000 € angefallen.

Für das nächste Jahr erwartet man aufgrund von Lohnerhöhungen ein Ansteigen der Fixkosten um 5 %. Die Vertriebsleitung plant eine Preiserhöhung für die Schlüsselrohlinge um 10 %. Trotzdem geht die Marketingabteilung davon aus, dass die Absatzmenge erneut um 3 % gesteigert werden kann.

Welches Betriebsergebnis ist – sofern alle Prognosen zutreffen – für das nächste Geschäftsjahr zu erwarten? Ermitteln Sie die Ergebnisänderung gegenüber der Vorperiode und überprüfen Sie, ob sich die Gewinnschwelle (Menge) verändert hat!

2/92. Nachdem der Buchhalter Armin Ängstlich nach einem Skiunfall in Zermatt bereits seit drei Wochen beide Arme in Gips hat, blieb die Buchführung verständlicherweise liegen. Der Geschäftsführer Ulrich Ungeduldig kann jedoch mit der Auswertung der letzten Geschäftsperiode nicht länger warten und beauftragt Sie mit der Klärung wichtiger Fragen. Herr Ängstlich lässt Ihnen zur Unterstützung aus der Betriebsabrechnung für das abgelaufene Jahr folgende Daten zukommen:

Aufwendungen (= Kosten)	
Fertigungsmaterial	120.000,00 €
Materialgemeinkosten	20.000,00 €
Fertigungslöhne (Handarbeit)	100.000,00 €
Fertigungslöhne (Maschinenarbeit)	50.000,00 €
Fertigungsgemeinkosten (Handarbeit)	50.000,00 €
Fertigungsgemeinkosten (Maschinenarbeit)	200.000,00 €
Verwaltungsgemeinkosten	60.000,00 €
Vertriebsgemeinkosten	40.000,00 €
Erträge (= Leistungen)	
Umsatzerlöse	590.000,00 €

Im abgelaufenen Jahr wurden 6.000 Stück produziert, die Kapazitätsgrenze liegt bei 10.000 Stück.

Folgende drei Fragen müsste Herr Ungeduldig dringend beantwortet haben!

a) Wie groß war der Gewinn/Verlust im abgelaufenen Jahr?
b) Da statistische Beobachtungen über das Verhalten der Kosten bei Beschäftigungsschwankungen fehlen, wird angenommen, dass in einem nicht allzuweit gespannten Rahmen 80 % der Gemeinkosten als fix und 20 % als variabel zu betrachten sind. Bei welcher Stückzahl und bei welchem Umsatz liegt die Gewinnschwelle?
c) Welcher Umsatz müsste erzielt werden, damit das Eigenkapital von 500.000,00 € eine Rendite von 10 % erzielt?

2/93. Ein Industriebetrieb verfügt für ein Produkt – bei fixen Kosten in Höhe von 72.000 € pro Abrechnungsperiode – über eine Monatskapazität von 800 Stück. Bei einem Verkaufspreis von 210 €/Stück betragen die variablen Stückkosten 90 € (Zahlen entnommen aus: Ziegenbein, K./Steffens, U.: Allgemeine Betriebswirtschaftslehre, S. 17).

a) Berechnen Sie die Break-Even-Menge und den Break-Even-Umsatz!
b) Ermitteln Sie den absoluten und relativen Sicherheitsabstand (Sicherheitsabstand = Verhältnis zwischen tatsächlicher und notwendiger Produktion)!

2/94. Ein Unternehmen verkauft ein Produkt P zu einem Preis von 180 € je Stück. Die Fixkosten für die betrachtete Periode betragen 90.000 €. Der Lieferant bietet für den zur Herstellung des Produktes unbedingt notwendigen Rohstoffs R folgende Rabattstaffelung an:

bis 1.000 Stück	1.001 bis 2.000 Stück	über 2.000 Stück
150 €/Stück	130 €/Stück	100 €/Stück

Die Mengenrabatte beziehen sich jeweils auf die gesamte Lieferung. Berechnen Sie die Break-Even-Menge! Welche Beschaffungsentscheidung würden Sie treffen?

2/95. Die Marketingabteilung des „Management"-Verlages glaubt nach vielen Sitzungen und anstrengenden Diskussionen endlich den neuen Bestseller gefunden zu haben. Das Fachbuch bekommt den Titel „BWL für Anfänger" und darf – so eine Umfrage des Meinungsforschungsinstitutes „Altsheimer" – im Buchhandel maximal 19,80 € pro Stück kosten. Die Druck- und Bindekosten in der ersten Auflage, die mit 3.000 Stück angesetzt ist, betragen 9,40 € pro Buch. Die Druck- und Bindekosten aller nachfolgenden Auflagen sind um 2,20 € pro Buch preiswerter, da Satz, Filme und Druckplatten bereits vorhanden sind. Die zweite Auflage ist mit 4.000 Stück, die dritte mit 5.000 Stück, die vierte mit 6.000 Stück usw. geplant. Das Autorenhonorar beträgt 10 % und der Buchhändlerrabatt 30 % vom Ladenverkaufspreis. Die Kalkulationsabteilung des „Management"-Verlages hat Fixkosten pro Auflage in Höhe von 17.000 € ermittelt.
Bei welcher Absatzmenge und in welcher Auflage erreicht der „Management"-Verlag die Gewinnzone für den Titel „BWL für Anfänger"?

2/96. Welche Auswirkungen haben Fixkostenänderungen auf den Break-Even-Punkt?

2/97. Welche Auswirkungen haben Preissteigerungen der proportionalen Kostengüter auf den Break-Even-Punkt?

2/98. Welche Auswirkungen hat ein Anstieg der Verkaufspreise auf den Break-Even-Punkt?

2/99. Eine Unternehmung stellt ein Produkt in drei Varianten her. Die Fixkosten betragen 1.000.000 € pro Monat. Die Verkaufspreise, die variablen Stückkosten und das konstante Produktionsverhältnis der drei Varianten untereinander sind der nachstehenden Tabelle zu entnehmen. Bestandsveränderungen fallen nicht an.

Varianten	A	B	C
Stückpreis	100 €	80 €	120 €
variable Stückkosten	60 €	30 €	70 €
Produktionsanteil	50 %	30 %	20 %

Ermitteln Sie anhand der Daten die Break-Even-Menge (auf volle Stück gerundet) und den Break-Even-Umsatz (auf volle T€ gerundet)!

2/100. Welche anderen Bezeichnungen für Produktlebenszyklusrechnung kennen Sie?

2/101. Charakterisieren Sie die Produktlebenszyklusrechnung!

2/102. Was sind Vorlaufkosten?

2/103. Welche anderen Bezeichnungen für mehrstufige Deckungsbeitragsrechnung kennen Sie?

2/104. Skizzieren Sie die Fixkostendeckungsrechnung!

2/105. Worin sehen Sie den Unterschied zwischen der einstufigen und der mehrstufigen Deckungsbeitragsrechnung?

2/106. Was sind Produktfixkosten und Produktgruppenfixkosten?

2/107. Geben Sie Beispiele für Produktfixkosten!

2/108. Geben Sie Beispiele für Produktgruppenfixkosten!

2/109. Was sind Unternehmensfixkosten? Geben Sie einige Beispiele!

2/110. Was ist ein Schichtkostenbogen und wie ist er aufgebaut?

2/111. Welche Alternativen gibt es zum Aufbau der Kalkulation?

2/112. Beschreiben Sie die progressive und retrograde Kostenträgerstückrechnung!

2/113. Ein Unternehmen, das auf Basis der mehrstufigen Deckungsbeitragsrechnung kalkuliert, hat folgenden Schichtkostenbogen für April erstellt:

April	Produktgruppe 1		Produktgruppe 2		
Werte in T€	P11	P12	P21	P22	Σ
= Nettoerlöse	400	800	700	700	2.600
- variable Kosten	100	300	400	600	1.400
= DB I	300	500	300	100	1.200
- Produktfixkosten	100	250	100	50	500
= DB II	200	250	200	50	700

- Gruppenfixkosten	200	100	300
= DB III	250	150	400
- Unternehm.fixko.	210		210
= Betriebserfolg	190		190

Ermitteln Sie den Angebotspreis für ein neues Erzeugnis ähnlich dem Produkt P21 nach der progressiven Kostenträgerstückrechnung unter der Annahme, dass die variablen Stückselbstkosten des neuen Erzeugnisses 100 € betragen und der Gewinnaufschlag 20 % sein soll!

2/114. Eine Düngerfabrik aus Baden-Württemberg stellt neben organischen Düngemittel (Knochendüngermehl und Hornmehl) auch anorganische Düngemittel (Superphosphat und Superamka) her. Da bei der Aufbereitung der Knochen für die Düngemittelfertigung zwangsläufig Knochenleim anfällt, wird auch dieser aufbereitet und verkauft. Zur Ergänzung des Leimangebotes wird ein synthetischer Leim zusätzlich in das Produktionsprogramm aufgenommen. Für das letztgenannte Produkt sind folgende Daten gegeben:

Deckungsbeitrag I	200 T€	100,0 %
Produktfixkosten	120 T€	60,0 %
Deckungsbeitrag II	80 T€	100,0 %
Produktgruppenfixkosten	40 T€	50,0 %
Deckungsbeitrag III	400 T€	100,0 %
Kostenbereichsfixkosten	260 T€	65,0 %
Deckungsbeitrag IV	600 T€	100,0 %
Unternehmensfixkosten	120 T€	20,0 %

Der Verkaufspreis für den synthetischen Leim liegt bei 70 € je Liter, die variablen Stückkosten betragen 30 €. Ermitteln Sie das Nettoergebnis nach der retrograden Kalkulation auf Basis der Deckungsbeiträge!

2/115. Kennzeichnen Sie die Kostenträgerzeitrechnung im Rahmen der mehrstufigen Deckungsbeitragsrechnung!

2/116. Die Kosmetikfabrik „Reine Haut"-GmbH in Berlin, bekannt für exklusive Produkte für die Dame, stellt neben einer Tag- und Nachtcreme und einem Shampoo für empfindliche Haut auch eine teure After Shave Lotion für den wählerischen Mann her. Folgende Aufstellung zeigt die Zugehörigkeit der Produkte zu Kostenbereichen sowie die jeweiligen Deckungsbeiträge und produktbezogenen Fixkosten.

Produkt	Kosten-bereich	Netto-erlöse	Deckungs-beitrag	Produkt-fixkosten
Creme	I	220.000 €	180.000 €	75.000 €
Shampoo	I	110.000 €	95.000 €	20.000 €
After Shave Lotion	II	380.000 €	320.000 €	190.000 €

Über die Kostenbereiche ist folgendes bekannt:

Kostenbereich I:	Produktgruppenfixkosten	=	90.000 €
Kostenbereich II:	Produktgruppenfixkosten	=	70.000 €

Die Betriebsfixkosten belaufen sich auf 80.000 €. Ermitteln Sie die Deckungsbeiträge und den Betriebsgewinn nach der mehrstufigen Deckungsbeitragsrechnung!

2/117. Ein Unternehmen, das Fahrräder herstellt, lässt in zwei Betrieben produzieren. Im Erfurter Betrieb wird nur eine Produktgruppe A mit jeweils drei Produkten A1, A2 und A3 gefertigt. Der Betrieb in Ilmenau umfasst die Fertigung von zwei Produktgruppen B (mit den Produkten B1 und B2) sowie C. Für die zentralen Abteilungen des Unternehmens fallen in der betrachteten Abrechnungsperiode Juli fixe Kosten in Höhe von 30 T€ an. Der Absatz der Produktgruppe A einerseits und der Absatz der Produktgruppe B andererseits erfolgt jeweils durch eigenständige Vertriebsabteilungen, für die Fixkosten in Höhe von 20 T€ bzw. 10 T€ errechnet werden. Die Produktgruppenfixkosten von C belaufen sich auf 30 T€. Die fixen Kosten im Betrieb Ilmenau, die sich weder der Produktgruppe B noch der Produktgruppe C eindeutig zurechnen lassen, betragen 20 T€. Die produktbezogenen Informationen lauten wie folgt:

Werte in €	Umsatzerlöse	variable Kosten	Fixkosten
Produkt A1	140.000	50.000	30.000
Produkt A2	90.000	60.000	40.000
Produkt A3	120.000	70.000	10.000
Produkt B1	40.000	10.000	10.000
Produkt B2	50.000	20.000	20.000
Produkt C	300.000	90.000	100.000

Erstellen Sie für den Fahrradhersteller eine stufenweise Deckungsbeitragsrechnung! Welche Entscheidungen lassen sich aus der Analyse der Ergebnisrechnung ableiten?

2/118. Zeigen Sie die praktischen Einsatzmöglichkeiten der Fixkostendeckungsrechnung in der Kostenplanung, -kontrolle und -steuerung!

2/119. Wie lässt sich die Fixkostendeckungsrechnung erweitern?

2/120. Was sind eindimensionale, gemischt-eindimensionale und mehrdimensionale Deckungsbeitragsrechnungen?

2/121. Nennen Sie die Vor- und Nachteile der Fixkostendeckungsrechnung!

3 Relative Einzelkostenrechnung

Neben der ein- und mehrstufigen Deckungsbeitragsrechnung wird ebenso die Relative Einzelkostenrechnung zu den Systemen der Teilkostenrechnung gezählt. Sie ist Gegenstand der folgenden Ausführungen.

Lernziele

Das letzte Kapitel dieses Buches verfolgt nachstehende Lernziele:

- ☞ Sie können in den Grundzügen das Konzept der Relativen Einzelkostenrechnung von *Riebel* beschreiben;
- ☞ Sie können die Begriffe „relative Einzelkosten", „relative Einzelerlöse" und „Deckungsbeitrag" nach *Riebel* abgrenzen und erklären;
- ☞ Sie können den Aufbau und den Inhalt der Grundrechnung (der Kosten) einschließlich der wichtigsten Kategorien beschreiben;
- ☞ Sie können die Relative Einzelkostenrechnung (kritisch) beurteilen.

3.1 Grundlegende Darstellung

Einordnung und Herkunft der „Relativen Einzelkostenrechnung"

Die „Relative Einzelkostenrechnung" zählt zu den Systemen der **Teilkostenrechnung**, da sie nur bestimmte Kostenbestandteile den Leistungen zurechnet, andere hingegen aus dem Deckungsbeitrag deckt. Obwohl die Einzelkostenrechnung auch mit geplanten Kosten durchgeführt werden kann, ist sie grundsätzlich als **Istkostenrechnung** konzipiert.

Die Relative Einzelkostenrechnung wurde von *Riebel* entwickelt. Er konstruierte damit ein grundlegend neuartiges und in besonderem Maße **entscheidungsorientiertes Konzept** der betrieblichen Erlös-, Kosten- und Ergebnisrechnung.

Grundprinzip der Relativen Einzelkostenrechnung

Die Kosten- und Leistungsverbundenheit in Mehrproduktbetrieben wird in der traditionellen Kostenrechnung verleugnet, wenn man die Verbundkosten oder Gemeinkosten nach irgendwelchen mehr oder weniger genauen Schlüsseln auf Kostenstellen und -träger umlegt. *Riebel* bezeichnet die Frage „Was kostet die Leistungseinheit?" als „laienhaft" (gleichgültig, ob es sich um die vollen Durchschnittskosten oder die Grenzkosten handelt), denn sie sei aufgrund der Fragwürdigkeit der Aufschlüsselung der Gemeinkosten „aus der Natur der Sache nicht beantwortbar" (vgl. Riebel, P.: Das Rechnen mit Einzelkosten und Deckungsbeiträgen, S. 237).

Daher stellt *Riebel* in seinem Kostenrechnungssystem nicht die Aufspaltung der Gesamtkosten in variable und fixe Bestandteile, sondern ihre **Verrechnung als Einzel- und Gemeinkosten** in den Vordergrund. D.h., er trennt die Kosten nach ihrer direkten Zurechenbarkeit als Einzelkosten auf Kostenträger, Kostenstellen, Stellengruppen, Bereichen usw., gleichgültig, ob es sich um variable oder fixe Kosten handelt.

Beispielsweise sind auch Abschreibungen bei *Riebel* Einzelkosten, wenn sie ausschließlich für eine bestimmte Kostenstelle aufgewendet wurden. Hat man sie jedoch für einen Stellenbereich aufgewendet, so sind sie für die einzelnen Stellen Gemeinkosten und für den Stellenbereich Einzelkosten. In der gleichen Weise trennt *Riebel* auch die variablen Kosten in Einzel- und Gemeinkosten. In der Relativen Einzelkostenrechnung geht man davon aus, dass sämtliche Kosten an irgendeiner Stelle im Unternehmen als Einzelkosten erfasst werden können. Auf diese Weise erhält man eine **Hierarchie von Bezugsgrößen**, die der mehrstufigen Deckungsbeitragsrechnung ähnlich ist.

Ziel der Bemühungen ist es, möglichst viele Kosten direkt und ohne Schlüsselung zuzurechnen, um auf diese Weise verursachungsgerechte Kostensätze zu erhalten.

Begriffsbestimmung von relativen Einzelkosten

Ausgangspunkt der Relativen Einzelkostenrechnung ist die Vorstellung, dass sämtliche Kosten durch **Entscheidungen** ausgelöst werden. Die betrieblichen Entscheidungen werden als die eigentlichen Ursachen der Kostenentstehung und als maßgebliche Kosteneinflussgrößen angesehen. Kosten werden gemäß dieser Sichtweise einem Zurechnungsobjekt genau dann zugeordnet, wenn das Objekt und die Kosten durch dieselbe Entscheidung hervorgerufen werden, somit identischen Ursprung haben. Dieses wird auch als *Identitätsprinzip* bzw. von *Riebel* als Präzisierung des Verursachungsprinzips bezeichnet.

Alle Kosten, die sich einem Zurechnungsobjekt nach dem Identitätsprinzip zurechnen lassen, nennt man **relative Einzelkosten** dieses Objektes. Sie sind die relevanten Kosten des Objektes und werden daher auch als *entscheidungsrelevante Kosten* bezeichnet. Es gilt also herauszufinden, welche Kosten durch die jeweilige Entscheidung dazukommen bzw. welche wegfallen werden. Entscheidungsrelevant sind somit immer Differenzen zur Ausgangssituation, d.h. Kosten, die durch diese Entscheidung verändert werden. Eine Veränderung kann auch bedeuten, eine sonst eintretende Verschlechterung zu vermeiden.

Alle restlichen Kosten sind dann definitionsgemäß **Gemeinkosten** bezogen auf das betrachtete Objekt. Sie sind die nicht relevanten Kosten des Objektes und werden entsprechend auch *entscheidungsirrelevante Kosten* genannt. Dennoch können auch diese Gemeinkosten bei einem anderen Objekt Einzelkosten sein.

Die Abgrenzung von Einzel- und Gemeinkosten ist bei *Riebel* damit relativ, d.h., sie bezieht sich immer nur auf das betrachtete Untersuchungsobjekt. Damit ist der traditionelle Einzelkostenbegriff erheblich erweitert worden. Einzelkosten können auch fixe Kostenarten beinhalten.

Die Zuordnung zu Einzel- und Gemeinkosten hängt bei der Relativen Einzelkostenrechnung von dem betrachteten Untersuchungsobjekt und damit von der konkreten Sichtweise ab; sie ist somit „relativ“.

Weil jede Kostenart mindestens einem Objekt zugeordnet werden kann, werden alle Kosten irgendwo in der **Bezugsgrößenhierarchie** als Einzelkosten erfasst. Im ungünstigsten Fall können die Kosten der Unternehmung als Ganzes, die auch ein Zurechnungsobjekt darstellt, zugerechnet werden. Beispielsweise sind Gründungskosten relative Einzelkosten der gesamten Unternehmung und keiner Produktgruppe direkt zuzurechnen. Anders dagegen die Anschaffungskosten einer Maschine. Sie zählen zu den relativen Einzelkosten aller mit dieser Maschine hergestellten Produkte. Rüstkosten eines Fertigungsloses sind wiederum relative Einzelkosten dieses Fertigungsloses. Auf diese Art und Weise entsteht eine Hierarchie von relativen Einzelkosten. Grundsätzlich gilt, dass die Kostenarten der niedrigsten Hierarchiestufe zuzurechnen sind, wenn mehrere Alternativen möglich sind.

Begriffsbestimmung von relativen Einzelerlösen

Die relativen Einzelerlöse sind das Pendant zu den relativen Einzelkosten. Sie sind analog zu definieren.

Abgrenzung des Begriffs Deckungsbeitrag

Der **Deckungsbeitrag** im Sinne der Relativen Einzelkostenrechnung von *Riebel* ist nicht mit dem Deckungsbeitrag im Sinne der vorher vorgestellten Deckungsbeitragsrechnung zu verwechseln. Beide Begriffe lauten zwar gleich, haben aber einen völlig anderen Hintergrund. Aus diesem Grunde wird eine Abgrenzung und Definition des Begriffs Deckungsbeitrag, wie er in diesem Kapitel zu verstehen ist, notwendig.

Der Deckungsbeitrag eines Kalkulationsobjektes im Sinne der Einzelkostenrechnung ist die Differenz zwischen den relativen Einzelerlösen und den relativen Einzelkosten dieses Objektes, oder anders ausgedrückt: der Beitrag zur Deckung der Gemeinkosten dieses Objektes.

	relative Einzelerlöse
./.	relative Einzelkosten
=	Deckungsbeitrag

Genauer formuliert ist der Deckungsbeitrag der Überschuss jener Erlöse über jene Kosten, die auf dieselbe – identische – Entscheidung zurückzuführen sind wie die Existenz des betreffenden Zurechnungsobjektes selbst (vgl. *Identitätsprinzip*).

Die Art des Deckungsbeitrages ist also maßgeblich vom Kalkulationsobjekt abhängig. Da es unterschiedliche Zurechnungsobjekte gibt, existieren auch unterschiedliche Arten von Deckungsbeiträgen.

Kalkulationsobjekte

Bei der Relativen Einzelkostenrechnung wird davon ausgegangen, dass die betrieblichen Entscheidungen und ihre kostenmäßigen Konsequenzen Elemente eines sachlich **vieldimensionalen und zeitlich fortschreitenden Gefüges von Dispositionen** mit jeweils unterschiedlicher sachlicher und zeitlicher Reichweite sind. Die Spannweite der sachlichen und zeitlichen Dimensionen einer Entscheidung erstreckt sich von der Gesamtunternehmung bis zum einzelnen Arbeitsplatz, von der kompletten Leistungspalette bis zum einzelnen Artikel und von der gesamten Lebensdauer einer Unternehmung bis hin zur Dauer der kleinsten Tätigkeit. Solche dispositiven Hierarchien und Beziehungen werden durch die sog. **Kalkulationsobjekte** zum Ausdruck gebracht.

Bei der Relativen Einzelkostenrechnung sind somit als Zurechnungsobjekte neben den Kostenbereichen, Kostenstellen und Kostenträger auch Abrechnungsperioden und beliebig andere Objekte zulässig. Zum Beispiel könnten im Produktionsbereich Fertigungslose oder einzelne Anlagegüter ebenso wie im Vertriebsbereich Kundengruppen, Absatzbezirke, Aufträge, Auftragspositionen, Kundenanfragen oder Kundenbesuche als Zurechnungsobjekt dienen. Auch eine Prozessorientierung durch die Definition von Prozessen als Kalkulationsobjekte ist denkbar. Durch die Einführung einer Vielzahl von Kalkulationsobjekten kann eine differenzierte Kosten- und Erlösrechnung vorgenommen werden. Man versucht also möglichst alle für die Erfolgssituation relevanten Entscheidungstatbestände (Kalkulationsobjekte) zu berücksichtigen. Alle Objekte zusammen bilden schließlich eine Hierarchie, d.h. eine Strukturierung von untergeordneten und übergeordneten Objekten.

Die Kalkulationsobjekte sind wiederum Ausgangspunkte für die **Kostenkontrolle**. Die Kontrolle der einzelnen Kostenarten soll grundsätzlich dort durchgeführt werden, wo der Einzelkostencharakter zur Geltung kommt. Kostenträgerbezogene Einzelkostenarten müssen danach pro Kostenträger, auftragsbezogene Einzelkosten pro Auftrag, kostenstellenbezogene Einzelkosten pro Kostenstelle usw. kontrolliert werden.

3.2 Aufbau und Inhalt der Grundrechnung

Charakteristika und Zweck

Die Abrechnung im System der Relativen Einzelkostenrechnung erfolgt in einer so genannten Grundrechnung. Die Bezeichnung Grundrechnung soll zum Ausdruck bringen, dass es sich um eine möglichst zweckneutrale und universell auswertbare Rechnung handelt, die sich darauf beschränkt, die Daten so zu erfassen und aufzubereiten, dass sie gemeinsame Basis für eine Vielzahl zweckspezifischer Auswertungsrechnungen sein können (vgl. Riebel, P.: Einzelkosten- und Deckungsbeitragsrechnung, S. 431).

Die **Aufgabe der Grundrechnung** besteht darin, die relevanten Kosten und Erlöse der Abrechnungsperiode möglichst zweckneutral zu sammeln und zusammenzustellen, um diese Informationen dann direkt für die Deckungsbeitragsrechnung zu nutzen.

Die Grundrechnung dient ferner als Datenspeicher für Sonderrechnungen, die auf spezifische Fragestellungen zugeschnitten werden.

Erstellungsrhythmus der Grundrechnung

Die Grundrechnung wird im Allgemeinen monatlich, quartalsweise und/oder jährlich erstellt.

Kontierung

Die Relative Einzelkostenrechnung folgt leicht zu merkenden **Kontierungsregeln**, die wiederum den Kern der Grundrechnung darstellen. Das Grundprinzip kann wie folgt festgehalten werden:

Alle Kosten werden irgendwo in der Hierarchie als Einzelkosten erfasst. Das heißt, dass es in der Betriebsbuchhaltung für jede Buchung ein Konto geben muss, mit dem sie verursachungsgerecht belastet werden kann. Eine solche unmittelbare Zurechnung ist immer möglich; findet sich nämlich keine Abteilung oder Kostenstelle, welche die Kosten direkt verursacht oder zu vertreten hat, so gibt es immer noch eine zutreffende Kontierung über die Unternehmung als Ganzes. In der Hierarchie ist daher die Möglichkeit der Erfassung als Einzelkosten nach oben hin nie begrenzt. Nach unten hin hört die direkte Zurechnung bei dem Verantwortungsbereich auf, der gerade noch wesentlich an der kostenmäßigen Entscheidung beteiligt ist. Oder anders ausgedrückt: Die Möglichkeit der unmittelbaren Erfassung endet in der hierarchischen Stufe, nach deren Unterschreitung eine Schlüsselung erforderlich würde.

Sämtliche Kosten und Erlöse werden nach der Kontierung in der Grundrechnung zusammengestellt.

Bezugsgrößenhierarchie

Die Relativierung des Einzelkostenbegriffs sowie die Art der Hierarchisierung richten sich nach den Informationsbedürfnissen bzw. Rechnungszwecken und den vorhandenen produktions- und absatzwirtschaftlichen Interdependenzen. Unter Umständen sind insofern für die Untergliederung mehrere Bezugsgrößenhierarchien nebeneinander notwendig.

Beispiel: Kostenstellenorientierte Bezugsgrößenhierarchie im Industrieunternehmen

Im Industrieunternehmen könnte eine Bezugsgrößenhierarchie, die sich primär an den produktionswirtschaftlichen Gegebenheiten orientiert, zum Beispiel wie folgt aussehen:

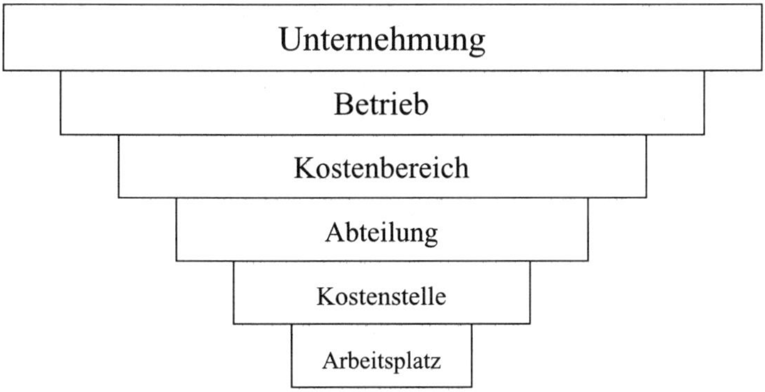

Beispiel: Kostenträgerorientierte Bezugsgrößenhierarchie im Industrieunternehmen

Im Industrieunternehmen könnte eine Bezugsgrößenhierarchie, die sich primär an den Endprodukten orientiert, zum Beispiel wie folgt aussehen:

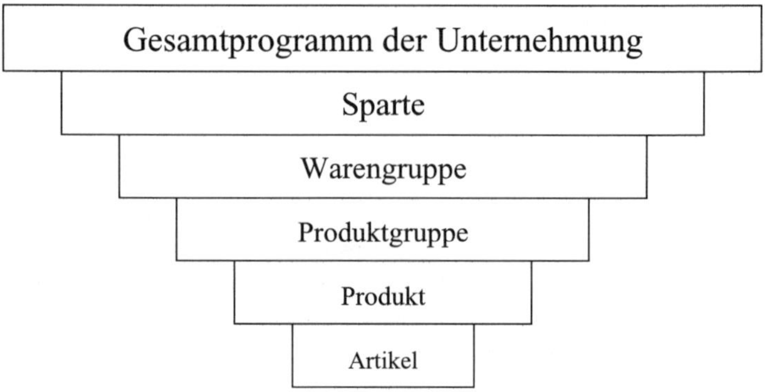

Beispiel: Kundenorientierte Bezugsgrößenhierarchie im Industrieunternehmen

Im Industrieunternehmen könnte eine Bezugsgrößenhierarchie, die sich primär an den absatzwirtschaftlichen Gegebenheiten orientiert, zum Beispiel wie folgt aussehen:

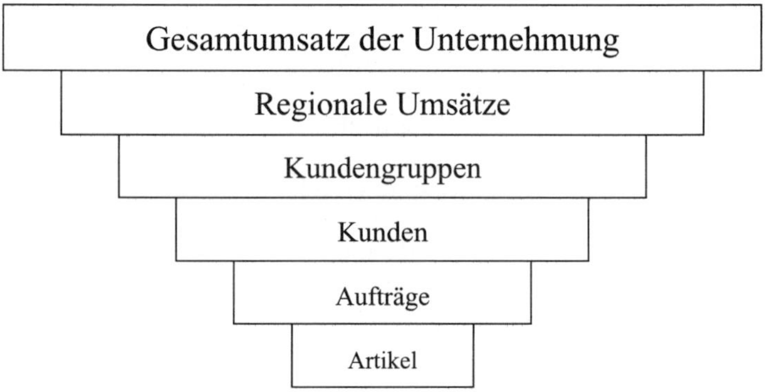

Im Zuge der Hierarchisierung der Bereitschaftskosten kommt noch eine zeitliche Dimension hinzu. Für Bereitschaftskosten ist typisch, dass die Unternehmung für eine ganz bestimmte Zeit daran fest gebunden ist, so dass sie sich erst nach Ablauf dieser Bindungsdauer abbauen lassen.

Beispiel: Zeitbezogene Bezugsgrößenhierarchie im Industrieunternehmen

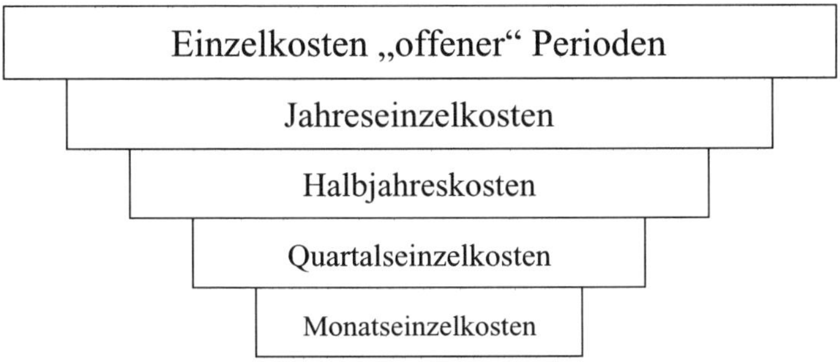

Aufbau der Grundrechnung

Die Grundrechnung kann in Konto- oder Tabellenform erstellt werden. Sie ähnelt einer kombinierten Kostenarten-, Kostenstellen- und Kostenträgerrechnung. Der formale Aufbau einer tabellarischen Grundrechnung hat zudem Ähnlichkeit mit der Gestaltung des Betriebsabrechnungsbogens. In der Vertikalen werden die verschiedenen Kostenkategorien, in der Horizontalen die gewählten Bezugsgrößen aufgeführt.

Zu unterscheiden ist zwischen einer Grundrechnung der Erlöse und einer Grundrechnung der Kosten.

Die **Grundrechnung der Erlöse** ist eine mehrdimensionale Umsatzstatistik, bei deren Aufbau sehr genau auf eine eindeutige Zurechenbarkeit von Erlösen und Erlösschmälerungen geachtet wird. Die relevanten Erlösabhängigkeiten werden durch die Bildung von Erlöskategorien berücksichtigt.

Wird die **Grundrechnung der Kosten** als Tabelle gestaltet, stehen in der Horizontalen die Zurechnungsobjekte, wie Kostenstellen oder Kostenträger, und in der Vertikalen die nach Kostenkategorien gegliederten Kostenarten. Im Unterschied zum aus der traditionellen Kosten- und Leistungsrechnung her bekannten Betriebsabrechnungsbogen enthält die Grundrechnung nicht nur eine schlichte Gliederung nach Kostenarten, sondern nach verschiedenen Kostenkategorien. Die angefallenen Kostenarten werden jeweils bei den Zurechnungsobjekten erfasst, denen sie sich direkt zurechnen lassen. Damit werden nicht alle Kosten auf die Kostenträger verrechnet. Die Kosten, die bei den Kostenstellen ausgewiesen werden, fallen aus der Produktkalkulation heraus. Die relative Einzelkostenrechnung ist insofern keine Vollkostenrechnung.

Während im traditionellen Rechnungswesen auch Kosten aufgenommen werden, die sich den einzelnen Abrechnungsperioden nur anteilig über Umlageschlüssel zuordnen lassen, wie z.B. Abschreibungen, bucht man in der Einzelkostenrechnung ausschließlich sog. *Periodeneinzelkosten*, d.h. Kosten, die man ausschließlich einer Periode direkt zurechnen kann. Auch diese Vorgehensweise widerspricht dem Vollkostencharakter. Das nachstehende Beispiel zeigt die Grundstruktur einer Grundrechnung in tabellarischer Form.

Beispiel: Grundstruktur einer Grundrechnung

Grundrechnung		Kostenstellen						Kostenträger			
		M	F1	F2	Vw	Vt	G	P1	P2	P3	Σ
absatz-abhängige Kosten	Verpackungsko.					15					15
	Frachtkosten					30					30
	Provisionen							3	1	2	6
	Zölle							1	1		2
	Umsatzlizenzen									2	2
produktions-abhängige Kosten	Rohstoffe							90	70	80	240
	Hilfsstoffe							20	20	30	70
	Energie		4	5				3	4	5	21
	Mat.verluste		1	2							3
Leistungskosten			5	7		45		117	96	119	389
Monats-einzelkosten	Betriebsstoffe	3	8	9	3	5					28
	Hilfslöhne		70	60					5		135
	Büromaterial	2	3	2	14	9					30
	Fremdleistungen	4	3		2	5					14
Quartals-einzelkosten	Gehälter	30	40	50	30	30					180
	Miete						25				25
	Versicherung						13				13
Jahres-einzelkosten	Pacht						11				11
	Steuern						45				45
	evtl. Miete						20				20
Bereitschaftskosten		39	124	121	49	49	114		5		501
Σ		39	129	128	49	94	114	117	101	119	890

mit	M	Materialbereich
	F	Fertigungsbereich
	Vw	Verwaltungsbereich
	Vt	Vertriebsbereich
	G	Gesamtunternehmen
	P	Produkte

Kostenkategorien

Die Bildung von Kostenkategorien ist eine notwendige Voraussetzung für die Anwendung der Relativen Einzelkostenrechnung. In der Einzelkostenrechnung teilt man die Kosten ähnlich wie in der Deckungsbeitragsrechnung in leistungsabhängige und leistungsunabhängige Bestandteile auf. Die aus der Deckungsbeitragsrechnung her bekannte Einteilung in „fixe" und „variable" Kosten wird hier allerdings durch eine Unterscheidung in *„Leistungskosten"* und *„Bereitschaftskosten"* ersetzt (Zur Aufspaltung der Gesamtkosten in diese beiden Kostenkomponenten vgl. Männel, W.: Moderne Verfahren und Systeme der Kosten- und Leistungsrechnung, S. 73 ff.).

Die Einteilung des Kostenblocks in variable und fixe Kosten ist nach Ansicht von *Riebel* relativ und bezieht sich nur auf den jeweiligen Kosteneinflussfaktor. So verhalten sich die Kosten der Arbeitsvorbereitung proportional zur Anzahl der Aufträge, aber fix hinsichtlich der Auftragsgröße. Sie sind somit Einzelkosten der Aufträge, da sie sich dem Auftrag direkt zurechnen lassen, und Gemeinkosten des Kosteneinflussfaktors „Losgröße".

Leistungskosten

Leistungskosten sind Kosten, die in ihrer Höhe vom tatsächlich realisierten Leistungsprogramm abhängen. Sie variieren auch kurzfristig – bei gegebenen Kapazitäten und festgelegter Betriebsbereitschaft – automatisch mit Art, Menge und Wert der produzierten bzw. abgesetzten Produkte. Daraus lässt sich der Umkehrschluss ziehen, dass für kurzfristige Dispositionen, die vor dem Hintergrund einer gegebenen Kapazität und einer gegebenen Betriebsbereitschaft getroffen werden, grundsätzlich nur Leistungskosten relevant sind.

> **Leistungskosten** sind Kosten, die sich mit Art, Menge und Wert der tatsächlichen Leistung automatisch verändern.

Werden Betriebe betrachtet, die durch Bestandsveränderungen gekennzeichnet sind, erweist sich eine weitere Unterteilung der Leistungskosten in produktions- und absatzabhängige Kosten als sinnvoll. Die *produktionsabhängigen Kosten* variieren mit der Beschäftigung. Die *absatzabhängigen* Kosten fallen erst dann an, wenn das Erzeugnis verkauft und ausgeliefert wird.

Bereitschaftskosten

Die Bereitschaftskosten enthalten alle Beträge, die für die Beschaffung, Bereithaltung und Unterhaltung der Kapazitäten und der Betriebsbereitschaft aufgewendet werden und nicht von Art, Menge und Wert der tatsächlich erbrachten Leistungen abhängen. Bereitschaftskosten sind somit Kosten, die aufgrund von Erwartungen über das künftige Leistungsvolumen disponiert werden und demzufolge nur mit dem Ab- oder Aufbau der Kapazität oder Betriebsbereitschaft, also im Allgemeinen nur langfristig, verändert werden können.

> Kosten, die von Art, Menge und Wert der tatsächlich erstellten Leistungen unabhängig sind, bezeichnet man als **Bereitschaftskosten**. Dazu führen im Allgemeinen Entscheidungen über den Auf- oder Abbau sowie die Aufrechterhaltung und Anpassung der Betriebsbereitschaft.

Bei der weiteren Unterteilung der Bereitschaftskosten sind die finanziellen Folgen der Bereitschaftsdispositionen offenzulegen und unter dem **Aspekt der zeitlichen Zurechenbarkeit** zu strukturieren. Die Bereitschaftskosten werden in der Grundrechnung also entsprechend der zeitlichen Dimension der Kostenarten weiter differenziert. Dazu ist es erforderlich, Art und Dauer der aus organisatorischen, technischen oder rechtlichen Gründen eingegangenen Bindungen, Verträge und Beschränkungen systematisch zu erfassen und durch eine zweckmäßige Kategorisierung sichtbar zu machen. Im vorliegenden Beispiel wurde eine Einteilung in *Monats-, Quartals- und Jahreseinzelkosten* vorgenommen. Hat beispielsweise ein Pachtvertrag eine jährliche Kündigungsfrist, so können diese Kosten nur im Rahmen einer Jahresrechnung berücksichtigt werden, auch wenn die Pacht monatlich gezahlt wird. Diese Kosten sind monatlich nicht disponibel, deshalb darf eine Schlüsselung auf einzelne Monate nicht durchgeführt werden.

Die ausgewiesenen Periodeneinzelkosten sind nur im jeweiligen Zeitraum abbaubar und fallen unabhängig von der Beschäftigung an. Das Gegenstück der Periodeneinzelkosten sind die Periodengemeinkosten.

Periodeneinzelkosten sind zeitraumbezogene Bereitschaftskosten, die durch eine Periode verursacht worden sind und dieser Periode unmittelbar zugerechnet werden können.

Periodengemeinkosten sind zeitraumbezogene Bereitschaftskosten, die zur Aufrechterhaltung der Betriebsbereitschaft mehrerer Perioden gemeinsam entstehen. Eine direkt Zuordnung zu einer Periode ist nicht möglich.

Im Unterschied zur traditionellen Kostenrechnung werden die **Fertigungslöhne** zu den Bereitschaftskosten gezählt, da sie kurzfristig nicht abbaubar sind. Dies schließt jedoch eine Zurechenbarkeit auf einzelne Produkte nicht aus. Die Zuordnung einer Kostenart zur Kategorie der Bereitschaftskosten sagt nämlich nur etwas über deren Verhalten bei Beschäftigungsschwankungen aus, jedoch nicht zwangsläufig über deren Zurechenbarkeit auf die Kostenträger. Insofern liegt bei den Fertigungslöhnen der in der traditionellen Kostenrechnung besprochene seltene Fall der „fixen Einzelkosten“ vor. Im ersten Band wurden diese Kosten aber – entsprechend der klassischen Sichtweise – den „variablen Einzelkosten“ zugerechnet.

Es ist darauf hinzuweisen, dass die Analyse der **Abbaufähigkeit der Bereitschaftskosten** in der Mehrzahl der Fälle mit einem hohen Ermittlungsaufwand verbunden ist. *Schwarz* hält es daher für zweckmäßig, sie in Form von Sonderrechnungen, d.h. je nach Bedarf, zu ermitteln (vgl. Schwarz, H.: Kostenrechnung als Instrument der Unternehmensführung, S. 59 f.). Außerdem hängt die Abbaufähigkeit, so *Schwarz*, regelmäßig davon ab, „ob die betreffenden Fixkosten speziellen oder allgemeinen Charakter haben, m.a.W., ob es sich um ein amputationsfähiges Glied der Unternehmung oder gleichsam um ihr ≻Herz≺ handelt." (Schwarz, H.: Kostenrechnung als Instrument der Unternehmensführung, S. 59)

Zurechnungsobjekte

Die Zurechnungsobjekte stehen in den Spalten der Grundrechnung. Primär wird zwischen Kostenstellen und Kostenträgern differenziert. Diese können dann weiter entsprechend der Bezugsgrößenhierarchie untergliedert werden. So könnte es beispielsweise für absatzpolitische Entscheidungen zweckmäßig sein, den Vertriebsbereich weiter in Kundengruppen, Verkaufs- oder Vertreterbezirke aufzuschlüsseln.

Sonderrechnungen

Neben der Grundrechnung existieren im *Riebel*schen System so genannte Sonderrechnungen. Sonderrechnungen sind besondere Auswertungsrechnungen, welche zur Lösung der Planungs- und Kontrollaufgaben aufgestellt werden können und die gewinnoptimale Unternehmenssteuerung unterstützen sollen. Mit solchen Sonderrechnungen werden je nach Aufgabenstellung Deckungsbeiträge für Kostenträger oder andere Zurechnungsobjekte errechnet.

Sonderrechnungen enthalten die für individuelle Entscheidungen erforderlichen Informationen und können für jeden beliebigen Zweck aufgestellt werden.

3.3 Beurteilung der Relativen Einzelkostenrechnung

Die Relative Einzelkostenrechnung von *Riebel* ist das wohl **konsequenteste Kostenrechnungssystem**, das bisher entwickelt wurde. Sie erfüllt weitgehend die theoretischen Anforderungen, die an eine Kosten- und Leistungsrechnung zur Erfüllung der **rentabilitäts- und erlösorientierten Controllingaufgaben** gestellt werden. Das Konzept gilt infolge seiner stufenweisen Gegenüberstellung von Kosten und Erlösen einer bestimmten Bezugsgröße als besonders für Dispositionszwecke geeignet. Als besonders vorteilhaft erweist sich das System für eine Analyse des Produktions- und Absatzprogramms insbesondere der Vertriebsformen, der Absatzmethoden und der Absatzwege (vgl. Bramsemann, R.: Controlling, S. 84).

In der praktischen Handhabung scheitert die Relative Einzelkostenrechnung allerdings an ihrer **Komplexität**, am **Verzicht auf die Schlüsselung variabler Gemeinkosten** und an der **abweichenden Definition** vieler in der Betriebswirtschaftslehre feststehender Begriffe. Durch die fehlende Zuordnung der Gemeinkosten offener Perioden lässt sich **kein Betriebserfolg**, sondern lediglich ein Periodenbeitrag bestimmen. Das Konzept ist zudem für ein **kostenorientiertes Controlling weniger geeignet**, da mit der Bildung von Kostenkennzahlen weder Kosteneinflussgrößen offengelegt werden, noch diese in Sonderrechnungen eindeutig zu bestimmen sind (vgl. Bramsemann, R.: Controlling, S. 85). Die Relative Einzelkostenrechnung stellt insofern eher einen **Denkansatz** als ein praxisnahes und einsatzfähiges Kostenrechnungssystem dar.

Denkbar ist allerdings, dass die Relative Einzelkostenrechnung in Teilbereichen des Unternehmens wie zum Beispiel im Vertrieb oder bei der Kuppelproduktion als Ergänzungsrechnung zur Grenzplankostenrechnung eingesetzt werden kann. Erfolgversprechende **Anwendungsmöglichkeiten** bieten sich prinzipiell dort an, wo eine Kostentrennung aufgrund fehlender Bezugsgröße technisch nicht möglich oder infolge ihrer besonderen Zusammensetzung der Gesamtkosten, z.B. hoher Fixkostenanteil, wirtschaftlich nicht sinnvoll ist, z.B. Dienstleistungsbetriebe.

Kontrollfragen und -aufgaben zu Kapitel 3

3/1. Erläutern Sie das Grundprinzip der „Relativen Einzelkostenrechnung"!

3/2. Welches Ziel verfolgt die Relative Einzelkostenrechnung?

3/3. Was ist das Identitätsprinzip?

3/4. Was sind Relative Einzelkosten?

3/5. Warum sind die Einzelkosten in diesem Kostenrechnungssystem relativ?

3/6. Ist der Einzelkostenbegriff in der traditionellen Kostenrechnung und der Relativen Einzelkostenrechnung identisch?

3/7. Beschreiben Sie den Deckungsbeitrag (je Leistungseinheit) in der Relativen Einzelkostenrechnung! Wie ist er zu interpretieren?

3/8. Was bedeutet „Bezugsgrößenhierarchie"?

3/9. Welche Aspekte sind bei der Gruppierung der Kostenkategorien und dem Aufbau der Bezugsgrößenhierarchien zu berücksichtigen?

3/10. Sledge Hammer hat seinen Polizeidienst quittiert und ein Unternehmen gegründet. Von nun an stellt er Folterwerkzeuge von feinster Qualität her. Seine beliebtesten Artikel sind Handschellen mit Widerhaken. Berechnen Sie den Stückdeckungsbeitrag für die Handschellen mit der Artikelbezeichnung „Handfest" gemäß der Struktur der Relativen Einzelkostenrechnung anhand der folgenden Informationen:

Listenpreis	200,00 €
gewährte Rabatte und Kundenskonti	5,00 €
absatzabhängige Kosten:	
- Verkaufsprovisionen	20,00 €
- Umsatzlizenzen	12,00 €
produktionsabhängige Kosten:	
- Rohstoffe	100,00 €

- Hilfsstoffe	10,00 €
- variable Energiekosten	8,00 €
- Produktverpackung	25,00 €

3/11. Beschreiben Sie die „Grundrechnung“ der Kosten!

3/12. Welche Rechnungszwecke verfolgt die „Grundrechnung“ der Kosten?

3/13. Welche Kostenkategorien werden in der Grundrechnung der Kosten unterschieden?

3/14. Was versteht man unter Leistungskosten und wie können sie weiter unterteilt werden?

3/15. Was versteht man unter Bereitschaftskosten und wie können sie weiter unterteilt werden?

3/16. Nennen Sie die wesentlichen Unterschiede zwischen der Relativen Einzelkostenrechnung und der traditionellen Kostenrechnung!

3/17. Was spricht gegen den praktischen Einsatz der Relativen Einzelkostenrechnung?

Antworten und Lösungen

Antworten und Lösungen zu Kapitel 1

1/1. Unter einer Vollkostenrechnung versteht man eine Stückkostenrechnung, bei der alle Kosten der Unternehmung mit Hilfe einer Schlüsselung auf die einzelnen Stücke verteilt werden. Das Besondere der Vollkostenrechnung besteht nun darin, dass nicht nur die Einzelkosten, sondern auch die Gemeinkosten über eine entsprechende Gemeinkostenschlüsselung auf die einzelnen Einheiten weiterverrechnet werden. Maßgebend für die Belastung der Einheiten mit Gemeinkosten ist deren Anteil an einer Schlüsselungsbasis. Zum Beispiel werden die Fertigungsgemeinkosten proportional zu den Fertigungslöhnen oder den Maschinenzeiten umgelegt, die Verwaltungs- und Vertriebskosten proportional zu den Herstellkosten etc.

Unter einer Teilkostenrechnung versteht man eine Stückkostenrechnung, bei der nur ein Teil der Kosten und zwar nur die eindeutig zurechenbaren Kosten auf die Produkte verteilt werden. Der Rest geht als Block, d.h. als Ganzes, in die Betriebsergebnisrechnung ein.

1/2. Der wesentlichste systemimmanente Einwand gegen die Vollkostenrechnung liegt darin, dass das für dieses Kostenrechnungssystem typische Weiterwälzen der Kosten von der Kostenartenrechnung über die Kostenstellenrechnung bis hin zur Kostenträgerrechnung nur teilweise auf direktem Wege, für einen großen Teil der Kosten allerdings nur auf indirektem Wege erfolgen kann. In der Vollkostenrechnung werden also die Kosten nicht so abgebildet, wie sie sich effektiv verhalten. Damit ist dieses Instrument für die Planung und Kontrolle unternehmerischer Entscheidungen nicht geeignet.

1/3. Mit Fixkostenproportionalisierung ist die Aufschlüsselung der fixen Kosten einer bestimmten Periode auf die innerhalb dieses Zeitabschnittes erzeugten bzw. abgesetzten Produkte gemeint. Die Proportionalisierung ergibt sich dadurch, dass man die fixen Kosten durch die Fertigungs- bzw. Absatzmenge dividiert, wie dies für die Kostenträgerstückrechnung als Vollkostenrechnung üblich ist.

1/4. Aus der Proportionalisierung der Fixkosten ergeben sich folgende Gefahren:

- Man unterstellt, dass jede Leistungseinheit, also auch bereits die erste, einen Gewinn erzielt. Der Break-Even-Punkt (Gewinnschwelle) bleibt völlig unberücksichtigt;
- Bei Leistungsmengen, die kleiner oder größer als die angenommene Beschäftigung sind, stimmen die kalkulierten Kosten nicht mit den tatsächlichen Kosten überein.

1/5. (Quelle: Däumler, K.-D./Grabe, J.: Kostenrechnung I, S. 421)

Teilkostenrechnungssysteme

Nr.	Behauptungen	richtig	falsch
1)	berücksichtigen im Rahmen der Produktkalkulation grundsätzlich nur entscheidungsrelevante Kosten,	X	
2)	führen zu höheren Betriebsergebnissen als die Vollkostenrechnungssysteme,		X
3)	verzichten auf eine Proportionalisierung der fixen Kosten,	X	
4)	sind geeignet zur Festlegung kurzfristiger Preisuntergrenzen.	X	

1/6. Gründe für einen steigenden Anteil der Fixkosten könnten sein:

- Trend zu mehr Mechanisierung, Automatisierung und Rationalisierung und infolgedessen zunehmende Anlagenintensität (Ersatz von Menschen durch Maschinen);
- Verkürzung der wirtschaftlichen Nutzungsdauer und damit der Abschreibungsdauer von Gegenständen des Anlagevermögens;
- Änderung der Nachfragestruktur hinsichtlich Variantenvielfalt;
- ständige Modernisierung und Verkürzung der Lebenszeit der Produkte, bestimmt u.a. durch technologischen Fortschritt;
- ständig steigende Umwandlung von variablen Lohnbestandteilen in fixe durch einerseits Einschränkung der Akkordarbeitszeit und andererseits Wechsel von Arbeits- in Angestelltenverhältnisse;
- steigende Personalneben- und Sozialkosten;
- stärkere juristische Bindung durch Kündigungsschutz;
- Verwaltungs- und Kontrolltätigkeiten nehmen immer mehr zu;

- steigende Vertriebskosten durch Kundendienst, Service, Werbung und Garantien;
- steigende Betriebsgröße und damit schlechtere Anpassungsmöglichkeiten an Konjunkturschwankungen.

1/7. Die Einzelkostenrechnung ist eine von Riebel entwickelte Form der Teilkostenrechnung, die versucht, nach Möglichkeit alle in einer Zeitperiode anfallenden Kosten in Abhängigkeit zu irgendeinem Kalkulationsobjekt – nicht nur zum Kostenträger – zu setzen.

Antworten und Lösungen zu Kapitel 2

2/1. Fertigungslöhne zählen üblicherweise zu den variablen Kosten. Allerdings ist diese Sichtweise nicht ganz unumstritten. So sind zwar die reinen Fertigungslöhne der gewerblichen Arbeitnehmer dem Produkt direkt zurechenbar und damit unbestreitbar abhängig von der Beschäftigung, doch betrachtet man die gesamten Löhne der Arbeiter, so relativiert sich diese Aussage. Geht beispielsweise die Beschäftigung zurück, so reduzieren sich zwar die Fertigungslöhne, jedoch steigen gleichzeitig andere Lohnarten, da die Mitarbeiter nicht entlassen, sondern mit anderen Aufgaben betraut werden. Es kommt also lediglich zu einer Umschichtung zwischen den Lohnarten. Letzterer Sichtweise soll hier nicht gefolgt werden. In den folgenden Ausführungen wird die enger Abgrenzung zugrunde gelegt, d.h. die Fertigungslöhne werden den variablen Kosten zugeordnet.

2/2. Variable Kosten sind Kosten, die beschäftigungsabhängig sind. Variable Kosten, denen ein linearer Gesamtkostenverlauf zugrunde liegt, bezeichnet man als proportionale Kosten. Insofern sind die Kosten im System der Deckungsbeitragsrechnung proportionale Kosten.

2/3. Die Deckungsbeitragsrechnung ist eine Variante der Teilkostenrechnung. In der Deckungsbeitragsrechnung findet eine Trennung in variable (beschäftigungsabhängige) und fixe (beschäftigungsunabhängige) Kosten statt. Es wird dabei vermieden, die Fixkosten über Zuschlags- oder Verrechnungssätze auf die Kostenträger (Produkte) umzulegen. Nur die variablen Kosten werden den Kostenträgern zugerechnet. Den Überschuss des Umsatzes über die variablen Kosten bezeichnet man als Deckungsbeitrag.

2/4. Andere verbreitete Bezeichnungen für Deckungsbeitragsrechnung sind (vgl. Scherrer, G.: Kostenrechnung, S. 55 f.):

- Grenzkostenrechnung (in Deutschland);
- Direct Costing (in USA);
  Diese auf Harris zurückgehende Bezeichnung ist missverständlich. Dem Erzeugnis werden nach dem Verfahren nicht nur die direkten Kosten im Sinne der direkt zurechenbaren Einzelkosten, sondern auch die indirekten Kosten im Sinne der nicht direkt zurechenbaren beschäftigungsabhängigen (variablen) Gemeinkosten zugerechnet.
- Marginal Costing (in Großbritannien);

Weniger geläufig sind die folgenden Bezeichnungen (vgl. Scherrer, G.: Kostenrechnung, S. 55 f.):

* Direktkostenrechnung;
* Variable Costing;
* Variable Cost Accounting;
* Responsibility Accounting;
* Control Accounting;
* Proportionalkostenrechnung.

2/5. Das Direct Costing ist eine amerikanische Bezeichnung für eine Form der Deckungsbeitragsrechnung, bei der nur die proportionalen Kosten den Kostenträgern direkt zugerechnet werden. Die Fixkosten werden in einer Summe an das Betriebsergebnis abgegeben.

2/6. Das Marginal Costing ist eine englische Bezeichnung für eine Form der Deckungsbeitragsrechnung, bei der nur die proportionalen Kosten als den Kostenträgern unmittelbar zurechenbar angesehen und alle Fixkosten in einer Summe an die Betriebsergebnisrechnung abgegeben werden.

2/7. Die Deckungsbeitragsrechnung will die systemimmanenten Mängel der Vollkostenrechnung vermeiden, die sich aus der Proportionalisierung der Fixkosten und der fehlenden Aufteilung der Gesamtkosten in variable und fixe Bestandteile ergeben. Das Ziel der Deckungsbeitragsrechnung ist die Bereitstellung von Informationen zur Unterstützung unternehmerischer Entscheidungen, insbesondere in den Bereichen Beschaffung, Produktion und Vertrieb. Hauptanliegen ist es, die Beziehungen zwischen Kosten, Umsatz und Gewinn sachgerecht abzubilden.

2/8. Eine Kostenfunktion ist eine mathematische Beziehung (f) zwischen Kosten (K) und Bezugsgrößen (b_1, b_2, ...). Letztere dienen als Maßgrößen für die Kosteneinflussgrößen. Die Kostenfunktion hat damit das folgende Aussehen: $K = f(b_1, b_2, ...)$.

2/9. Der Fixkostenblock ist die Gesamtheit der fixen Kosten, die in einem Unternehmen während einer bestimmten Abrechnungsperiode angefallen sind. Im System der einstufigen Deckungsbeitragsrechnung wird dieser Block völlig undifferenziert der Gesamtheit der in der Periode erzielten Deckungsbeiträge gegenübergestellt.

2/10. Deckungsbeitrag pro Stück = Verkaufspreis pro Stück - variable Stückkosten
Gewinn = Deckungsbeitrag pro Stück * Stückzahl - Fixkosten

2/11. Der Periodendeckungsbeitrag ist der in einer Periode (meist Monat) insgesamt erzielte Überschuss der Umsatzerlöse über die direkt zurechenbaren Kosten.

2/12. Ein negativer Deckungsbeitrag bedeutet, dass die Umsatzerlöse nicht einmal die variablen Kosten des Erzeugnisses decken, d.h., jede produzierte und verkaufte Einheit verschlechtert den Betriebserfolg. Die Konsequenzen heißen dann entweder den Preis erhöhen bzw. die variablen Kosten senken (wenn die Marktlage dies zulässt) oder die Produktion des Produktes einstellen.

2/13. In der Praxis gibt es einige Gründe, ein Produkt trotz negativem Deckungsbeitrag im Programm zu belassen. Dies ist immer dann der Fall, wenn:

- das Produkt zur Abrundung einer Serie benötigt wird;
- das Produkt nur kurzfristig einen negativen Deckungsbeitrag erwirtschaftet, z.B. geplante Preiserhöhungen oder Senkung der variablen Kosten;
- das Produkt Verbundwirkungen hat, d.h., die Produktionseinstellung würde zu einer Verringerung der Umsatzerlöse eines anderen Produktes führen.

Im Falle eines negativen Deckungsbeitrages muss aber sichergestellt werden, dass die anderen Produkte mit einem positiven Deckungsbeitrag den negativen Deckungsbeitrag des betrachteten Produktes mindestens kompensieren.

2/14. Zunächst sind der absolute Stückdeckungsbeitrag und der Deckungsbeitrag in Prozent zu ermitteln (in Anlehnung an Däumler, K.-D./Grabe, J.: Kostenrechnung 2, S. 27 f.):

Brosche	Preis	var. Stückkosten	DB	DB in %
A	10.000 €	9.000 €	1.000 €	10 %
B	5.000 €	4.400 €	600 €	12 %
C	1.000 €	800 €	200 €	20 %
D	500 €	350 €	150 €	30 %

Eine offensichtliche Möglichkeit wäre, der Gräfin lediglich die Brosche A anzubieten, damit wäre ihr Budget aufgebraucht. Besser wäre es jedoch der Dame zwei Einheiten von B zu verkaufen; noch besser wären zehnmal C. Den maximalen

Gewinn hätte Frau Klunker allerdings, wenn sie Frau von Reichhausen 20 Einheiten von der Brosche D anbietet, weil letztere Brosche den höchsten Deckungsbeitrag bezogen auf den Verkaufspreis hat. (Ob Frau Gräfin Caroline von Reichhausen zwanzigmal die gleiche Brosche haben möchte, sei mal dahingestellt.)

2/15.

	Vor Preissenkung	Nach Preissenkung
Umsatzerlöse	40.000 T€	34.000 T€
- variable Kosten	18.000 T€	18.000 T€
= Deckungsbeitrag (DB)	22.000 T€	16.000 T€
- Fixkosten	16.000 T€	16.000 T€
= Gewinn	6.000 T€	0 T€
DB in % vom Umsatz	55 %	47,06 %

Nebenrechnung:	Umsatzerlöse	*46.750 T€*	= 100 %
	- variable Kosten	24.750 T€	errechnet!

	Deckungsbeitrag	22.000 T€	= 47,06 %
	Fixkosten	16.000 T€	gegeben s.o.!

	Gewinn	6.000 T€	gefordert!

2/16. Als Preisuntergrenze wird diejenige Preisstellung bezeichnet, zu der sich eine betriebliche Betätigung gerade noch rentiert. Langfristig ist das der Preis, der die gesamten Kosten abdeckt. Kurzfristig kann auf eine volle Kostendeckung verzichtet werden; es reicht die Abdeckung der proportionalen Kosten. Von ganz anderen Überlegungen geht die liquiditätsorientierte Preisuntergrenze aus, die im Allgemeinen nur dort Bedeutung erlangt, wo eine Gesellschaft Gefahr läuft, illiquide zu werden. Die liquiditätswirksame Preisuntergrenze ist erreicht, wenn durch den Absatz der Produkte die Einnahmen höher sind als die direkt verursachten Ausgaben.

2/17. Die kostenorientierte kurzfristige Preisuntergrenze gibt den Preis an, der nur die proportionalen Stückkosten enthält. Aufträge, die in Zeiten der Unterbeschäftigung mehr als diesen Preis einbringen, sind kurzfristig förderungswürdig, weil sie damit einen Teil der ohnehin anfallenden Fixkosten abdecken.

2/18. a)

Werte in €	blaue Kreide	lila Kreide	weiße Kreide	Gesamt
Erlöse	26.000	13.000	21.000	60.000
Material-EK	6.800	1.100	1.400	
Fertigungslöhne	7.700	4.800	9.200	
Vertriebskosten	1.700	2.500	1.800	
$\sum$ var. Kosten	16.200	8.400	12.400	37.000
Deckungsbeiträge	9.800	4.600	8.600	23.000
Fixkosten				10.000
Gewinn				13.000

b) Stückdeckungsbeiträge

blaue Kreide:	(26.000 € - 16.200 €) / 6.500 Stück	≈ 1,51 €
lila Kreide:	(13.000 € - 8.400 €) / 1.300 Stück	≈ 3,54 €
weiße Kreide:	(21.000 € - 12.400 €) / 7.000 Stück	≈ 1,23 €

c) kurzfristige Stückpreise

blaue Kreide:	16.200 € / 6.500 Stück	≈ 2,49 €
lila Kreide:	8.400 € / 1.300 Stück	≈ 6,46 €
weiße Kreide:	12.400 € / 7.000 Stück	≈ 1,77 €

2/19. Mischkosten – auch gemischte Kostenarten genannt – sind Kostenarten, die sowohl variable als auch fixe Kostenelemente enthalten.

2/20. Kostenauflösung bedeutet die Trennung der Kosten in fixe und variable Bestandteile. Dies erfolgt nach ihrer Abhängigkeit von der Beschäftigung. Von der richtigen Kostenauflösung hängt es ab, ob die Kostenrechnung als entscheidungsorientiertes Informationssystem verwendet werden kann.

2/21. Vgl. Kap. 2.2.2.3 „Verfahren der Kostenauflösung".

2/22. Zu den Methoden der Kostenauflösung in fixe und variable Kosten zählen die folgenden Verfahren:

Nr.	Behauptungen	richtig	falsch
1)	Grafische Verfahren,	X	
2)	Kleinste-Quadrate-Methode,	X	

3)	Anbauverfahren,		X
4)	Mathematische Verfahren,	X	
5)	Iterationsverfahren,		X
6)	Gesamtkostenverfahren,		X
7)	Mathematisch-statistische Verfahren,	X	
8)	Simultanverfahren.		X

2/23. Andere Bezeichnungen für grafische Kostenauflösungsverfahren sind:

- Kostenauflösung mit Streupunktdiagrammen;
- Freihand-Methode;
- Statistical Scattergraph Method.

2/24. Bei dem grafischen Kostenauflösungsverfahren werden die Istkosten und die dazugehörigen Beschäftigungswerte in ein Koordinatensystem (x-Achse = Beschäftigung, y-Achse = Kosten) eingezeichnet. In die daraus resultierende Punktwolke wird freihändig (nach Augenmass) eine Ausgleichsgerade in der Art hineingelegt, dass sich die negativen und positiven Abweichungen der tatsächlichen Werte von der Geraden in etwa ausgleichen. Der Schnittpunkt dieser Geraden mit der y-Achse beschreibt die gesamten Fixkosten einer gemischten Kostenart, während die Steigung der Ausgleichsgeraden die variablen Stückkosten angibt.
Dem Vorteil der leichten Handhabbarkeit steht der Nachteil gegenüber, dass dieses Verfahren ungenau ist und von subjektiven Einschätzungen des Kostenrechners/Zeichners abhängt.

2/25. Zunächst müssen die Summen und die Durchschnittswerte der beiden Datenspalten errechnet werden:

Monat	Stunden	Kosten
Januar	430,00	3.860,00
Februar	440,00	3.890,00
März	500,00	4.300,00
April	460,00	4.190,00
Mai	420,00	3.740,00
Juni	360,00	3.420,00
Juli	410,00	3.630,00
August	455,00	4.110,00
September	480,00	4.290,00
Oktober	450,00	3.910,00
November	470,00	4.250,00
Dezember	320,00	3.280,00
Summe	5195,00	46.870,00
Durchschnitt	432,92	3.905,83

Trägt man die empirisch ermittelten Werte und den Gesamtdurchschnittspunkt in ein Koordinatensystem ein, erhält man nachstehende Grafik. Die gesuchte Gerade geht durch den Durchschnittspunkt (432,92 Std./3.905,83 €) und wird solange gedreht, bis sich die positiven und negativen Abweichungen in etwa ausgleichen.

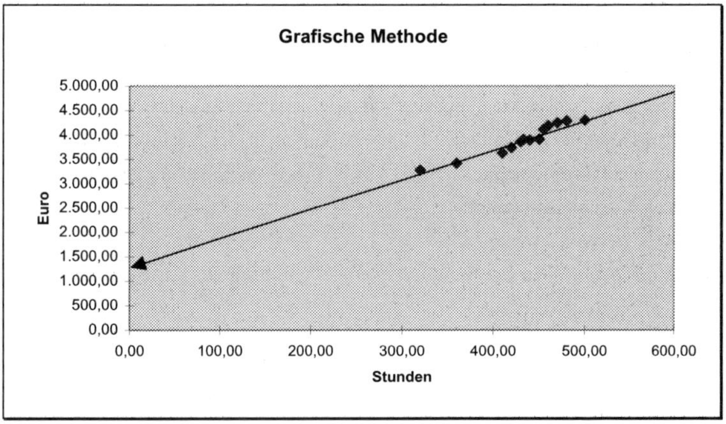

Als Lösung erhält man fixe Kosten in Höhe von etwa 1.100 € pro Monat. Mit Hilfe des Durchschnittspunktes lassen sich daraus die variablen Kosten ableiten: 3.905,83 € - 1.100 € = 2.805,83 € bzw. variable Stückkosten: 2.805,83 € / 432,92 Std. ≈ 6,48 €/Std.

2/26. Auf den Einbezug der Beschäftigungs- und Kostenwerte der Monate Mai, August und November wird ganz verzichtet, weil in diesen Monaten aus den unterschiedlichsten Gründen keine normalen Verhältnisse vorgelegen haben. Die Werte der übrigen neun Monate und des Jahresdurchschnittes werden in das Koordinatensystem mit dem Beschäftigungsausweis auf der x-Achse und dem Kostenausweis auf der y-Achse übertragen. Nach den Prinzipien der grafischen Kostenauflösung wird die Regressionsgerade freihändig durch die Punktwolke gelegt. In ihrem Schnittpunkt mit der y-Achse werden die fixen Kosten abgelesen.

Monat	Beschäftigung in Stunden	Kosten in €
Januar	2.700	16.000,00
Februar	2.500	15.000,00
März	1.300	9.000,00
April	1.900	10.000,00
Juni	1.100	7.000,00
Juli	2.600	13.500,00
September	2.100	12.500,00
Oktober	1.500	8.500,00
Dezember	2.300	12.000,00
Summe	18.000	103.500,00
Durchschnitt	2.000	11.500,00

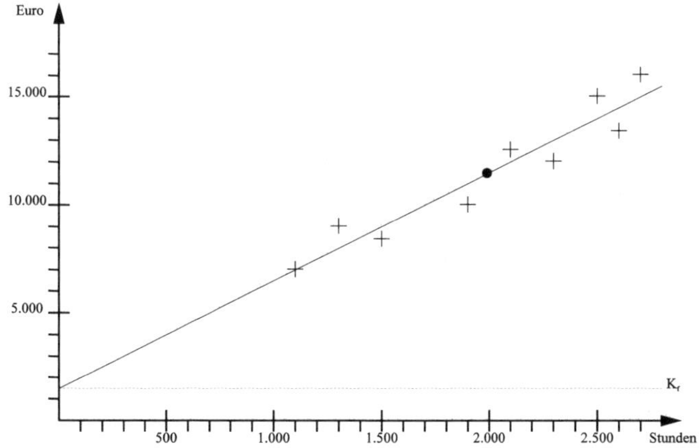

Fixkosten = 1.500 €
variable Kosten = 5 €/h

2/27. Kostenremanenz bedeutet, dass die Kosten bei rückläufiger Beschäftigung nicht in dem Maße sinken, wie sie bei steigender Beschäftigung zunehmen. Bestimmte Kostenarten haben insofern ein gewisses Beharrungsvermögen.

2/28. Andere Bezeichnungen für das mathematische Kostenauflösungsverfahren sind:

- Proportionaler Satz von Schmalenbach;
- Differenzen-Quotienten-Verfahren;
- Zweipunkt-Verfahren;
- High-Low-Points Methode;
- Hoch-Tiefpunkt-Methode;
- rechnerisches Kostenauflösungsverfahren.

2/29. Bei der mathematischen Kostenauflösung, die sich an das Schmalenbachsche mathematische Verfahren anlehnt, setzt man zur Trennung der variablen und fixen Kostenbestandteile zwei Differenzen zueinander ins Verhältnis, die Kostendifferenz und die zugehörige Beschäftigungsdifferenz. Der Quotient ergibt die variablen Kosten. Aus den gesamten und den variablen Kosten lassen sich schließlich die Fixkosten errechnen. Der Nachteil dieses Verfahrens ist, dass die Genauigkeit der Kostenauflösung maßgeblich von der Auswahl der Wertepaare abhängt. Der Vorteil liegt darin, dass es sich um ein sehr einfaches Verfahren handelt.

2/30. Die beiden Wertepaare sind so auszuwählen, dass sie folgende Bedingungen erfüllen:

- Sie sollten möglichst weit auseinander liegen;
- Sie sollten repräsentativ sein.

2/31. Für die variablen Stückkosten (je Päckchen) gelten:

var. Stückkosten	=	(15.000 € - 11.500 €) / (2.600 Stück - 1.900 Stück)
	=	5 €/Stück

Für die fixen Kosten gelten dann:

Fixkosten	=	15.000 € - 5 €/Stück * 2.600 Stück
	=	2.000 €/Monat

Die Kostenfunktion lautet: K = 2.000 + 5 * x

2/32. a)

Kostenänderung:	700.000 € - 580.000 €	=	120.000 €
Mengenänderung:	10.000 Stück - 7.500 Stück	=	2.500 Stück

Variable Stückkosten	=	120.000 € / 2.500 Stück = 48 €/Stück
Gesamte Fixkosten	=	700.000 € - 10.000 Stück * 48 €/Stück
	=	220.000 €
Fixe Stückkosten Juni	=	70 € - 48 € = 22,00 €/Stück
Juli	=	77,33 € - 48 € = 29,33 €/Stück
Variable Kosten Juni	=	10.000 Stück * 48 €/Stück = 480.000 €
Juli	=	7.500 Stück * 48 €/Stück = 360.000 €

b)

Gewinn im Monat Juni	=	900.000 € - 700.000 € = 200.000 €
Gewinn im Monat Juli	=	7.500 Stück * 90 €/Stück - 580.000 €
	=	95.000 €
Deckungsbeitrag Juni	=	900.000 € - 480.000 € = 420.000 €
Deckungsbeitrag Juli	=	675.000 € - 360.000 € = 315.000 €

Die Gewinnveränderung zwischen Juni und Juli hängt mit der zurückgegangenen Auslastung zusammen (Negativwirkung des Degressionseffektes der Fixkosten).

2/33. a) Variable Stückkosten (kv):

$$kv = \frac{25.000\text{ €} - 18.000\text{ €}}{2.600\text{ Stück} - 1.725\text{ Stück}} = 8\text{ €/Stück}$$

Fixkosten = 25.000 € - (2.600 Stück * 8 €) = 4.200 €

Alternativlösung: Aus den Informationen werden zwei Gleichungen erstellt:

$K1_{fix}$ = 25.000 € - k_{var} * 2.600 Stück
$K2_{fix}$ = 18.000 € - k_{var} * 1.725 Stück

Es gilt: $K1_{fix} = K2_{fix}$ Daraus folgt:

25.000 € - k_{var} * 2.600 Stück = 18.000 € - k_{var} * 1.725 Stück
7.000 € - k_{var} * 2.600 Stück = - k_{var} * 1.725 Stück
7.000 € = k_{var} * 875 Stück
k_{var} = 8 €/Stück

Ebenso ist folgende Vorgehensweise möglich:

Bei Produktionserhöhung um 50,07 % steigen die Gesamtkosten um 38,89 %, d.h., die Fixkosten betragen 23,33 % und somit 23,33 % von 18.000 € = 4.200 €. Die variablen Kosten belaufen sich auf 76,67 % bzw. 76,67 % von 18.000 € = 13.800 € und bezogen auf ein hergestelltes Stück 13.800 € / 1.725 Stück = 8 €/Stück.

b) Gewinn (G) = (11 € - 8 €) * x - 4.200 €

c) Break-Even-Menge = K_{fix} / (p - kv) = 4.200 € / 3 €/Stück
= 1.400 Stück

2/34. Praktikant Heinz Oberflächlich kommt zu folgenden Ergebnissen:

var. Stückkosten = (12.000 € - 10.000 €) / (1.600 Stück - 2.000 Stück)
= 2.000 € / - 400 Stück = - 5 €/Stück

In diesem Fall errechnen sich negative Kosten. Es liegt die Vermutung nahe, dass Heinz Oberflächlich keine repräsentativen Werte aus dem Datenbestand ausgewählt hat. Die mathematische Methode führt nur dann zu aussagekräftigen Ergebnissen, wenn die ausgewählten Kosten mit dem Gesamtdurchschnitt identisch sind und auf der Ausgleichsgeraden liegen.

2/35. Fixe Kosten haben ein Reagibilitätsgrad von

Nr.	Behauptungen	richtig	falsch
1)	R = 0	X	
2)	R = 0,5		X
3)	R = 1		X
4)	R = 5		X
5)	R = 10		X

2/36. Bei einem Reagibilitätsgrad von R < 1

Nr.	Behauptungen	richtig	falsch
1)	sinken die durchschnittlichen Stückkosten mit steigender Beschäftigung.	X	
2)	steigen die durchschnittlichen Stückkosten mit steigender Beschäftigung.		X
3)	sinken die durchschnittlichen Stückkosten mit fallender Beschäftigung.		X
4)	steigen die durchschnittlichen Stückkosten mit fallender Beschäftigung.	X	
5)	bleiben die durchschnittlichen Stückkosten unabhängig von der Beschäftigung konstant.		X

2/37.

$$\text{Reagibilitätsgrad} = \frac{2.000\text{ €} / 40.000\text{ €}}{30\text{ Std.} / 240\text{ Std.}} = \frac{0{,}05}{0{,}125} = 0{,}4$$

40 % der Kosten sind variabel und 60 % sind fix. Damit ergeben sich für die beiden Monate folgende variable und fixe Kosten:

Monat	variable Kosten	fixe Kosten	Gesamtkosten
April	16.000 €	24.000 €	40.000 €
Mai	16.800 €	25.200 €	42.000 €

2/38. V = 50.000 € / 250.000 € * 10 = 2

D.h., die Gesamtkosten bestehen aus 20 % variablen und 80 % fixen Kosten.

2/39. Die Kleinste-Quadrate-Methode geht von der Überlegung aus, dass ein gedachter und vorher in seiner Form festgelegter Trend dann die beste Annäherung an eine vorgegebene Beschäftigungsreihe darstellt, wenn die Abweichungen q_i der effektiven Reihenwerte zu den bei gleichem Abszissenwert sich ergebenden Werten auf der linearen Trendlinie minimiert werden. Die Trendlinie – auch Regressionsgerade genannt – hat die Form y = a + b * x. Bezeichnet man die Ordinatenwerte auf der Regressionsgeraden mit y^*_i, die jeweiligen Ordinatenwerte der Beschäftigungsreihe mit y_i, so läuft die Aufgabenstellung auf die Minimierung des $Q = \sum (y_i - y^*_i)^2$ hinaus. Bei der Methode der kleinsten Quadrate wird eine Regressionsgerade also so durch eine in ein Koordinatensystem eingezeichnete Punktwolke gelegt, dass die Summe der quadrierten senkrechten Abstände der Beobachtungswerte von dieser Ausgleichsgeraden am kleinsten wird.

2/40. Die Abweichungen werden quadriert, um zu vermeiden, dass sich positive und negative Abweichungen teilweise gegenseitig aufheben. Ferner werden Extremwerte stärker berücksichtigt.

2/41. Da der Ölverbrauch von der Maschinenlaufzeit abhängig ist und nicht umgekehrt, stellen der Verbrauch an Maschinenöl in Liter die abhängige Variable (y) und die Maschinenlaufstunden die unabhängige Variable (x) dar. Den Zusammenhang zwischen Ölverbrauch und Maschinenlaufstunden zeigt die folgende Tabelle:

Quartal	x_i	y_i	x_i^2	$x_i * y_i$
1	90	19	8.100	1.710
2	380	39	144.400	14.820
3	290	34	84.100	9.860
4	210	22	44.100	4.620
$\sum$	970	114	280.700	31.010

$$a = \frac{280.700 * 114 - 970 * 31.010}{4 * 280.700 - 940.900} = 10{,}556\ \text{l}$$

$$b = \frac{4 * 31.010 - 970 * 114}{4 * 280.700 - 940.900} = 0{,}074\ \text{l}$$

$$y^* = 10{,}556\ \text{l} + 0{,}074\ \text{l} * x \quad \text{(in Liter)}$$

$$y^* = 105{,}56\ € + 0{,}74\ € * x \quad \text{(in €)}$$

variable Kosten = 0,74 €/h

Fixkosten = 105,56 €

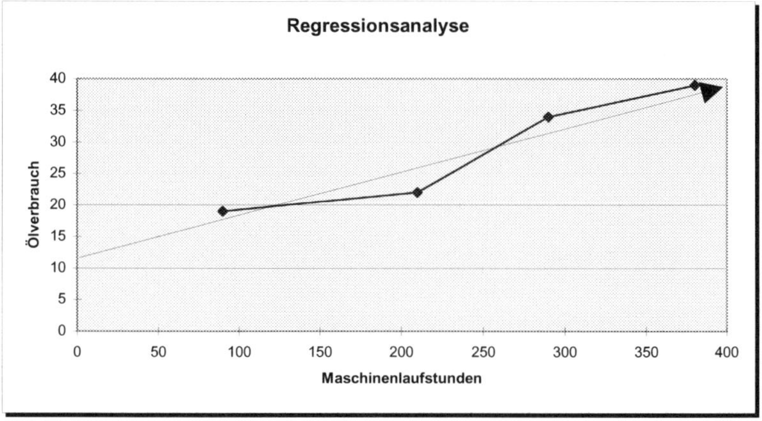

2/42. Auf den Einbezug der Beschäftigungs- und Kostenwerte der Monate Mai, August und November wird ganz verzichtet, weil in diesen Monaten aus den unterschiedlichsten Gründen keine normalen Verhältnisse vorgelegen haben. Die Werte der übrigen neun Monate werden in das Koordinatensystem mit dem Beschäftigungsausweis auf der x-Achse und dem Kostenausweis auf der y-Achse übertragen. Nach den Prinzipien der Kleinste-Quadrate-Methode wird die Regressionsgerade durch die Punktwolke gelegt.

$y_i = a + b * x_i$

$$a = \frac{\sum x_i^2 \sum y_i - \sum x_i \sum x_i y_i}{n \sum x_i^2 - (\sum x_i)^2} \qquad b = \frac{n \sum x_i y_i - \sum x_i \sum y_i}{n \sum x_i^2 - (\sum x_i)^2}$$

Monat	x_i	y_i	x^2_i	x_iy_i
Januar	2.700	16.000	7.290.000	43.200.000
Februar	2.500	15.000	6.250.000	37.500.000
März	1.300	9.000	1.690.000	11.700.000
April	1.900	10.000	3.610.000	19.000.000
Juni	1.100	7.000	1.210.000	7.700.000
Juli	2.600	13.500	6.760.000	35.100.000
September	2.100	12.500	4.410.000	26.250.000
Oktober	1.500	8.500	2.250.000	12.750.000
Dezember	2.300	12.000	5.290.000	27.600.000
Summe	18.000	103.500	38.760.000	220.800.000

$n = 9$

$\sum x_i = 18.000$ h

$\sum x^2_i = 38.760.000$ h²

$\sum y_i = 103.500$ €

$\sum x_i y_i = 220.800.000$ h*€

Fixkosten = a = 1.500 €
variable Kosten = b = 5 €/h

Die Kleinste-Quadrate-Regressionsfunktion lautet:

y = 1.500 € + 5 €/h * x

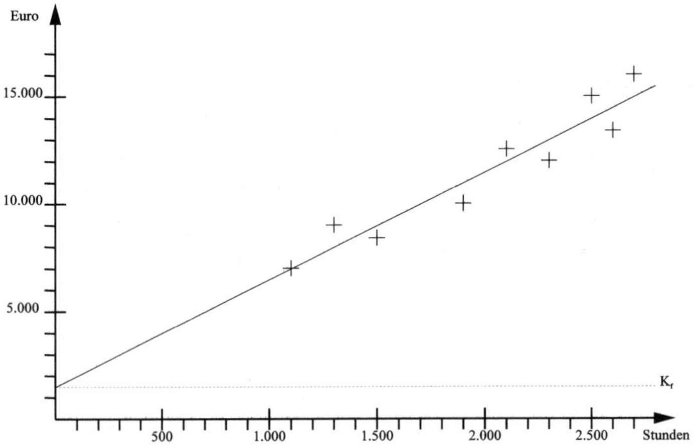

2/43. Die Aufgabe der Regressionsanalyse besteht darin, die Art der Abhängigkeit zwischen zwei oder mehr Variablen zu bestimmen, d.h. diejenige mathematische Funktion zu finden, durch die sich die zwischen den Variablen bestehenden Abhängigkeiten beschreiben lassen.

2/44. Während bei der Einfachregression nur die Beziehung zwischen zwei quantitativen Variablen (z.B. Kosten und Beschäftigung) untersucht wird, werden bei der Mehrfachregression (multiple Regression) die Beziehungen zwischen drei oder auch mehr Variablen untersucht.

2/45. Andere Bezeichnungen für analytische Verfahren der Kostenauflösung sind:

- synthetische Verfahren der Kostenauflösung;
- planerisch-synthetische Verfahren der Kostenauflösung;
- induktive Verfahren der Kostenauflösung.

2/46. Bei den analytischen Verfahren findet die Kostenauflösung im Wege der Beobachtung und Erwartung des Verhaltens der einzelnen Kostenarten auf den Kostenstellen unter Berücksichtigung der erwarteten Beschäftigung in der Planperiode statt.

2/47. Bei der Wahl eines geeigneten Verfahrens zur Kostenauflösung sind u.a. folgende Aspekte zu beachten (vgl. Mensch, G.: Kosten-Controlling, S. 117):

- Welche Fähigkeiten und welches methodische Wissen hat der Kostenplaner?
- Welche Vorarbeiten liegen vor?
- Sind ausreichend Vergangenheitswerte vorhanden?
- Sind für die Kostenart Verbrauchsanalysen leicht oder eher schwer durchzuführen?
- Ist die Kostensituation im Betrieb relativ stabil oder unterliegt sie diskontinuierlichen Entwicklungen?

2/48. (Quelle: Wöhe, G./Kaiser, H./Döring, U.: Übungsbuch zur Einführung in die Allgemeine Betriebswirtschaftslehre, S. 583)

Nr.	Behauptungen	richtig	falsch
1)	Bei einer Änderung des Beschäftigungsgrades führt die Verrechnung eines Gemeinkostenzuschlages zu Kostenüber- bzw. Kostenunterdeckungen.	X	
2)	Wenn in den Gemeinkosten nur variable Kosten enthalten wären, käme es bei Anwendung eines Kalkulationssatzes von 130 % auch bei Beschäftigungsänderungen nicht zu Kostenüber- oder Kostenunterdeckungen.	X	
3)	Im Falle eines Beschäftigungsrückganges können Kostenunterdeckungen nur vermieden werden, wenn der Kalkulationssatz erhöht wird.	X	
4)	Eine Kostenüberdeckung führt zwangsläufig zu höheren Absatzpreisen und somit zu einem höheren Gewinn.		X

2/49.

	Bezeichnung	Kosten	Zuschlagssatz
	Materialeinzelkosten	240.000 €	
+	variable Materialgemeinkosten	12.000 €	5 %
+	Fertigungseinzelkosten	120.000 €	
+	variable Fertigungsgemeinkosten	72.000 €	60 %
=	variable Herstellkosten	444.000 €	
+	variable Vertriebsgemeinkosten	22.200 €	5 %
+	Sondereinzelkosten des Vertriebes	7.800 €	
=	variable Gesamtkosten	474.000 €	

	Umsatz	680.000 €
-	variable Gesamtkosten	474.000 €
=	Deckungsbeitrag	206.000 €
-	Fixkosten	194.000 €
=	Betriebsergebnis	12.000 €

2/50.

Sorte	Menge in Stück	ÄZ	Verrechnung	variable Stückkosten	variable Gesamtkosten	Fixkosten	Gesamtkosten
A	500.000	6	3.000.000	1,02	510.000	40.000	550.000
B	800.000	1	800.000	0,17	136.000	40.000	176.000
C	1.200.000	3	3.600.000	0,51	612.000	40.000	652.000
Σ			7.400.000		1.258.000	120.000	1.378.000

Variable Stückkosten der Einheitssorte = 1.378.000 / 7.400.000 = 0,17

2/51. Die Deckungsbeitragsrechnung bietet sich beispielsweise zur Unterstützung folgender Entscheidungen an:

- die Annahme oder Ablehnung eines Auftrags;
- die Zusammensetzung des Sortiments;
- die Zusammensetzung des Produktionsprogramms in Engpasssituationen;
- Eigenfertigung oder Fremdbezug.

2/52. Betriebliche Engpässe sind knappe Produktionsfaktoren, die als Restriktionen den Handlungsspielraum der Unternehmung einengen. Beispiele sind Absatzbeschränkungen, voll ausgelastete personelle oder maschinelle Kapazitäten, knappe Rohstoffe oder zu geringe finanzielle Mittel.

2/53. a) Gewinn (G) = (69 € - 53 €) * 5.625 Stück - 91.200 €

= - 1.200 €

angestrebter Gewinn = + 7.800 €

----

erforderliche Gewinnerhöhung = 9.000 €

Zusatzauftrag: 9.000 € / (65 € - 53 €) = 750 Stück

Alternative Berechnung: Zusatzauftrag in Stück = x

Gewinn (G) = Erlöse - variable Kosten - Fixkosten

7.800 € = 5.625 Stück * 69 €/St. + x Stück * 65 €/St.

- (5.625 Stück + x Stück) * 53 €/St. - 91.200 €

x = 750 Stück

b) 75 %-Auslastung = 5.625 Stück/Monat

100 %-Kapazität = 5.625 Stück / 0,75 = 7.500 Stück

Gesamtabsatz inkl. Zusatzauftrag = 5.625 Stück + 750 Stück

= 6.375 Stück

Kapazitätsauslastung = 85 %

c) Gefahren sind darin zu sehen, dass der niedrige Verkaufspreis des Zusatzauftrages in Höhe von 65 €/Stück zu einer Senkung des vom Facheinzelhandel bezahlten Stückpreises führt.

2/54. Ermittlung der in diesem Fall entscheidungsrelevanten Kosten:

Arbeitsmaterial	8.250 €
Fremdarbeiten	5.000 €

Auftragsbezogene Kosten	13.250 €

Ermittlung des Deckungsbeitrages:

Erlöse	15.000 €
variable Kosten	13.250 €

Deckungsbeitrag	1.750 €

Da die Arbeitsverträge nicht kurzfristig gekündigt werden können, sind die Lohn- und Gehaltskosten als Fixkosten anzusehen. Unter der Voraussetzung, dass die "Flinker Pinsel"-GmbH keine besseren Aufträge erwarten kann, ist das Angebot von Frau Tüchtig anzunehmen, weil der Deckungsbeitrag positiv ist.

2/55. (In Anlehnung an Däumler, K.-D./Grabe, J.: Kostenrechnung I, S. 417)

a) Entscheidung des Vollkostenrechners:

aa) Nein, da

Stückkosten: 400.000 € / 5.000 Stück = 80 €/Stück

80 €/St. - 11 €/St. Einsparung = 69 €/St.

Der Zusatzauftrag bringt aber nur 63 €/Stück.

ab) Nein: Der Zusatzauftrag bringt aus Vollkostensicht einen Verlust in Höhe von 69 €/Stück - 63 €/Stück = 6 €/Stück.

ac) Betriebsgewinn = Umsatzerlöse - Gesamtkosten

= 480.000 € - 400.000 € = 80.000 €

b) Entscheidung des Teilkostenrechners:

variable Kosten = 400.000 € - 150.000 € = 250.000 €

variable Stückkosten = 250.000 € / 5.000 Stück = 50 €/Stück

variable Stückkosten für Zusatzauftrag

= 50 €/Stück - 11 €/Stück = 39 €/Stück

Stückdeckungsbeitrag des Zusatzauftrages

= 63 €/Stück - 39 €/Stück = 24 €/Stück

Der Deckungsbeitrag des Zusatzauftrages ist positiv. Daher ist es sinnvoll, diesen unter Berücksichtigung der freien Kapazitäten anzunehmen.

Betriebsgewinn = Deckungsbeitrag "Normalproduktion"

\+ Deckungsbeitrag "Zusatzauftrag"

\- Fixkosten

= 5.000 Stück * 46 €/Stück (= 96 €/St. - 50 €/St.)

\+ 3.500 Stück * 24 €/Stück

\- 150.000 €

= 164.000 €/Monat

2/56. (In Anlehnung an Däumler, K.-D./Grabe, J.: Kostenrechnung I, S. 417)

a) Entscheidung des Vollkostenrechners:

aa) Nein, da

Stückkosten: 700.000 € / 10.000 Stück = 70 €/Stück

70 €/St. - 5 €/St. Einsparung = 65 €/St.

Der Zusatzauftrag bringt aber nur 55 €/Stück.

ab) Ja, weil der Betriebsgewinn durch Annahme des Zusatzauftrages steigt:

	Umsatzerlöse - Gesamtkosten = Betriebsgewinn
vorher:	900.000 € - 700.000 € = 200.000 €
nachher:	900.000 € + 55 €/Stück * 2.000 Stück
	- 12.000 € * 65 €/Stück
	= 1.010.000 € - 780.000 € = 230.000 €

ac) Betriebsgewinn = Umsatzerlöse - Gesamtkosten
= 1.010.000 € - 780.000 € = 230.000 €

b) Entscheidung des Teilkostenrechners:

variable Kosten = 700.000 € - 300.000 € = 400.000 €

variable Stückkosten = 400.000 € / 10.000 Stück = 40 €/Stück

variable Stückkosten nach Zusatzauftrag
= 40 €/Stück - 5 €/Stück = 35 €/Stück

Stückdeckungsbeitrag des Zusatzauftrages
= 55 €/Stück - 35 €/Stück = 20 €/Stück

Der Deckungsbeitrag des Zusatzauftrages ist positiv. Daher ist es sinnvoll, diesen unter Berücksichtigung der freien Kapazitäten anzunehmen.

Betriebsgewinn	=	Deckungsbeitrag "Normalproduktion"	
		+	Deckungsbeitrag "Zusatzauftrag"
		-	Fixkosten
	=	10.000 Stück * 55 €/Stück	
		+	2.000 Stück * 20 €/Stück
		-	300.000 €
	=	290.000 €/Monat	

Beim Vergleich des Betriebsergebnisses des Vollkostenrechners und des Teilkostenrechners fällt auf, dass der Teilkostenrechner zu einem um 60.000 € höheren Gewinn kommt. Dies liegt darin begründet, weil der Vollkostenrechner die gesamten Stückkosten nach Annahme des Zusatzauftrages mit 65 € unwissentlich falsch ermittelt. Die Fixkosten werden hier fälschlicherweise proportionalisiert. Tatsächlich steigen die Stückkosten nur um die variablen Anteile.

2/57. In diesem Beispiel liegt Überbeschäftigung vor: 90.000 Stück Auftragsbestand + 12.000 Stück Zusatzauftrag > 100.000 Stück Kapazitätsgrenze. Der Deckungsbeitrag des Zusatzauftrages liegt bei (11 € - 10 €) * 12.000 Stück = 12.000 €. Die

Alternativkosten betragen (13 € - 10 €) * 2.000 Stück = 6.000 €. Der Zusatzauftrag ist also anzunehmen, da 6.000 € < 12.000 €.

2/58. In der Vollkostenrechnung fehlt eine Aufspaltung der Gesamtkosten in variable und fixe Kosten. Daher ist es im Rahmen der Produktionsprogrammplanung gefährlich, wenn man sich ausschließlich an den Stückgewinnen orientiert, wenn man also einerseits Produkte mit negativen Stückgewinnen aus dem Produktionsprogramm herausnimmt und andererseits Produkte mit hohen Stückgewinnen forciert. So ist es durchaus denkbar, dass ein scheinbarer „Verlustartikel" unter Trennung der variablen und fixen Kosten noch einen positiven Deckungsbeitrag einfährt, dass also die Eliminierung des Produktes mit negativem Stückgewinn sogar noch zu einer Verschlechterung der Erfolgssituation führt.

2/59. Fällt eine Maschine aus und tritt dadurch eine Engpasssituation in der Fertigung auf, muss der relative Deckungsbeitrag als Entscheidungskriterium herangezogen werden.

2/60. a) Relativer Deckungsbeitrag, z.B. pro Einheit der Produktionskapazität
b) Verkaufspreis pro Stück ist kleiner als die variablen Stückkosten
c) Wenn die Kosten der Engpassbeseitigung kleiner sind als die entgehenden Deckungsbeiträge

2/61. Das optimale Produktionsprogramm ist das Produktionsprogramm, welches zum höchsten Gesamtdeckungsbeitrag und somit auch zum maximalen Betriebserfolg führt. Die Stückdeckungsbeiträge errechnen sich zu 20 € für A und 30 € für B. Bei der ersten Alternative entsteht ein Gesamtdeckungsbeitrag von 1.000 Stück * 20 €/Stück + 2.000 Stück * 30 €/Stück = 80.000 €. Bei der zweiten Alternative beträgt dieser 1.600 Stück * 20 €/Stück + 1.500 Stück * 30 €/Stück = 32.000 € + 45.000 € = 77.000 €. Die erste Alternative ist damit optimal.

2/62.

Werte in €	O-Saft	Z-Saft	A-Saft	Gesamt
Erlöse	374.600	246.000	87.400	708.000
- var. Kosten	189.450	113.250	64.550	367.250
= DB	185.150	132.750	22.850	340.750
- fixe Kosten				250.750
= Gewinn				90.000

Laut Deckungsbeitragsrechnung ist A-Saft nicht aus dem Programm herauszunehmen, da er einen positiven Deckungsbeitrag zur Deckung der Fixkosten leistet. Die Fixkosten sind als Gesamtsumme in die Betriebsergebnisrechnung aufzunehmen. Eine Aufspaltung der fixen Kosten auf die einzelnen Produkte bzw. Produktgruppen widerspricht der einstufigen Deckungsbeitragsrechnung.

2/63. Der betrachtete Rasendünger-Hersteller muss die durch eine vorübergehende Produktionseinstellung eingesparten Kosten den hierdurch entgehenden Deckungsbeiträgen und den zusätzlich anfallenden Kosten für die Wiederaufnahme der Fertigung gegenüberstellen:

Entgehende Deckungsbeiträge:

Umsatzerlöse	300 €/t
- variable Kosten	280 €/t

= Deckungsbeitrag	20 €/t

20 €/t * 800 t/Monat * 12 Monate	=	192.000 €
Kosten der Wiederaufnahme	=	18.000 €

Kosten bei Produktionseinstellung		210.000 €

Eingesparte Fixkosten:

0,5 * 12 Monate * 40.000 €/Monat	=	240.000 €
Veränderung des Unternehmensergebnisses	=	+ 30.000 €

Zum gleichen Ergebnis kommt man auch, wenn man die Unternehmenserfolge ohne und mit Produktionseinstellung miteinander vergleicht:

Vergleich der Unternehmensergebnisse	bei Produktionsfortführung	mit Produktionseinstellung
Umsatzerlöse - variable Kosten	2.880.000 € 2.688.000 €	0 € 0 €
Deckungsbeitrag - Fixkosten	192.000 € 480.000 €	0 € 240.000 € 18.000 €
= Unternehmensergebnis	- 288.000 €	- 258.000 €

Es ist also rentabler, die Produktion von Rasendünger unter den genannten Bedingungen für zwölf Monate einzustellen. Erst wenn es gelingt, eine sofortige Preisanhebung auf dem Markt ohne Einbußen bei der Absatzmenge durchzusetzen, wäre die Fortführung der Produktion rentabler. Der Preis X, der mindestens für den Dünger verlangt werden müsste, errechnet sich wie folgt:

(X € - 280 €/t) * 800 t/Mon. * 12 Mon. = 240.000 € - 18.000 €
X €/t = 303,125 €/t

oder als alternative Rechnung:

Preissteigerung = 30.000 € / (800 t/Mon. * 12 Mon.) = 3,125 €/t
X € = 300 €/t + 3,125 €/t = 303,125 €/t

Probe:

Vergleich der Unternehmensergebnisse	bei Produktionsfortführung	mit Produktionseinstellung
Umsatzerlöse - variable Kosten	2.910.000 € 2.688.000 €	0 € 0 €
Deckungsbeitrag - Fixkosten	222.000 € 480.000 €	0 € 240.000 € 18.000 €
= Unternehmensergebnis	- 258.000 €	- 258.000 €

2/64.

Auftrag	Kapazitätsbelastung	Deckungsbeitrag	DB je Stunde	Rangfolge
I	60 Stunden	1.500 €	25 €	6
II	400 Stunden	12.000 €	30 €	5
III	80 Stunden	16.800 €	210 €	2
IV	180 Stunden	18.000 €	100 €	4
V	120 Stunden	24.000 €	200 €	3
VI	40 Stunden	16.000 €	400 €	1

Maximalkapazität	=		450 Stunden
- Auftrag VI	=	-	40 Stunden
- Auftrag III	=	-	80 Stunden
- Auftrag V	=	-	120 Stunden
- Auftrag IV	=	-	180 Stunden
			----------------------------
ganze Aufträge	=	-	420 Stunden
- Auftrag II	=	-	30 Stunden

Restkapazität	=		0 Stunden

Der Auftrag II kann nur noch mit 30 Stunden und der Auftrag I nicht mehr gefertigt werden.

2/65. Zunächst sind die Stückdeckungsbeiträge der Produkte zu ermitteln:

Produktarten	A	B	C	D
Umsatzerlöse	100 €	90 €	70 €	80 €
- variable Kosten	60 €	50 €	60 €	60 €
= Deckungsbeiträge	40 €	40 €	10 €	20 €

Da die Deckungsbeiträge pro Stück durchweg positiv sind, muss als nächstes geprüft werden, ob und gegebenenfalls wie viele Kapazitätsengpässe vorliegen.

Produktarten	A	B	C	D	Kap.-	tatsächl.
absetzbare Menge	2.000	3.000	1.000	4.000	bedarf	Kapazität
Fertigungsstelle I	12.000 h	21.000 h	9.000 h	12.000 h	54.000 h	54.000 h
Fertigungsstelle II	8.000 h	9.000 h	8.000 h	8.000 h	*33.000 h*	*25.000 h*
Fertigungsstelle III	4.000 h	3.000 h	7.000 h	4.000 h	18.000 h	19.000 h

Die Kapazitätsanalyse zeigt, dass in der Fertigungsstelle II ein Engpass vorliegt. Es werden 8.000 h mehr benötigt, als tatsächlich vorhanden sind. In einem nächsten Schritt sind daher die relativen Deckungsbeiträge der vier Erzeugnisse für diese Engpasskostenstelle zu ermitteln. Daraus lässt sich die für die Produktionsprogrammplanung maßgebliche Rangfolge der Erzeugnisse ableiten.

Produktarten	A	B	C	D
absoluter DB	40 €	40 €	10 €	20 €
Stellenbeanspruchung	4 h	3 h	8 h	2 h
relativer DB	10 €/h	13,33 €/h	1,25 €/h	10 €/h
Rangfolge	2	1	4	2

Das optimale Produktionsprogramm hat demnach folgendes Aussehen:

1.	Produkt B:	3.000 Stück * 3 h/Stück	=	9.000 h
2.	Produkt A:	2.000 Stück * 4 h/Stück	=	8.000 h
	Produkt D:	4.000 Stück * 2 h/Stück	=	8.000 h

				25.000 h

Produkt C kann nicht mehr produziert werden und muss daher aus dem Produktionsprogramm herausgenommen werden.

Um das Betriebsergebnis zu ermitteln, sind von den kumulierten Deckungsbeiträgen die fixen Kosten abzuziehen. Der Betriebserfolg errechnet sich also wie folgt:

DB von Produkt B:	3.000 Stück * 40 €/Stück	=	120.000 €
DB von Produkt A:	2.000 Stück * 40 €/Stück	=	80.000 €
DB von Produkt D:	4.000 Stück * 20 €/Stück	=	80.000 €

Gesamt-Deckungsbeitrag			280.000 €
- Fixkosten			90.000 €

Betriebserfolg			190.000 €

2/66. a)

Artikel	Menge	DB/Stück		DB insgesamt
I	12.000	25,00 €		300.000 €
II	6.000	14,00 €		84.000 €
III	3.000	50,00 €		150.000 €
IV	5.000	22,00 €		110.000 €

				644.000 €
Fixkosten			-	444.000 €

Betriebsgewinn	200.000 €

b) Rangfolge: III, I, IV, II
Wenn kein Engpass vorliegt, bestimmt der absolute Deckungsbeitrag je Stück die Rangfolge.

c) Variable Stückkosten = kurzfristige Preisuntergrenze

I	=	57 €/Stück
II	=	106 €/Stück
III	=	28 €/Stück
IV	=	43 €/Stück

Der Betrieb kann kurzfristig auf die Deckung der Fixkosten verzichten. Liegt der Preis unterhalb der Selbstkosten, aber über den variablen Kosten, wird der Verlust verringert, der sonst bei Produktionseinstellung in Höhe der Fixkosten liegen würde. Unterstellt wird dabei, dass die fixen Kosten kurzfristig nicht abbaubar sind.

d) Bei einer Engpasssituation bestimmt der relative Deckungsbeitrag je Stück die Reihenfolge.

Artikel	absoluter DB	Fertigungszeit	relativer DB	Rangfolge
I	25 €/Stück	0,2 Std./Stück	125 €/Std.	1
II	14 €/Stück	0,2 Std./Stück	70 €/Std.	2
III	50 €/Stück	0,8 Std./Stück	62,5 €/Std.	3
IV	22 €/Stück	0,4 Std./Stück	55 €/Std.	4

Daraus errechnet sich das optimale Produktionsprogramm wie folgt:

Artikel I	12.000 Stück	0,2 Stunden/Stück	2.400 Stunden
Artikel II	6.000 Stück	0,2 Stunden/Stück	1.200 Stunden
Artikel III	1.750 Stück	0,8 Stunden/Stück	1.400 Stunden

			5.000 Stunden

Die restliche von Artikel III absetzbare Menge (1.250 Stück) sowie die gesamte Menge des Artikels IV (5.000 Stück) müssen entfallen.

e)

Preis Artikel V	104,00 €/Stück
variable Stückkosten	71,50 €/Stück

Deckungsbeitrag/Stück	32,50 €/Stück
Fertigungszeit	0,5 Stunden je Stück
relativer Deckungsbeitrag	65 €/Stunde

Der relative Deckungsbeitrag des Zusatzproduktes V liegt über dem des noch produzierten Produktes III. Unter dem Gesichtspunkt der Gewinnmaximierung ist die Produktion von Rasenmäher V lohnender als die von Artikel III. Um 4.000 Stück von Artikel V herzustellen, werden 2.000 Stunden benötigt. Es bleiben für V aber nur noch 1.400 Stunden übrig, in denen 2.800 Stück von V hergestellt werden können. Das optimale Produktionsprogramm zeigt sich unter Berücksichtigung des Zusatzauftrages wie folgt:

Artikel I	12.000 Stück	0,2 Stunden/Stück	2.400 Stunden
Artikel II	6.000 Stück	0,2 Stunden/Stück	1.200 Stunden
Artikel V	2.800 Stück	0,5 Stunden/Stück	1.400 Stunden

			5.000 Stunden

2/67. (In Anlehnung an Bitz, M.: Übungen in Betriebswirtschaftslehre, S. 81)

Alle Erzeugnisse haben einen positiven Deckungsbeitrag. Die verfügbare Alkoholmenge reicht jedoch nicht, um alle drei Marken bis zur Absatzhöchstmenge zu fertigen. In der angegebenen Situation stellt somit die verfügbare Alkoholmenge den einzigen relevanten Produktionsengpass dar. Mithin richtet sich die Vorteilhaftigkeit der einzelnen Erzeugnisse danach, wie hoch der jeweilige Deckungsbeitrag je Engpasseinheit ist. Für diese Kennzahl (DB / Alkoholbedarf) ergeben sich nachstehende Werte:

Produkt	Deckungsbeitrag	Alkoholbedarf	DB/Alkoholbedarf	Rang
D	5,00 €	0,8 l	6,25	2
K	2,00 €	0,4 l	5	3
S	7,80 €	0,6 l	13	1

Das insgesamt verfügbare Alkoholkontingent wird nun auf die einzelnen Erzeugnisse nach der Rangfolge zugeteilt und zwar so lange, bis es vollständig verteilt ist.

Produkt	Absatzmenge	Alkoholbedarf	Noch verfügbares Kontingent
S	14.000 Fl.	8.400 l	10.800 l
D	13.500 Fl.	10.800 l	0 l
K	0 Fl.	0 l	0 l

Erzeugnis S wird also bis zur Absatzhöchstmenge von 14.000 Flaschen hergestellt. Das restliche Alkoholkontingent wird zur Produktion von 13.500 Flaschen von D verwandt. Die Fertigung von K wird – zumindest vorläufig – eingestellt.

2/68. a)

	Produkt A	Produkt B	Produkt C	Gesamt
Produktionsmenge	1.000 Stück	2.000 Stück	3.000 Stück	
Fertigungszeit I pro Stück	1,20 h/Stück	1,50 h/Stück	2,20 h/Stück	
gesamte Fertigungszeit I	1.200 h	3.000 h	6.600 h	*10.800 h*
Fertigungszeit II pro Stück	3,30 h/Stück	1,40 h/Stück	1,70 h/Stück	
gesamte Fertigungszeit II	3.300 h	2.800 h	5.100 h	11.200 h

Der Engpass befindet sich in Fertigung I, da die Gesamtkapazität der Fertigungsstelle I bei nur 10.000 Stunden liegt.

b)

	Produkt A	Produkt B	Produkt C
Verkaufspreis	39,35 €/Stück	38,50 €/Stück	37,65 €/Stück
- variable Kosten:			
Fertigungsmaterial	3,00 €/Stück	4,00 €/Stück	5,00 €/Stück
5 % Materialgemeinkosten	0,15 €/Stück	0,20 €/Stück	0,25 €/Stück

Fertigungslöhne I	8,00 €/Stück	7,00 €/Stück	6,00 €/Stück
40 % Fertigungsgemeinkosten I	3,20 €/Stück	2,80 €/Stück	2,40 €/Stück
Fertigungslöhne II	10,00 €/Stück	9,00 €/Stück	8,00 €/Stück
50 % Fertigungsgemeinkosten II	5,00 €/Stück	4,50 €/Stück	4,00 €/Stück
Summe variable Kosten	29,35 €/Stück	27,50 €/Stück	25,65 €/Stück
Deckungsbeitrag	10,00 €/Stück	11,00 €/Stück	12,00 €/Stück
relativer Deckungsbeitrag	8,33 €/h	7,33 €/h	5,45 €/h
Rangfolge	1	2	3
optimale Produktionsmenge	1.000 Stück	2.000 Stück	*2.636 Stück*
Deckungsbeitrag der Periode	10.000 Stück	22.000 Stück	31.632 Stück

Relativer DB von Produkt A = 10,00 €/Stück / 1,2 h/Stück ≈ 8,3333 €/h
Relativer DB von Produkt B = 11,00 €/Stück / 1,5 h/Stück ≈ 7,3333 €/h
Relativer DB von Produkt C = 12,00 €/Stück / 2,2 h/Stück ≈ 5,4545 €/h

Restkapazität für Produkt C = 10.000 h - 1.000 Stück * 1,2 h/Stück - 2.000 Stück * 1,5 h/Stück = 5.800 h
Produktionsmenge von Produkt C = 5.800 h / 2,2 h/Stück ≈ 2.636,36 Stück

Der gesamte Periodendeckungsbeitrag beträgt 63.632 €.

c)

Deckungsbeitrag Produkt A	10.000 €
Deckungsbeitrag Produkt A	22.000 €
Summe der Deckungsbeiträge	32.000 €
Materialgemeinkosten	2.000 €
Fertigungsgemeinkosten I	18.000 €
Fertigungsgemeinkosten II	15.000 €
Verwaltung und Vertrieb	10.000 €
Summe der Fixkosten	45.000 €

Die Deckungsbeiträge reichen nicht aus, um die Fixkosten zu decken, d.h., das Unternehmen erreicht die Gewinnschwelle nicht.

d) Laut Aufgabenteil c) fehlt ein Deckungsbeitrag in Höhe von 13.000 €, um die Gewinnschwelle zu erreichen. Dieser fehlende Deckungsbeitrag soll durch Produkt C ausgeglichen werden. Produkt C hat einen Stückdeckungsbeitrag von 12,00 €.

13.000 € / 12,00 €/Stück ≈ 1.083 Stück von Produkt C

2/69. Die lineare Programmierung befasst sich mit der Bestimmung eines Optimums von linearen Funktionen, in denen der zulässige Lösungsbereich durch mehrere Engpässe (Nebenbedingungen) abgegrenzt ist.

2/70. Zur mathematischen Formulierung des Zusammenhangs müssen bekannt sein:

- Eine Zielsetzung, die durch eine lineare Zielfunktion darstellbar ist. Die traditionelle Zielfunktion Gewinnmaximierung beinhaltet daher beispielsweise Stückgewinne oder Stückdeckungsbeiträge als Komponenten der Zielvariablen.
- Die Variablen der Zielfunktion müssen optimiert werden.
- Die Zielerreichung muss bestimmten Nebenbedingungen unterliegen, die wiederum in der Form linearer Gleichungen formulierbar sind.
- Alle Variablen müssen, um praktisch verwertbare Ergebnisse zu erhalten, nichtnegative Werte annahmen.

2/71. Die gestellte Aufgabe lässt sich mathematisch wie folgt formulieren:

Deckungsbeitrag: $30\,x + 45\,y = DB \Rightarrow$ maximieren!
Nach Umformung ergibt sich: $x = DB/30 - 45/30\,y$
Setzt man für DB beispielsweise 900 € ein, ergibt sich: $x = 30 - 1{,}5\,y$
Zu beachten sind dabei die einschränkenden Restriktionen:

I.	$4\,x$	+	$12\,y$	$\leq$	720
II.	$8\,x$	+	$8\,y$	$\leq$	640
III.	$15\,x$	+	$5\,y$	$\leq$	900

Schreibt man die Restriktionen als Gleichung und formt diese dann um, erhält man:

I.	$4\,x + 12\,y = 720$	oder	$x = 720/4 - 12/4\,y$	oder	$x = 180 - 3\,y$
II.	$8\,x + 8\,y = 640$	oder	$x = 640/8 - 8/8\,y$	oder	$x = 80 - y$
III.	$15\,x + 5\,y = 900$	oder	$x = 900/15 - 5/15\,y$	oder	$x = 60 - 1/3\,y$

Außerdem dürfen die zu produzierenden Mengen nicht negativ werden, d.h. $x \geq 0$ und $y \geq 0$.

Zur grafischen Lösung überträgt man die Nebenbedingungen und Nicht-Negativitätsbedingungen in ein x-y-Koordinatensystem und stellt die Lösungsmenge als polygonal begrenzte Fläche dar. Aus der Lösungsmenge muss nun diejenige ausgewählt werden, welche die Zielfunktion DB = 30 x + 45 y maximiert. Dazu wählt man zunächst eine beliebige, nicht optimale Lösung aus. In der Abbildung ist das für die konstanten Deckungsbeiträge DB_1 = 900 €, DB_2 = 2.250 € und DB_3 = 5.400 € geschehen. Diese Iso-Deckungsbeitragslinien verlaufen parallel zueinander, wobei die Richtung stärkster Deckungsbeitragszunahme senkrecht zu den Deckungsbeitragslinien verläuft. Man erhält daher den höchsten Deckungsbeitrag im Rahmen der zulässigen Lösungen, indem man eine beliebige Deckungsbeitragslinie parallel zu sich in Richtung des zunehmenden Deckungsbeitrages verschiebt, bis man an die in dieser Richtung äußerste Grenze (Ecke) des zulässigen Bereichs gelangt. Hier im Beispiel ist das die Grenze P(30;50). Die Deckungsbeitragsfunktion lautet also im maximalen Punkt:

DB = 30 €/Stück * 30 Stück + 45 €/Stück * 50 Stück = 3.150 €

Der maximal erreichbare Deckungsbeitrag beträgt also 3.150 €.

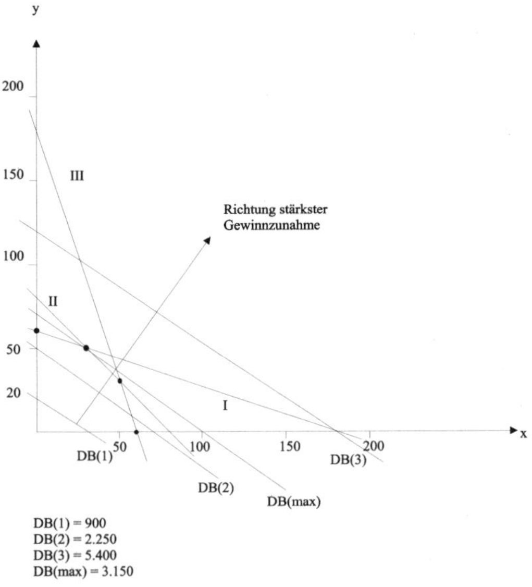

2/72. Das Produktionsproblem ist zunächst unter Benutzung von Variablen in ein algebraisches Problem zu übersetzen:

Zielfunktion:	DB = 120 x + 90 y	$\Rightarrow$	Maximum
a)	$x + y \leq 1.000$		
b)	$x \leq 600$		
c)	$y \leq 800$		
d)	$x/800 + y/1.200 \leq 1$ bzw. $y \leq - 3/2\ x + 1.200$		
e)	$y - x \leq 600$		

Nicht-Negativitätsbedingungen: $x \geq 0$ und $y \geq 0$

In der nachstehenden Abbildung sind die Geraden a, b, c, d und e eingezeichnet. Werden noch die beiden Nicht-Negativitätsbedingungen hinzugenommen, dann erhält man den zulässigen Bereich. Sei nun ein beliebiger fester Zielwert DB1 angenommen, dann ist die Gleichung DB1 = 120 x + 90 y, die man auch in der Form 120 x + 90 y - DB1 = 0 schreiben kann, eine lineare Gleichung mit zwei Variablen. In die Grafik ist die Gerade DB1 eingezeichnet, die durch die Zielgleichung für DB1 = 36.000 € bestimmt ist. Durch Rechtsverschieben der eingezeichneten Geraden DB1 gelangt man zum Punkt (x = 400 und y = 600) mit dem Zielwert 102.000 €. Die Produktion ist somit optimal, wenn monatlich 400 Fernsehgeräte und 600 Rundfunkgeräte hergestellt werden.

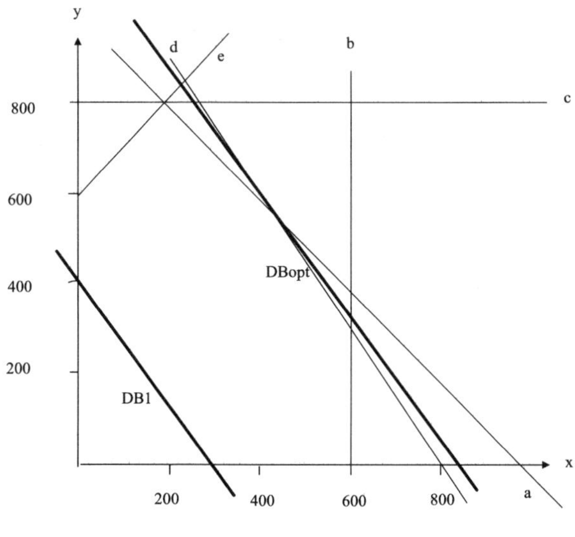

2/73. a) Die Deckungsbeiträge der beiden Särge „Erfüllung" (x_1) und „Himmlische Ruhe" (x_2) ergeben sich nach folgender Rechnung (Angaben in €/Stück):

	„Erfüllung"	„Himmlische Ruhe"
(1) Bearbeitungszeit x Kostensatz	-	-
(2) . . . in Abt. 1	40	40
(3) . . . in Abt. 2	250	200
(4) . . . in Abt. 3	60	150
(5) sonstige variable Kosten	70	80
(6) gesamte variable Kosten	420	470
(7) Verrechnungspreis	450	560
(8) Deckungsbeitrag [(7) / (6)]	30	90

Dementsprechend lautet die Zielfunktion:

$$DB = 30\,x_1 + 90\,x_2 \Rightarrow \max!$$

Durch Gegenüberstellung der benötigten Kapazitäten (= Summe der Produkte von Bearbeitungszeiten und produzierten Mengen) mit den maximal verfügbaren Kapazitäten der einzelnen Abteilungen ergeben sich die Kapazitätsrestriktionen:

- ☞ in Abteilung 1 $2\,x_1 + 2\,x_2 \leq 500$ Std.
- ☞ in Abteilung 1 $5\,x_1 + 4\,x_2 \leq 1.200$ Std.
- ☞ in Abteilung 1 $2\,x_1 + 5\,x_2 \leq 950$ Std.

Schließlich sind angegebene Produktionshöchstmengen sowie Nichtnegativitätsbedingungen zu beachten, also:

$x_1 \leq 200$ Stück

$x_2 \leq 180$ Stück

$0 \leq x_j \qquad j = 1, 2$

b) In ein x_1-x_2-Diagramm werden zunächst die Restriktionslinien eingezeichnet (vgl. Abbildung, Linien (1) bis (5)). Die Funktionsgleichung der Geraden (1) bis (3) erhält man, indem man die Kapazitätsrestriktionen als Gleichungen schreibt und nach x_1 auflöst; die Geraden (4) und (5) entsprechen den Produktionshöchstmengen von Produkt 1 bzw. 2. Die Gesamtheit aller zulässigen x_1-x_2-Kombinationen, also der zulässige Lösungsraum, wird dann durch den unteren Rand der Restriktionslinien sowie die beiden Achsen bestimmt. Die Zielfunktion kann schließlich durch eine Schar paralleler Geraden mit dem Funktionsgesetz

$$x_1 = \frac{DB}{30} - 3x_2$$

charakterisiert werden (vgl. die gebrochenen Linien in der Abbildung). Jede dieser Iso-Ergebnislinien kennzeichnet bekanntlich alle die x_1-x_2-Kombinationen, die zu dem gleichen Deckungsbeitrag DB führen. Dabei ist der jeweilige Wert von DB um so größer, je weiter rechts die zu betrachtende Gerade liegt. Die optimale x_1-x_2-Kombination kann nun grafisch durch den Punkt des Lösungsraumes bestimmt werden, durch den die Iso-Ergebnislinie mit dem höchsten DB-Niveau läuft. Dies ist offenbar für den Punkt P der Fall, für dessen Koordinaten $x^*_1 = 25$ und $x^*_2 = 180$ gilt. Für den zugehörigen Deckungsbeitrag ergibt sich sofort DB (25;180) = 16.950 €.

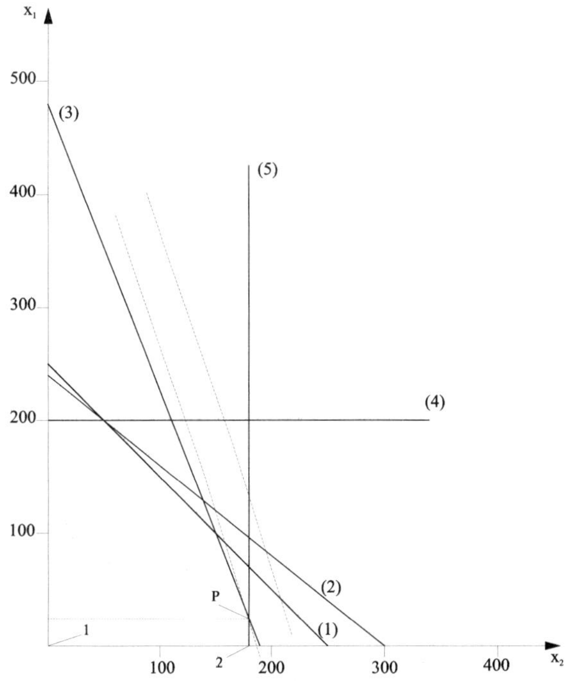

c) Zur Lösung des linearen Programms nach der Simplex-Methode überträgt man die vorliegenden Daten in ein Simplex-Tableau, wobei die Restriktionen durch das Einführen von Schlupfvariablen $x_3, \ldots, x_7$ in die Form von Gleichungen gebracht werden müssen. Anschließend führt man die notwendigen Pivotoperationen durch. Es ergibt sich so nachstehende Folge von Simplex-Tableaus:

x_1	x_2	x_3	x_4	x_5	x_6	x_7	DB		
2	2	1	-	-	-	-	-	500	250
5	4	-	1	-	-	-	-	1.200	300
2	5	-	-	1	-	-	-	950	190
1	-	-	-	-	1	-	-	200	200
-	**1**	-	-	-	-	1	-	180	180
30	90	-	-	-	-	-	1	0	DB = 0
	↑								$x_1 = 0$ $x_2 = 0$
2	-	1	-	-	-	-2	-	140	70
5	-	-	1	-	-	-4	-	480	96
2	-	-	-	1	-	-5	-	50	25
1	-	-	-	-	1	-	-	200	200
-	1	-	-	-	-	1	-	180	-
30	-	-	-	-	-	-90	1	- 16.200	DB = 16.200
↑									$x_1 = 0$ $x_2 = 180$
-	-	1	-	-1	-	3	-	90	
-	-	-	1	-2,5	-	8,5	-	355	
1	-	-	-	0,5	-	-2,5	-	25	
-	-	-	-	-0,5	1	2,5	-	175	
-	1	-	-	-	-	1	-	180	
-	-	-	-	-15	-	-15	1	- 16.950	DB = 16.950
						↑			$x_1 = 25$ $x_2 = 180$

Die bereits grafisch abgeleitete Lösung ($x^*_1 = 25$; $x^*_2 = 180$ und DB* = 16.950 €) wird also bestätigt. Weiterhin erkennt man, dass jede der drei in den einzelnen Lösungsschritten des Simplexverfahrens erzeugten Lösungen jeweils genau einem der drei in der Abbildung mit 1, 2 und P gekennzeichneten Eckpunkte des Restriktionsraumes entspricht.

2/74. a) Vollkosten:

G1	=	12,0 € * 1.500 Stück - 6.000 €	=	12.000 €
G2	=	4,0 € * 400 Stück - 1.500 €	=	100 €
G3	=	6,5 € * 350 Stück - 2.450 €	=	- 175 €
G4	=	- 6,0 € * 80 Stück - 800 €	=	- 1.280 €

Es werden die Produkte 1 und 2 angeboten, da sie nach Vollkostenrechnung einen positiven Beitrag zum Gewinn leisten. Der Gesamtgewinn beträgt dann 12.100 € (Gewinne der Produkte 1 und 2) - 3.250 € (Fixkosten der Produkte 3 und 4) = 8.850 €.

Teilkosten:

DB1	=	12,0 € *	1.500 Stück	=	18.000 €
DB2	=	4,0 € *	400 Stück	=	1.600 €
DB3	=	6,5 € *	350 Stück	=	2.275 €
DB4	=	- 6,0 € *	80 Stück	=	- 480 €

Es werden die Produkte 1, 2 und 3 angeboten, da sie nach Teilkostenrechnung einen positiven Deckungsbeitrag haben. Der Gesamtgewinn beträgt dann 21.875 € (DB der Produkte 1, 2 und 3) - 10.750 € (Fixkosten aller Produkte) = 11.125 €.

Die Deckungsbeitragsrechnung führt zu einem höheren Gewinn. Die Vollkostenrechnung führt also zu einer falschen Entscheidung, weil die Fixkosten der vier Produkte auf jeden Fall getragen werden müssen.

b) Bei Eliminierung von Produkt 4 sinkt die Absatzmenge von Produkt 1 auf 1.440 Stück, und der Preis von Produkt 3 sinkt auf 14 €. Die neue Rechnung auf Teilkostenbasis lautet also:

DB1	=	12,0 € *	1.440 Stück	=	17.280 €
DB2	=	4,0 € *	400 Stück	=	1.600 €
DB3	=	5,5 € *	350 Stück	=	1.925 €

Der Gesamtgewinn unter Berücksichtigung der Substitutionseffekte beträgt 20.805 € (DB der Produkte 1, 2 und 3) - 10.750 € (Fixkosten aller Produkte) = 10.055 €.

Wenn das Produkt 4 angeboten wird, ergibt sich folgende Rechnung:

DB1	=	12,0 € *	1.500 Stück	=	18.000 €
DB2	=	4,0 € *	400 Stück	=	1.600 €
DB3	=	6,5 € *	350 Stück	=	2.275 €
DB4	=	- 6,0 € *	80 Stück	=	- 480 €

Der Gesamtgewinn beträgt in diesem Fall 21.395 € (alle Deckungsbeiträge) - 10.750 € (alle Fixkosten) = 10.645 €. Es ist also insgesamt günstiger, das ursprüngliche Programm beizubehalten.

c) Bei Herstellung der vier Produkte werden benötigt:

Produkt 1:	1.500 Stück * 6 Min./Stück	=	9.000 Min.
Produkt 2:	400 Stück * 1 Min./Stück	=	400 Min.
Produkt 3:	350 Stück * 0,5 Min./Stück	=	175 Min.
Produkt 4:	80 Stück * 20 Min./Stück	=	1.600 Min.

			11.175 Min.

Da die Maschinenkapazität zur Herstellung aller Produkte nicht ausreicht, ist als Entscheidungskriterium der relative Deckungsbeitrag heranzuziehen. Es ergibt sich als Deckungsbeitrag je Engpasseinheit:

Produkt 1:	2 €/Min.
Produkt 2:	4 €/Min.
Produkt 3:	13 €/Min.
Produkt 4:	- 0,3 €/Min.

Das Produkt 4 wird eliminiert. Damit verändert sich unter Berücksichtigung der Verbundeffekte der relative Deckungsbeitrag für Produkt 3 wie folgt:

Produkt 3: 5,5 €/Stück / 0,5 Min./Stück = 11 €/Min.

Es ergibt sich folgende Maschinenbelegung unter Berücksichtigung der Rangfolge der relativen Deckungsbeiträge:

Produkt 3:	350 Stück	=	175 Min.
Produkt 2:	400 Stück	=	400 Min.
Produkt 1:	1.440 Stück	=	8.640 Min.

			9.215 Min.

Der Restbetrag von 10.000 Min. - 9.215 Min. = 785 Min. kann nicht ausgenutzt werden.

2/75. zu a) Bei vorhandenen Produktionskapazitäten muss der Einstandspreis des Lieferanten mit den eigenen variablen Herstellkosten verglichen werden. Die Verwaltungs- und Vertriebskosten sind für die Entscheidung herauszurechnen, da sie auch bei Fremdbezug anfallen würden. Die variablen Herstellkosten ergeben sich daher aus:

Fertigungsmaterial	5,00 €
Materialgemeinkosten	0,50 €
Fertigungslohn	4,00 €
Fertigungsgemeinkosten	0,90 €
	---------
var. Herstellkosten	10,40 €

Die Eigenfertigung ist also erheblich günstiger.

zu b) Bei nicht ausreichender Produktionskapazität ist kurzfristig ein Vergleich zwischen Einstandspreis und Opportunitätskosten erforderlich. Da letztere in der Aufgabenstellung nicht angegeben sind, ist nur ein Vergleich auf langfristiger Basis mit den Voll-Herstellkosten möglich:

Fertigungsmaterial	5,00 €
Materialgemeinkosten	1,00 €
Fertigungslohn	4,00 €
Fertigungsgemeinkosten	3,00 €

Voll-Herstellkosten	13,00 €

Da der Lieferantenpreis niedriger als die eigenen Voll-Herstellkosten ist, erweist sich der Fremdbezug auf langer Sicht als günstiger. Da es sich hierbei nicht um die geplanten, zusätzlichen Herstellkosten handelt, sondern um die Herstellkosten bei gegebener Produktion, wird bei der Lösung implizit unterstellt, dass die neuen Kapazitäten die gleiche Kostenstruktur aufweisen wie die alten und das ebenfalls eine Vollauslastung stattfinden wird.

2/76. Die Stückdeckungsbeiträge und der Betriebserfolg nach UKV lassen sich wie folgt ermitteln (Werte in €):

Kostenarten	Zuschläge	Single	Duo
variable Materialeinzelkosten		40,00	70,00
variable Materialgemeinkosten	30 %	12,00	21,00
variable Fertigungseinzelkosten		30,00	40,00
variable Fertigungsgemeinkosten	50 %	15,00	20,00
variable Stückherstellkosten		97,00	151,00
variable Verwaltungsgemeinkosten	20 %	19,40	30,20
variable Vertriebsgemeinkosten	10 %	9,70	15,10
variable Stückselbstkosten		126,10	196,30

	Single	Duo
Verkaufspreis	150,00	220,00
./. variable Stückselbstkosten	126,10	196,30
Stückdeckungsbeitrag	23,90	23,70

Umsatzkostenverfahren			
variable Selbstkosten	126.100 €	Umsatzerlöse Single	150.000 €
variable Selbstkosten	588.900 €	Umsatzerlöse Duo	660.000 €
Fixkosten	80.000 €		
Gewinn	15.000 €		
	810.000 €		810.000 €

2/77. Deckungsbeiträge A = 20.000 Stück * (50 € - 30 €) = 400.000 €
B = 30.000 Stück * (65 € - 55 €) = 300.000 €

Gewinn von A und B = Deckungsbeitrag von A und B - Fixkosten

Gewinn von A und B = 400.000 € + 300.000 € - 600.000 € = 100.000 €

Deckungsbeitrag von C = Betriebsgewinn - Gewinn von A und B

Deckungsbeitrag von C = 150.000 € - 100.000 € = 50.000 €

Da die fixen Kosten bereits in voller Höhe durch die Produkte A und B gedeckt sind, muss C lediglich einen Deckungsbeitrag von 50.000 € erwirtschaften. Pro Stück ergibt sich daraus:

Stückdeckungsbeitrag von C = 50.000 € / 10.000 Stück = 5 €

Der gesuchte Preis muss also 5 € über den variablen Stückkosten liegen, also:

gesuchter Verkaufspreis = 20 € + 5 € = 25 €

2/78. Um eine Gewinnschwellenanalyse – auch als Break-Even-Analyse bezeichnet – durchführen zu können, ist es unbedingt erforderlich, dass im Unternehmen variable und fixe Kosten voneinander getrennt werden (Kostenauflösung).

2/79. Die Gewinnschwellenanalyse ist ein universell einsetzbares Instrument. Sie eignet sich sowohl für die Unterstützung des Planungsprozesses als auch als Werkzeug zur Kontrolle der betrieblichen Entscheidungen. Dabei ist die Gewinnschwellenanalyse nicht nur ein wertvolles Instrument für Industrieunternehmen. Auch für Handelsgesellschaften ist es wichtig zu wissen, wie viel zusätzlichen Umsatz sie machen müssen, um die Kosten einer weiteren Filiale oder eines zusätzlichen Handelsvertreters zu erwirtschaften. Im Dienstleistungssektor kann sich die Gewinnschwellenanalyse beispielsweise auf den Mindestumsatz eines weiteren Mitarbeiters beziehen (vgl. Wallner, G.: Die Gewinnschwellen-Analyse, S. 46). Besondere Bedeutung hat die Break-Even-Analyse im Rahmen der Investitionsplanung, wenn relativ kleine Serien technisch hochwertiger Produkte hergestellt werden, deren Vorbereitung hohe Fixkosten verursacht (vgl. Wallner, G.: Die Gewinnschwellen-Analyse, S. 45).

2/80. Synonyme für Break-Even-Punkt sind:

- Gewinnschwelle;
- Nutzschwelle oder Nutzenschwelle;
- kritischer Punkt;
- Break-Even-Point;
- toter Punkt;
- Kostendeckungspunkt;
- Deckungspunkt.

2/81. Der Break-Even-Punkt (Gewinnschwelle) ist diejenige Beschäftigung, bei der sich ein Unternehmen genau an der Grenze zwischen Verlust- und Gewinnzone befindet. Erhöht sich die Beschäftigung über diesen kritischen Punkt hinaus, so tritt das Unternehmen in die Gewinnzone ein. Wird weniger hergestellt und abgesetzt, so entstehen Verluste. Mathematisch ist der Break-Even-Punkt die Schnittstelle von Gesamterlös- und Gesamtkostenkurve.

2/82.

$$\text{Break-Even-Umsatz} = \frac{\text{Fixkosten}}{1 - (\text{var. Stückkosten} / \text{Stückpreis})}$$

$$\text{Break-Even-Menge} = \frac{\text{Fixkosten}}{\text{Stückpreis} - \text{var. Stückkosten}}$$

2/83.

Nr.	Behauptungen	richtig	falsch
1)	$p * x - (k_v * x + K_f) = 0$	X	
2)	Break-Even-Menge = $K_f / (p - k_v)$	X	
3)	Break-Even-Umsatz = $K_f / (p - k_v)$		X
4)	$p * x - (K_v * x + K_f) = 0$		X
5)	Break-Even-Umsatz = $K_f / (1 - k_v/p)$	X	
6)	Break-Even-Menge = K_f / DB		X
7)	$x (p - k_v) - K_f = 0$	X	
8)	Break-Even-Menge = K_f / db	X	

2/84. Vgl. Kap. 2.2.4.3.1.1 „Break-Even-Analyse im Einproduktbetrieb".

2/85. Vgl. Kap. 2.2.4.3.1.1 „Break-Even-Analyse im Einproduktbetrieb".

2/86.

Erlöse pro Stunde	55,00 €
variable Kosten pro Stunde	35,50 €

Deckungsbeitrag pro Maschinenstunde	19,50 €

Daraus lässt sich folgender Break-Even-Punkt ermitteln:

BEP = 2.496 € / 19,50 €/h = 128 CNC-Maschinenstunden

Die CNC-Maschine muss also mindestens 128 Stunden pro Monat laufen, damit die Fixkosten gedeckt werden.

2/87. Mindeststückzahl = x
Fixkosten = 42.000 €
42.000 € + 0,52 € * x = 0,80 € * x
0,28 € * x = 42.000 €
x = 150.000 Kugelschreiber
Proportionale Kosten = 78.000 €
Selbstkosten = 42.000 € + 78.000 € = 120.000 € = Mindestumsatz

oder

Als Deckungsbeitrag je Stück verbleiben 0,28 €. Mit der Division der gesamten Fixkosten (hier 42.000 €) durch den Deckungsbeitrag je Stück erhält man die zur Deckung der gesamten Fixkosten notwendige Fertigungsstückzahl (also 150.000 Kugelschreiber). Diesen Wert multipliziert mit 0,80 € Erlöse je Stück ergibt einen Mindestumsatz von 120.000 €.

Gesamtgewinn = 110.000 Stück * 0,80 € - 110.000 Stück * 0,52 € - 42.000 € = - 11.200 €
Stückverlust = 11.200 € / 110.000 Stück ≈ 0,10 €/Stück

2/88. Break-Even-Menge = 54.000 € / (33 € - 27 €) = 9.000 Stück
Gewinn (G) = (33 € - 27 €) * 11.200 Stück - 54.000 € = 13.200 €

2/89.

Fremdbezugskosten	500 €
proportionale Eigenfertigungskosten	450 €

Differenz	50 €

Der Stückdeckungsbeitrag aus der Differenz zwischen Fremdbezugskosten und Eigenfertigungskosten als Kostenersparnis in Höhe von 50 € dient der Abdeckung der fixen Kosten.

Break-Even-Menge = 10.000 €/Periode / 50 €/Stück = 200 Stück/Periode

Bei 200 Einbauteilen sind die zusätzlichen Fixkosten durch die Kostenersparnis gedeckt, die Eigenfertigung wird dann günstiger.

2/90. a) Stückdeckungsbeitrag:

5 € - (1 € + 2 € + 0,10 € + 0,40 €) = 1,50 €

b) Gewinnschwelle:

$U = p * x = 5\ € * x$
$K = K_f + k_v * x = 15.000\ € + 3,50\ € * x$
$U = K$
$5\ € * x = 15.000\ € + 3,50\ € * x \quad / - 3,50\ € * x$
$5\ € x - 3,50\ € x = 15.000\ €$
$1,50\ €/\text{Stück} * x = 15.000\ €$
$x = 15.000\ € / 1,50\ €/\text{Stück} = 10.000\ \text{Stück}$

c) Deckungsbeitrag (DB) und Gewinn (G):

bei 10.000 Stück	DB = 15.000 €	G = 0 €
bei 20.000 Stück	DB = 30.000 €	G = 15.000 €
bei 30.000 Stück	DB = 45.000 €	G = 30.000 €

2/91. Abgelaufenes Geschäftsjahr:

Umsatzerlöse:	50.000.000 Stück * 0,10 € =	5.000.000 €
Kosten:	800.000 € + 50.000.000 Stück * 0,07 € =	4.300.000 €

Betriebsergebnis		700.000 €

Geplantes Geschäftsjahr:

Umsatzerlöse:	51.500.000 Stück * 0,11 € =	5.665.000 €
Kosten:	840.000 € + 51.500.000 Stück * 0,07 € =	4.445.000 €

Betriebsergebnis		1.220.000 €

Der Gewinn wird sich also voraussichtlich um 520.000 € gegenüber dem vorherigen Geschäftsjahr erhöhen. Auch die Gewinnschwelle verändert sich mit ca. 5,7 Mio.Stück positiv:

Vorperiode:	BEP = 800.000 € / 0,03 € ≈ 26.666.666 Stück
Geplante Periode:	BEP = 840.000 € / 0,04 € = 21.000.000 Stück

2/92. a)

gesamte Aufwendungen/Kosten	640.000,00 €
- Umsatzerlöse	590.000,00 €
= Verlust	50.000,00 €

b)

variable Aufwendungen/Kosten	
Fertigungsmaterial	120.000,00 €
Materialgemeinkosten (20 %)	4.000,00 €
Fertigungslöhne (Handarbeit)	100.000,00 €
Fertigungslöhne (Maschinenarbeit)	50.000,00 €
Fertigungsgemeinkosten (Handarbeit 20 %)	10.000,00 €
Fertigungsgemeinkosten (Maschinenarbeit 20 %)	40.000,00 €
Verwaltungsgemeinkosten (20 %)	12.000,00 €
Vertriebsgemeinkosten (20 %)	8.000,00 €
	344.000,00 €

k_v = 344.000 € / 6.000 Stück = 57,33 €/Stück

fixe Aufwendungen/Kosten	
Materialgemeinkosten (80 %)	16.000,00 €
Fertigungsgemeinkosten (Handarbeit 80 %)	40.000,00 €
Fertigungsgemeinkosten (Maschinenarbeit 80 %)	160.000,00 €
Verwaltungsgemeinkosten (80 %)	48.000,00 €
Vertriebsgemeinkosten (80 %)	32.000,00 €
	296.000,00 €

$$\text{Erlöse } p = \frac{590.000 \text{ €}}{6.000 \text{ Stück}} = 98{,}33 \text{ €/Stück}$$

DB = p - k_v = 98,33 €/Stück - 57,33 €/Stück = 41,00 €/Stück

$$\text{Gewinnschwelle} = \frac{K_f}{DB} = \frac{296.000\ €}{41{,}00\ €/\text{Stück}} = 7.219{,}51\ \text{Stück}$$

Die Gewinnschwelle wird bei einer Stückzahl von 7.220 erreicht. Hierbei beläuft sich der Umsatz auf 7.220 Stück * 98,33 € = 709.942,60 €.

c) $$\text{Eigenkapitalrentabilität} = \frac{\text{Gewinn}}{\text{Eigenkapital}} * 100$$

Rendite = 10 % → 500.000 € * 10 % = 50.000 € Gewinn

	Gewinn	50.000 €
+	Fixkosten	296.000 €
=	zu deckender Beitrag	346.000 €

$$\text{benötigte Stückzahl} = \frac{G + K_f}{db} = \frac{346.000\ €}{41{,}00\ €/\text{St.}} = 8.439{,}024 \approx 8.440\ \text{Stück}$$

Umsatz = 8.440 Stück * 98,33 € = 829.905,20 €

2/93. (Quelle: Ziegenbein, K./Steffens, U.: Allgemeine Betriebswirtschaftslehre, S. 62)

a) Break-Even-Menge = 72.000 € / (210 € - 90 €) = 600 Stück
Break-Even-Umsatz = 600 Stück * 210 € = 126.000 €

b) absoluter Sicherheitsabstand = 800 Stück - 600 Stück = 200 Stück
relativer Sicherheitsabstand = 200 Stück / 800 Stück * 100 = 25 %

2/94. Die Ermittlung der Gewinnschwelle (Break-Even-Menge = BEM) muss wegen der Rabattstaffelung in mehreren Rechenschritten erfolgen.
Die Analyse der ersten Rabattstufe (bis 1.000 Stück) zeigt, dass innerhalb dieses Bereichs die Gewinnschwelle nicht erreicht wird:

BEM = 90.000 € / (180 € - 150 €) = 3.000 Stück

Errechnet man die Break-Even-Menge der zweiten Rabattstufe, so erhält man eine gültige Lösung:

BEM = 90.000 € / (180 € - 130 €) = 1.800 Stück

Bei genauerer Betrachtung erkennt man jedoch, dass diese Bestellmenge nicht die optimale ist, da bereits bei einer Beschaffung von 2.001 Stück eine weitere Rabattstufe erreicht wird. Es ist daher zu überlegen, ob es nicht sinnvoller ist, statt 1.800 Stück 2.001 Stück einzukaufen, zumal die Nutzung der dritten Rabattstufe zu insgesamt sogar noch geringeren Beschaffungskosten (von anderen Kosten wie Lagerkosten etc. abgesehen) führen würde:

1.800 Stück * 130 € = 234.000€ > 2.001 Stück * 100 € = 200.100 €

In einem dritten Schritt ist daher der Break-Even-Punkt bei einem Einkaufspreis von 100 € pro Stück zu berechnen:

BEM = 90.000 € / (180 € - 100 €) = 1.125 Stück

Aus dem Ergebnis folgt, dass die Gewinnschwelle nicht bei 1.800 Stück, sondern schon bei 1.125 Stück liegt.

2/95.	Verkaufspreis	=	19,80 €/Stück
	Autorenhonorar	=	1,98 €/Stück
	Buchhändlerrabatt	=	5,94 €/Stück
	Druck- und Bindekosten	=	9,40 €/Stück für 1. Aufl. mit 3.000 Stück
		=	7,20 €/Stück für 2. Aufl. mit 4.000 Stück
		=	7,20 €/Stück für 3. Aufl. mit 5.000 Stück
		=	7,20 €/Stück für 4. Aufl. mit 6.000 Stück
		usw.	
	Fixkosten	=	17.000 € pro Auflage
	Stück-DB für 1. Auflage	=	19,80 € - 1,98 € - 5,94 € - 9,40 €
		=	2,48 €/Stück
	Verlust für 1. Auflage	=	17.000 € - 2,48 €/Stück * 3.000 Stück
		=	9.560 €
	Stück-DB für folg. Auflagen	=	19,80 € - 1,98 € - 5,94 € - 7,20 €
		=	4,68 €/Stück

Gewinn für 2. Auflage	=	4,68 €/Stück * 4.000 Stück - 17.000 €
	=	1.720 €
Gewinn für 3. Auflage	=	4,68 €/Stück * 5.000 Stück - 17.000 €
	=	6.400 €
Gewinn für 4. Auflage	=	4,68 €/Stück * 6.000 Stück - 17.000 €
	=	11.080 €

Verlust nach 3. Auflage	=	- 9.560 € + 1.720 € + 6.400 € = 1.440 €
Gewinn nach 4. Auflage	=	- 9.560 € + 1.720 € + 6.400 € + 11.080 €
	=	+ 9.640 €

Die Gewinnschwelle liegt also in der 4. Auflage!

Berechnung der Absatzmenge für Break-Even-Punkt:

(17.000 € + 1.440 €) / 4,68 €/Stück ≈ 3.940 Stück

Break-Even-Menge = 3.000 Stück + 4.000 Stück + 5.000 Stück + 3.940 Stück

= 15.940 Stück

Ab dem 15.941 Buch kommt der „Management"-Verlag in die Gewinnzone.

2/96. Fixkostenänderungen führen bei sonst gleichbleibenden Erlösen und variablen Kosten zu einer Parallelverschiebung der Gesamtkostenkurve nach oben oder unten und lassen den Break-Even-Punkt bei höheren oder niedrigeren Umsätzen erscheinen.

2/97. Steigerungen der variablen Stückkosten führen ceteris paribus zu einem größeren Anstieg der Gesamtkostenkurve und lassen als Ausgleich den Punkt der Vollkostendeckung in Richtung auf höhere Umsätze wandern.

2/98. Eine Steigerung der Verkaufspreise bewirkt über eine steilere Erlöskurve, dass bereits eher der Break-Even-Punkt erreicht wird.

2/99. Die Break-Even-Menge (BEM) und der Break-Even-Umsatz (BEU) lassen sich nach den folgenden Formeln errechnen:

$BEM = K_f / db$ $BEU = K_f / db * p$

$K_f = 1.000.000$ €

$\varnothing$ db = (100 € - 60 €) * 0,5 + (80 € - 30 €) * 0,3 + (120 € - 70 €) * 0,2

= 40 € * 0,5 + 50 € * 0,3 + 50 € * 0,2 = 20 € + 15 € + 10 € = 45 €

$\varnothing p = 100 € * 0,5 + 80 € * 0,3 + 120 € * 0,2 = 50 € + 24 € + 24 € = 98 €$

BEM = 1.000.000 € / 45 € = 22.222,222 Stück ≈ 22.222 Stück

BEU = 1.000.000 € / 45 € * 98 € = 2.177.777,7 € ≈ 2.178 T€

Alternativ geht auch die folgende Formel für die Berechnung des BEU:

$BEU = K_f / (1 - (k_v / p))$

$K_f = 1.000.000 €$
$\varnothing k_v = 60 € * 0,5 + 30 € * 0,3 + 70 € * 0,2 = 30 € + 9 € + 14 € = 53 €$
$\varnothing p = 100 € * 0,5 + 80 € * 0,3 + 120 € * 0,2 = 50 € + 24 € + 24 € = 98 €$

BEU = 1.000.000 € / (1 - (53 € / 98 €) = 1.000.000 € / 0,4591837 = 2.177.777,6 €

Probe:

U	=	22.222,222 Stück * 0,5 * 100 €
		+ 22.222,222 Stück * 0,3 * 80 €
		+ 22.222,222 Stück * 0,2 * 120 €
	=	1.111.111,1 € + 533.333,32 € + 533.333,32 € = 2.177.777,7 €
K_v	=	22.222,222 Stück * 0,5 * 60 €
		+ 22.222,222 Stück * 0,3 * 30 €
		+ 22.222,222 Stück * 0,2 * 70 €
	=	666.666,66 € + 199.999,99 € + 311.111,1 € = 1.177.777,7 €
K_f	=	1.000.000 €
K	=	1.177.777,7 € + 1.000.000 € = 2.177.777,7 €

2/100. Andere Bezeichnungen für Produktlebenszyklusrechnung sind:

- Produktlebenszyklus-Kostenrechnung;
- Lebenszykluskostenrechnung;
- Life-Cycle-Accounting.

2/101. Die Produktlebenszyklusrechnung ist eine Kombination von Kosten- und Investitionsrechnung, die auf das Konzept des Lebenszyklus zurückgreift, um üblicherweise in der Kostenrechnung nicht erfasste Kosteneinflussgrößen zu berücksichtigen. Dazu versuchen die Kostenrechner oder Controller, die Kosten eines Produktes über all seine Lebensphasen, d.h. von der Entwicklung bis zur Entsorgung, zu erfassen und zu analysieren. Ziel ist die Optimierung der gesamten Lebenszykluskosten.

2/102. Vorlaufkosten sind die Kosten, die bis zum Beginn der eigentlichen Produktion beispielsweise für die Produktentwicklung, für die Planung der Produktionsanlagen und für Markterschließungsaktivitäten anfallen.

2/103. Anderen Bezeichnungen für mehrstufige Deckungsbeitragsrechnung sind:

- stufenweise Fixkostendeckungsrechnung;
- Fixkostendeckungsrechnung;
- Schichtkostendeckungsrechnung oder kurz Schichtkostenrechnung;
- mehrstufiges Direct-Costing;
- Deckungserfolgsrechnung.

2/104. Die Fixkostendeckungsrechnung ist eine in Deutschland konzipierte Weiterentwicklung der einstufigen Deckungsbeitragsrechnung. Sie unterscheidet sich von der einstufigen Variante dadurch, dass es die beschäftigungsunabhängigen Kosten des Unternehmens nicht einfach als undifferenzierten Fixkostenblock den Deckungsbeiträgen der verkauften Leistungen gegenüberstellt, sondern vielmehr diesen Block in mehrere Fixkostenschichten aufspaltet. Die Schichten unterscheiden sich durch ihre Erzeugnisnähe. Für ihre Bildung ist die Frage relevant, ob diese Fixkosten auch beim Wegfall dieser Ebene eingespart werden können. So ist es zum Beispiel teilweise gegeben, dass ein Teil der fixen Kosten nur dann weiter anfällt, wenn die Produktion eines bestimmten Erzeugnisses aufrechterhalten wird. Die Fixkosten, beispielsweise für eine Spezialmaschine, sind in einem solchen Fall keine Fixkosten des gesamten Betriebes, sondern Fixkosten des einzelnen Produktes, die auch mit seiner Produktionseinstellung entfallen können.

2/105. Während in der einstufigen Deckungsbeitragsrechnung die Fixkosten als einheitlicher Block angesehen werden, der den Produkten in Unternehmen mit differenziertem Fertigungsprogramm nicht richtig angelastet werden kann, versucht die mehrstufige Deckungsbeitragsrechnung die Fixkosten aufzuteilen und außer den variablen auch noch bestimmte Teile der Fixkosten den Kostenträgern bzw. den Produktgruppen zuzuordnen. Die mehrstufige Variante geht somit von der Überlegung aus, dass die Fixkosten einen mehr oder weniger hohen Grad an Verbundenheit zu den einzelnen Kostenträgern besitzen.

2/106. Produktfixkosten und Produktgruppenfixkosten sind im System der Fixkostendeckungsrechnung gebildete besondere Fixkostenschichten.
Produktfixkosten sind fixe Kosten, die sich für eine bestimmte Erzeugnisart direkt erfassen lassen, die also nur dann wegfielen, wenn man die Herstellung dieses Produktes einstellen würde. Da es sich definitionsgemäß nicht um variable Kosten handelt, fallen die gesamten Kosten bereits für die Herstellung eines einzigen Stückes an.
Produktgruppenfixkosten sind fixe Kosten, die sich einer ganz bestimmten Erzeugnisgruppe direkt zurechnen lassen. Es handelt sich also um Fixkosten, die nicht mehr den einzelnen Erzeugnissen, sondern nur noch der Erzeugnisgruppe eindeutig zugerechnet werden können.

2/107. Beispiele für Produktfixkosten (vgl. Wallner, G.: Die Fixkosten-Aufteilung im Fertigungsunternehmen, S. 15):

- Bereitschaftskosten (Abschreibungen, Zinsen, Versicherungsprämien) für eine Maschine, die ausschließlich der Erstellung eines Erzeugnisses dienen;
- Werbekosten (Anzeigen, Mailings, Plakate) für ein bestimmtes Erzeugnis;
- zeitabhängige, nicht mengenabhängige Patent- oder Lizenzkosten eines Erzeugnisses;
- Spezialwerkzeuge (Formen, Prototypen etc.) für die Fertigung eines Erzeugnisses.

2/108. Beispiele für Produktgruppenfixkosten (vgl. Wallner, G.: Die Fixkosten-Aufteilung im Fertigungsunternehmen, S. 15):

- Fixkosten von Produktions- und Maschinengruppen, die nur eine bestimmte Gruppe von Kostenträgern bearbeiten;
- zeitabhängige Patent- und Lizenzkosten für die Herstellung von Komponenten, die in verschiedenen Erzeugnissen verwendet werden;
- Kosten für Gebäude, in denen nur eine Erzeugnisgruppe produziert wird;
- Forschungs- und Entwicklungskosten, die nur durch eine Erzeugnisgruppe verursacht werden;
- Werbe- und Marketingkosten für eine Erzeugnisgruppe.

2/109. Der Rest an Fixkosten, der verbleibt, wenn man alle produkt- und produktgruppenbezogenen fixen Kosten zugerechnet hat, nennt man Unternehmensfixkosten. Diese Fixkosten fallen für das Unternehmen als Ganzes an.

Beispiele sind (vgl. Wallner, G.: Die Fixkosten-Aufteilung im Fertigungsunternehmen, S. 16 f.): Kosten der Unternehmensführung, Kosten der allgemeinen Verwaltung inklusive Buchhaltung, Stabsstellen und EDV, viele Fremdleistungskosten wie Steuer- und Unternehmensberaterkosten, Versicherungsprämien, Gebäudekosten für allgemeine Bereiche sowie Kosten der Betriebsfeuerwehr und des Werksschutzes.

2/110. Siehe Kapitel 2.3.2

2/111. Siehe Kapitel 2.3.3.1.1

2/112. Siehe Kapitel 2.3.3.1.1

2/113. Zunächst müssen ausgehend vom Schichtkostenbogen die erforderlichen prozentualen Zuschlagssätze bezogen auf die variablen Kosten – zumindest für Produkt 21 – ermittelt werden. Der nachstehende Schichtkostenbogen enthält die Zuschlagssätze für alle Produkte:

April	Produktgruppe 1		Produktgruppe 2		
Werte in T€	P11	P12	P21	P22	Σ
= Nettoerlöse	400	800	700	700	2.600
- variable Kosten	100	300	400	600	1.400
= DB I	300	500	300	100	1.200
- Produktfixkosten	100 %	83,3 %	25 %	8,3 %	35,7 %
= DB II	200	250	200	50	700
- Gruppenfixkosten	50 %		10 %		21,4 %
= DB III	250		150		400
- Unternehm.fixko.	15 %				15 %
= Betriebserfolg	190				190

Danach kann mit Hilfe der ermittelten Zuschlagssätze die Kalkulation für das neue Erzeugnis – ähnlich dem Produkt 21 – durchgeführt werden:

variable Stückselbstkosten	100,00 €
+ Produktfixkosten (25 %)	25,00 €
+ Produktgruppenfixkosten (10 %)	10,00 €
+ Unternehmensfixkosten (15 %)	15,00 €

= volle Stückselbstkosten	150,00 €
+ Gewinnaufschlag (20 %)	30,00 €
= Angebotspreis	180,00 €

Der Angebotspreis in Höhe von 180,00 € muss danach noch mit den jeweiligen Marktgegebenheiten verglichen werden. Im ungünstigen Fall muss der Gewinnaufschlag von 20 % reduziert werden.

2/114.

Verkaufspreis	70,00 €
- variable Stückkosten	30,00 €
= Deckungsbeitrag I	40,00 €
- Produktfixkosten (60 %)	24,00 €
= Deckungsbeitrag II	16,00 €
- Produktgruppenfixkosten (50 %)	8,00 €
= Deckungsbeitrag III	8,00 €
- Kostenbereichsfixkosten (65 %)	5,20 €
= Deckungsbeitrag IV	2,80 €
- Unternehmensfixkosten (20 %)	0,56 €
= Nettogewinn	2,24 €

2/115. Siehe Kapitel 2.3.3.2

2/116.

Kostenbereiche	I		II
Produkte	Creme	Shampoo	After Shave L.
Nettoerlöse	220.000 €	110.000 €	380.000 €
- variable Selbstkosten	40.000 €	15.000 €	60.000 €
Deckungsbeitrag I	180.000 €	95.000 €	320.000 €
- Produktfixkosten	75.000 €	20.000 €	190.000 €
Deckungsbeitrag II	105.000 €	75.000 €	130.000 €
- Produktgruppenfixkosten	90.000 €		70.000 €
Deckungsbeitrag III	90.000 €		60.000 €
- Betriebsfixkosten	80.000 €		
Betriebsgewinn	70.000 €		

2/117. Die Fixkostendeckungsrechnung hat folgendes Aussehen (Werte in T€):

Monat Juli (Werte in T€)	Gesamtunternehmung					
	Betrieb Erfurt			Betrieb Ilmenau		
	A			B		C
	A1	A2	A3	B1	B2	
Umsatzerlöse	140	90	120	40	50	300
- variable Kosten	50	60	70	10	20	90
= Deckungsbeitrag I	90	30	50	30	30	210
- Produktfixkosten	30	40	10	10	20	100
= Deckungsbeitrag II	60	- 10	40	20	10	110
- Produktgruppenfixko.	20			10		30
= Deckungsbeitrag III	70			20		80
- Betriebsfixkosten				20		
= Deckungsbeitrag IV	70			80		
- Unternehmensfixko.	30					
= Betriebsergebnis	120					

Eine Analyse der mehrstufigen Deckungsbeitragsrechnung zeigt, dass das Produkt A2 einen negativen Deckungsbeitrag hat, d.h. ohne das Produkt A2 wären die Deckungsbeiträge III und IV und der Gewinn um 10.000 € höher ausgefallen. Voraussetzung dafür ist allerdings, dass die Produktfixkosten von A2 kurzfristig abbaubar sind oder die freigesetzten Fixkosten anderweitig produktiv eingesetzt werden können und die Eliminierung von A2 keine negativen Auswirkungen auf die anderen Erzeugnisse hat. Zu überprüfen wäre, ob mit den frei werdenden Kapazitäten mehr Produkte von C hergestellt und auch abgesetzt werden könnten, da dieses Produkt den höchsten Deckungsbeitrag ausweist.

2/118. Siehe Kapitel 2.3.3.3

2/119. Siehe Kapitel 2.3.4

2/120. Siehe Kapitel 2.3.4

2/121. Siehe Kapitel 2.3.5

Antworten und Lösungen zu Kapitel 3

3/1. Vgl. Kap. 3.1 „Grundlegende Darstellung".

3/2. Die Relative Einzelkostenrechnung verfolgt das Ziel, über den Ausweis verschiedener Deckungsbeiträge diejenigen Änderungen des Erfolgs und seiner Bestandteile offenzulegen, die sich als Folge bestimmter Entscheidungen ergeben haben bzw. werden.

3/3. Das Identitätsprinzip wird von Riebel als das für das Rechnen mit Einzelkosten relevante Zurechnungsprinzip herausgestellt. Nach diesem Prinzip sind beispielsweise jene Kosten bestimmten Leistungen zurechenbar, die durch dieselbe Entscheidung ausgelöst worden sind wie das Erstellen der zugehörigen Leistungen.

3/4. Relative Einzelkosten sind Kosten, die einem bestimmten Objekt, z.B. Kostenträger oder Kostenstelle, in der Bezugsgrößenhierarchie als Einzelkosten direkt zugerechnet werden können, für andere Objekte der gleichen Hierarchie allerdings nicht zurechenbare Gemeinkosten sind.

3/5. Der Terminus Einzelkosten wird relativ gebraucht, „weil man in diesem System der Teilkostenrechnung generell sämtliche Kosten als Einzelkosten irgendwelcher für die Unternehmensleitung bzw. aus der Sicht der Rechnungszwecke wichtige Kalkulationsobjekte erfasst. So spricht man etwa – anders als in der herkömmlichen Vollkostenrechnung – von Einzelkosten nicht nur in Bezug auf die verschiedenen Kostenträgerarten und Leistungseinheiten, sondern zum Beispiel auch in Bezug auf einzelne Kostenstellen, Perioden usw. Im Grunde erweist sich dadurch der Begriff Gemeinkosten – rein abrechnungstechnisch gesehen – als überflüssig, eben weil keinerlei Gemeinkosten aufgeschlüsselt werden." (Männel, W.: Moderne Verfahren und Systeme der Kosten- und Leistungsrechnung, S. 144).

3/6. Der Begriff Einzelkosten bezieht sich in der traditionellen Kostenrechnung auf die Kostenträger, d.h., Einzelkosten sind diejenigen Kosten, die den Kostenträgern direkt zurechenbar sind. In der Relativen Einzelkostenrechnung werden alle Kosten als Einzelkosten eines Kalkulationsobjektes erfasst und ausgewiesen, so gibt es beispielsweise Einzelkosten der Kunden oder der Produktgruppen. Die Einteilung des Unternehmens in eine Vielzahl von Kalkulationsobjekten ermöglicht eine Relativierung des Einzelkostenbegriffs.

3/7. Der Deckungsbeitrag je Leistungseinheit (Stückdeckungsbeitrag) in der Relativen Einzelkostenrechnung ergibt sich als Überschuss der einer Leistungseinheit unmittelbar zurechenbaren Erlöse über die dieser Leistungseinheit unmittelbar zurechenbaren Kosten.
Er sagt aus, wie sich der Erfolg bei gegebenen Kapazitäten und Bereitschaftskosten ändert, wenn das Absatzvolumen der betreffenden Leistungseinheit um eine Mengeneinheit variiert.

3/8. Eine Bezugsgrößenhierarchie ist eine speziell für die Erfassung und den Ausweis der Kosten erforderliche Rangordnung von Kalkulationsobjekten, innerhalb der alle Kosten als Einzelkosten verrechnet werden. Um eine solche für die relative Einzelkostenrechnung kennzeichnende Kostenerfassung zu ermöglichen, muss man beispielsweise vom einzelnen Arbeitsplatz ausgehend über die Kostenstellen, die Abteilungen und Bereiche bis hin zum Unternehmen als Ganzes fortschreiten.

3/9. Für die Auswahl und Strukturierung der Kostenkategorien und der Bezugsgrößen sind die spezifischen Gegebenheiten einer Unternehmung im Beschaffungs-, Logistik-, Produktions- und Vertriebsbereich sowie die Rechnungszwecke und die im Vordergrund der Auswertung stehenden Fragestellungen entscheidend.

3/10. Der Stückdeckungsbeitrag errechnet sich wie folgt:

Listenpreis	200,00 €	
- gewährte Rabatte und Kundenskonti	5,00 €	
= relative Einzelerlöse		195,00 €
- absatzabhängige Kosten:		
Verkaufsprovisionen	20,00 €	
Umsatzlizenzen	12,00 €	
- produktionsabhängige Kosten:		
Rohstoffe	100,00 €	
Hilfsstoffe	10,00 €	
variable Energiekosten	8,00 €	
Produktverpackung	25,00 €	
= relative Einzelkosten		175,00 €

= Deckungsbeitrag je Leistungseinheit		20,00 €

3/11. Die Grundrechnung der Kosten ist eine systematische Sammlung der innerhalb einer Periode angefallenen Kosten, differenziert nach Kostenkategorien. Unter Verzicht auf jegliche Gemeinkostenschlüsselung werden im Zuge einer solchen Grundrechnung alle Kosten als Einzelkosten der jeweils interessierenden Kalkulationsobjekte ausgewiesen. Als Bereitschaftsrechnung soll die Grundrechnung möglichst zweckneutral aufgebaut sein und auf diese Weise möglichst viele Kosteninformationen liefern, welche für die Durchführung von Sonderrechnungen notwendig werden.

3/12. Die Grundrechnung der Kosten ist auf keinen bestimmten Rechnungszweck ausgerichtet. Sie ist also zweckneutral. Erst in den sich anschließenden Auswertungsrechnungen werden die Daten hinsichtlich verschiedener Ziele aggregiert. Daraus ergibt sich zwangsläufig die Konsequenz, dass keine Schlüsselung der Gemeinkosten erfolgt, da nur so die Zweckneutralität der Grundrechnung erhalten bleibt.

3/13. In der Grundrechnung der Kosten erfolgt eine Aufspaltung der Kosten in leistungsabhängige (Leistungskosten) und leistungsunabhängige (Bereitschaftskosten) Bestandteile.

3/14. Unter den Leistungskosten werden die kurzfristig, bei gegebenen Kapazitäten automatisch mit Art und Menge der Leistungen sowie mit der Art der Produktionsverfahren variierenden Kosten zusammengefasst.
In Betrieben, in denen die Produktionsmenge nicht mit der Absatzmenge übereinstimmt, in denen also Lagerbestandsveränderungen auftreten, ist es erforderlich, die Leistungskosten weiter in produktionsabhängige und absatzabhängige Kosten einzuteilen.

3/15. Bereitschaftskosten umfassen die kurzfristig bei gegebenen Kapazitäten fixen, also von Art und Menge der Leistungen sowie von der Art des Produktionsverfahrens unabhängigen Kosten. Eine Unterteilung erfolgt weiter nach der Zurechenbarkeit auf Perioden, also z.B. in Jahreseinzelkosten, Quartalseinzelkosten und Monatseinzelkosten.

3/16. Die Relative Einzelkostenrechnung kann im Unterschied zur traditionellen Kostenrechnung außer (entscheidungsorientierte) Kosten und Leistungen auch Einzahlungen und Auszahlungen, Einnahmen und Ausgaben, Produktionsfaktormengen und Produktmengen sowie die Nutzungspotenziale enthalten. Sie lässt sich ferner anders als die traditionelle Kostenarten-, Kostenstellen- und

Kostenträgerrechnung nach unterschiedlichen Kriterien gliedern, je nachdem, welcher Zweck mit der Rechnung verfolgt wird. Auch gibt es Unterschiede in der Begriffsdefinition des Deckungsbeitrages. Riebel bezeichnet jede Differenz zwischen den Erlösen und bestimmten Kosten als Deckungsbeitrag, und geht damit über die klassische Fassung des Deckungsbeitrages als Differenz zwischen den Nettoerlösen und den variablen Kosten pro Produkteinheit weit hinaus. Die Differenz kann sich auf Leistungseinheiten, Zeitabschnitte, Einheiten eingesetzter Produktionsfaktoren, Grenzkosten, mit Ausgaben verbundene Kosten und auf andere Größen beziehen.

3/17. Siehe Kapitel 3.3

Literaturverzeichnis

AGTHE, Klaus: Stufenweise Fixkostendeckung im System des Direct Costing, in: Zeitschrift für Betriebswirtschaft 1959, S. 404-418

AGTHE, Klaus: Direct Costing als System der Kostenrechnung, Diss., München 1961

ANDRES, Karl/DROLL, Bernhard/KÖHL, Hans/ZOLLER, Werner: Rechnungswesen für Industriekaufleute, Band III: Kosten- und Leistungsrechnung, Haan (Gruiten) 1989

BACKHAUS, Klaus/FUNKE, Stephan: Managementherausforderungen Fixkostenintensiver Unternehmen, in: Kostenrechnungspraxis (Zeitschrift) 1996, S. 75-76

BALZEREIT, Bernd/GRÄFER, Horst/NASTANSKY; Ludwig/WEBER, Wolfgang: Betriebliches Rechnungswesen, Telekolleg II, 2. Auflage, München 1987

BAMBERG, Günter/BAUR, Franz: Statistik, 2. Auflage, München/Wien 1982

BANK-AKADEMIE (Hrsg.): Allgemeine Betriebswirtschaftslehre, Frankfurt am Main 1993

BARTH, Klaus: Die Deckungsbeitragsrechnung: Ein unverzichtbares Gewinnsteuerungsinstrument, in: Controlling-Instrumente (Loseblattsammlung), Planegg 1998, Gruppe 5 „Controlling-Instrumente", S. 133-148

BESTE, Theodor: Die Kurzfristige Erfolgsrechnung, 2. Auflage, Köln/Opladen 1962

BIRKER, Klaus: Kosten- und Leistungsrechnung, Berlin 1996

BLEYMÜLLER, Josef/GEHLERT, Günther/GÜLICHER, Herbert: Statistik für Wirtschaftswissenschaftler, München 1979

BLOECH, Jürgen/LÜCKE, Wolfgang: Fertigungswirtschaft, in: Bea, F.X./Dichtl, E./ Schweitzer, M. (Hrsg.): Allgemeine Betriebswirtschaftslehre, Band 3: Leistungsprozeß, 2. Auflage, Stuttgart/New York1995, S. 47-90

BÖCKEL, Jens-Jürgen/HOEPFNER, Friedrich Georg: Die Kostenrechnung, in: Buchführung-Bilanz-Kostenrechnung (Zeitschrift), Herne/Berlin 1979, Fach 21, S. 3001-3186

BÖHM, Hans-Hermann/WILLE, Friedrich: Deckungsbeitragsrechnung, Grenzpreisrechnung und Optimierung, 5. Auflage, München 1974

BOTTA, Volkmar (Hrsg.): Rechnungswesen und Controlling – Bausteine des Rechnungswesens und ihre Verknüpfung, 2. Auflage, Herne/Berlin 2002

BRAMSEMANN, Rainer: Controlling, Wiesbaden 1978

BRAUNER, Rudolf/JUNG, Walter (Hrsg.): Mathematik, 5. Auflage, Frankfurt am Main 1982

COENENBERG, Adolf Gerhard: Kostenrechnung und Kostenanalyse, Landsberg am Lech 1992

DÄUMLER, Klaus-Dieter/GRABE, Jürgen/MEYER, Peter: Kostenrechnungsseminar, in: Buchführung-Bilanz-Kostenrechnung (Zeitschrift), Herne/Berlin 1986, Fach 25, S. 31-300

DÄUMLER, Klaus-Dieter/GRABE, Jürgen: Kostenrechnungslexikon – ABC der Kostenrechnung, in: Buchführung-Bilanz-Kostenrechnung (Zeitschrift), Herne/Berlin 1992, Fach 24, S. 87-304

DÄUMLER, Klaus-Dieter/GRABE, Jürgen: Kostenrechnung 1 – Grundlagen, 7. Auflage, Herne/Berlin 1996

DÄUMLER, Klaus-Dieter/GRABE, Jürgen: Kostenrechnung 2 – Deckungsbeitragsrechnung, 6. Auflage, Herne/Berlin 1997

DREES-BEHRENS, Christa/SCHMIDT, Andreas: Aufgaben und Fälle zur Kostenrechnung, 2. Auflage, München/Wien 2005

DROSSE, Volker: Kostenrechnung – Intensivtraining, Wiesbaden 1998

EBERT, Günter: Kosten- und Leistungsrechnung, 2. Auflage, Wiesbaden 1982

EISELE, Wolfgang: Technik des betrieblichen Rechnungswesens, 5. Auflage, München 1993

FEILMEIER, Siegfried: Kostenrechnung, 3. Auflage, München 1977

FISCHER, Gerd: Optische Betriebswirtschaftslehre, Heft 8: Rechnungswesen 2, Herne/Berlin 1984

FISCHER, Joachim: Kosten- und Leistungsrechnung – Band II: Plankostenrechnung –, 8. Auflage, München/Wien 1998

FLORENTZ, X./FEILMEIER, Siegfried: Kostenrechnung und Kostenrechnungssysteme, 2. Auflage, München 1975

FREIDANK, Carl-Christian: Kostenrechnung, München 1986

GIESEN, Herbert/HECK, Alois/REISEL, Rainer: Plankostenrechnung – Verfahren und praktische Anwendung, Bamberg 1985

GLUTH, Hellmuth: Unternehmenssteuerung durch Programm-Optimierung, in: Buchführung-Bilanz-Kostenrechnung (Zeitschrift), Herne/Berlin 1985, Fach 22, S. 1125-1132

GRAFF, Helmut/KARGL, Herbert/VON UNGER, Eckart-Alfred: Einführung in die Methodik der Plankostenrechnung – eine programmierte Unterweisung –, Wiesbaden 1971

GRAßHOFF, Jürgen: Betriebliches Rechnungswesen und Controlling – Arbeitsmaterialien für Grund-, Hauptstudium und Spezialisierung in einer betriebswirtschaftlichen Kerndisziplin –, Band I: Betriebliches Rechnungswesen, 3. Auflage, Hamburg 1998

GRAßHOFF, Jürgen: Betriebliches Rechnungswesen und Controlling – Arbeitsmaterialien für Grund-, Hauptstudium und Spezialisierung in einer betriebswirtschaftlichen Kerndisziplin –, Band II: Rechnungswesen und Controlling, 2. Auflage, Hamburg 1998

GROSSER, Irmgard/HACKENBERG, Hanfried/HAIDER, Karin/SACK, Alexander/ SCHLEY, Günter: Kosten- und Leistungsrechnung – Schritt für Schritt, 2. Auflage, Haan (Gruiten) 1989

HABERSTOCK, Lothar: Kostenrechnung II – (Grenz-)Plankostenrechnung, 7. Auflage, Hamburg 1986

HABERSTOCK, Lothar: Kostenrechnung I – Einführung -, 8. Auflage, Hamburg 1990

HAGEN, Klaus/WEBER, Peter W. (Hrsg.): Der Controlling-Berater (Loseblattsammlung), Freiburg 1994

HARDT, Rosemarie: Kostenmanagement, München/Wien 1998

HARRMANN, Alfred: Formen der Teilkostenrechnung, in: Buchführung-Bilanz-Kostenrechnung (Zeitschrift), Herne/Berlin 1992, Fach 21, S. 1337-1350

HAUPTVERBAND DER DEUTSCHEN HOLZ UND KUNSTSTOFFE VERARBEITENDEN INDUSTRIE UND VERWANDTER INDUSTRIEZWEIGE e.V. (Hrsg.): Deckungsbeitragsrechnung in der deutschen Holz-, Möbel- und Kunststoffindustrie, Bad Honnef 1998

HEINE, Peter: Direct-Costing – eine anglo-amerikanische Teilkostenrechnung, in: Zeitschrift für handelswissenschaftliche Forschung 1959, S. 515-534

HIEKE, Hans: Teilkosten- und Deckungsbeitragsrechnung, Herne/Berlin 1998

HILLMER, Hans-Jürgen: Strategisches Kostenmanagement – Neue Konzepte für die Kostenrechnung im Überblick, in: Buchführung-Bilanz-Kostenrechnung (Zeitschrift), Herne/Berlin 1993, Fach 21, S. 1529-1540

HORSCH, Jürgen: Anwendung von Controlling-Systemen in der Praxis, in: Buchführung-Bilanz-Kostenrechnung (Loseblattsammlung), BBK Daten und Fakten, Herne/Berlin 2006, S. 1205 f.

HORVÁTH, Péter: Controlling, 7. Auflage, München 1998

HUPE, Andreas: Die ISO-Deckungsbeitragslinie: So vereinfachen Sie Ihre Preis- und Absatzplanung, in: Controlling-Instrumente (Loseblattsammlung), Planegg 1998, Gruppe 5 „Controlling-Instrumente", S. 193-206

JANDT, Jürgen: Trainingsfälle Kostenrechnung, Herne/Berlin 2003

KERTH, Albin: Das Fixkostenproblem in der Kostenrechnung, in: Buchführung-Bilanz-Kostenrechnung (Zeitschrift), Herne/Berlin 1989, Fach 22, S. 1231-1239

KILGER, Wolfgang: Optimale Produktions- und Absatzplanung, Opladen 1973

KILGER, Wolfgang: Flexible Plankostenrechnung und Deckungsbeitragsrechnung, 9. Auflage, Wiesbaden 1988

KLEINEIDAM, Engelbert/OBENHAUS, Horst: Kostenrechnung, Bielefeld/Köln 1976

KLOOCK, Josef/SIEBEN, Günter/SCHILDBACH, Thomas: Kosten- und Leistungsrechnung, 3. Auflage, Düsseldorf 1984

KOCH, Joachim: Kosten- und Leistungsrechnung, 5. Auflage, München 1992

KOEDER, K.W.: Grundvarianten der Teilkostenrechnung, in: Buchführung-Bilanz-Kostenrechnung (Zeitschrift), Herne/Berlin 1988, Fach 22, S. 1165-1174

KOSIOL, Erich: Kostenrechnung der Unternehmung, 2. Auflage, Wiesbaden 1979

KRAMER, Christian: Wie schnell können Sie Ihre Fixkosten abbauen?, in: Controlling-Instrumente (Loseblattsammlung), Planegg 1998, Gruppe 5 „Controlling-Instrumente", S. 159-178

KUBE, Volker: Die Grenzplankostenrechnung – Von der theoretischen Grundlegung zur praktischen EDV-Lösung, Wiesbaden 1974

KÜMPEL, Thomas: Systeme der Teilkostenrechnung, in: Das Wirtschaftsstudium (Zeitschrift) 2002, S. 911-915

KÜMPEL, Thomas: Die Teilkostenrechnung als Entscheidungsinstrument, in: Das Wirtschaftsstudium (Zeitschrift) 2002, S. 1210-1215

LETTOW, H.-G./WITTE, Dietmar: Industriebuchführung mit Kosten- und Leistungsrechnung nach dem IKR, 10. Auflage, Rinteln 1989

LUGER, Adolf E./GEISBÜSCH, Hans-Georg/NEUMANN, Jürgen M.: Allgemeine Betriebswirtschaftslehre, Band 2: Funktionsbereiche des betrieblichen Ablaufs, 3. Auflage, München/Wien 1991

MÄNNEL, Wolfgang: Kostenrechnung - Kurseinheit 3: Moderne Verfahren und Systeme der Kosten- und Leistungsrechnung, Fern-Universität-Gesamthochschule Hagen, Hagen 1982

MÄNNEL, Wolfgang: Kostenrechnung als Führungsinstrument, Lauf a.d. Pegnitz 1992

MÄNNEL, Wolfgang: Anpassung der Kostenrechnung an moderne Unternehmensstrukturen, in: Männel, Wolfgang (Hrsg.): Handbuch der Kostenrechnung, Wiesbaden 1992, S. 105-137

MÄNNEL, Wolfgang: Kostenrechnung 2 – Moderne Verfahren und Systeme, 3. Auflage, Wiesbaden 1993

MÄNNEL, Wolfgang: Deckungsbeitragsrechnung in der Holz- und Möbelindustrie, Arbeitsunterlage, o.O. 1995

MÄNNEL, Wolfgang: Grundlagen der Kostenrechnung, 8. Auflage, Lauf a. d. Pegnitz 1997

MELLEROWICZ, Konrad: Kosten und Kostenrechnung, Band 1, 3. Auflage, Berlin 1958

MELLEROWICZ, Konrad: Neuzeitliche Kalkulationsverfahren, Freiburg i. Br. 1966

MENSCH, Gerhard: Break-Even-Analyse als Controlling-Instrument im Mehrproduktunternehmen, in: Betrieb und Wirtschaft (Zeitschrift) 1999, S. 242-248

MICHEL, Rudolf/TORSPECKEN, Hans-Dieter: Kostenrechnung II – Neuere Formen der Kostenrechnung, 2. Auflage, München/Wien 1986

MOEWS, Dieter: Kosten- und Leistungsrechnung, München/Wien 1986

MOTTL, Rüdiger: Betriebliches Rechnungswesen – Ausgewählte Controllinginstrumente des internen Rechnungswesens und Sonderrechnungen des Rechnungswesens, Lehrbrief 6 Fachhochschul-Fernstudium im Verbund der Länder, Berlin 1996

MOTTL, Rüdiger: Betriebliches Rechnungswesen II – Quantitative Controllinginstrumente und Grundlagen der Investitionsrechnung, Fachhochschul-Fernstudium im Verbund der Länder, Berlin 2000

OLFERT, Klaus: Kostenrechnung, 8. Auflage, Ludwigshafen (Rhein) 1991

PFITZNER, Klaus: Kostenorientierte Preisuntergrenzen, in: Buchführung-Bilanz-Kostenrechnung (Zeitschrift), Herne/Berlin 1988, Fach 22, S. 1175-1190

PLINKE, Wulff: Industrielle Kostenrechnung für Ingenieure, Berlin u.a. 1989

REICHMANN, Thomas: Controlling mit Kennzahlen und Managementberichten – Grundlagen einer systemgestützten Controlling-Konzeption, 3. Auflage, München 1993

REINHEIMER, Hans: Kostenrechnung in Frage und Antwort, 3. Auflage, Ludwigshafen (Rhein) 1979

RIEBEL, Paul: Das Rechnen mit Einzelkosten und Deckungsbeiträgen, in: Zeitschrift für handelswissenschaftliche Forschung 1959, S. 237 ff.

RIEBEL, Paul: Einzelkosten- und Deckungsbeitragsrechnung – Grundfragen einer markt- und entscheidungsorientierten Unternehmensrechnung, 6. Auflage, Wiesbaden 1990

ROGALSKI, Marlies: Prozeßkostenrechnung im Rahmen der Einzelkosten- und Deckungsbeitragsrechnung, in: Kostenrechnungspraxis (Zeitschrift) 1996, S. 91-97

ROLLWAGE, Nikolaus: Kosten- und Leistungsrechnung, 5. Auflage, Köln 1994

SEICHT, G.: Die stufenweise Grenzkostenrechnung – Ein Beitrag zur Weiterentwicklung der Deckungsbeitragsrechnung, in: Kostenrechnungspraxis (Zeitschrift) 1965, S. 205 ff. und S. 257 ff.

SCHELD, Guido A.: Kostenrechnungssysteme und Kostenmanagement, Studienbrief 1: Einführung, Kostenmanagement und Deckungsbeitragsrechnung, Fern-Fachhochschule Hamburg, Hamburg 1999

SCHELD, Guido A.: Kosten- und Leistungsrechnung für KMU`s, in: controller magazin (Zeitschrift) 2001, S. 348-356

SCHELD, Guido A.: Rating von Kostenrechnungssystemen – Eine fragengesteuerte Checkliste zur Überprüfung der Kostenrechnung, Büren 2004

SCHELD, Guido A.: Rechnungswesen II – Kosten- und Leistungsrechnung, Studienbrief 3: Die Kosten- und Leistungsrechnung auf der Grundlage von Ist-Teilkosten, 3. Auflage, Hamburger Fern-Hochschule, Hamburg 2004

SCHELD, Guido A.: Das Interne Rechnungswesen im Industrieunternehmen, Band 1: Istkostenrechnung, 4. Auflage, Büren 2004

SCHELD, Guido A.: Controlling im Mittelstand, Band 2: Unternehmenscontrolling, 3. Auflage, Büren 2006

SCHELD, Guido A.: Das Interne Rechnungswesen im Industrieunternehmen, Band 3: Plankostenrechnung, 2. Auflage, Büren 2006

SCHELD, Guido A.: Das Interne Rechnungswesen im Industrieunternehmen, Band 4: Moderne Systeme der Kosten- und Leistungsrechnung, 2. Auflage, Büren 2006

SCHERRER, Gerhard: Kostenrechnung, Stuttgart 1983

SCHERRER, Gerhard: Kostenrechnung, in Bea, F.X./Dichtl, E./Schweitzer, M.: Allgemeine Betriebswirtschaftslehre, Band 2: Führung, 2. Auflage, Stuttgart/New York 1985, S. 294-358

SCHWARZ, Horst: Kostenrechnung als Instrument der Unternehmungsführung, 3. Auflage, Herne/Berlin 1986

SCHWEITZER, Marcell/KÜPPER, H.-U.: Systeme der Kostenrechnung, 4. Auflage, Landsberg am Lech 1986

SERFLING, Klaus: Kalkulation und Preisbildung, in: Buchführung-Bilanz-Kostenrechnung (Zeitschrift), Herne/Berlin 1989, Fach 22, S. 1253-1262

STEHLE, Heinz/SANWALD, Wilhelm: Grundriß der industriellen Kosten- und Leistungsrechnung, 21. Auflage, Rinteln 1980

STEHLE, Heinz/SANWALD, Wilhelm: Grundriß der industriellen Kosten- und Leistungsrechnung, Lösungsheft, Rinteln o.J.

STÜCK, Hans-Hermann: Grundzüge der Kostenrechnung, 3. Auflage, Freiburg im Breisgau 1975

TAUBE, Hellmuth: Kostenrechnung und Kalkulation, 6. Auflage, Stuttgart 1973

TORSPECKEN, Hans-Dieter: Technik des betrieblichen Rechnungswesens 2 – Kostenrechnung –, Wiesbaden o.J.

VOGT, Klaus-Dieter: Mathematik-Repetitorium – Für das Grundstudium Wirtschaftswissenschaft, Paderborn 1983

VORMBAUM, Herbert/RAUTENBERG, Hans Günter: Kostenrechnung III für Studium und Praxis – Plankostenrechnung, Baden-Baden/Bad Homburg vor der Höhe 1985

WAHLE, Otto: Kostenrechnung II für Studium und Praxis – Ist- und Normalkostenrechnung, Baden-Baden/Bad Homburg vor der Höhe 1981

WALLNER, Gerhard: Kostenspaltung – Voraussetzung für erfolgreiche Gewinnsteuerung, in: Controlling-Instrumente (Loseblattsammlung), Planegg 1998, Gruppe 3 „Datenbasis Buchführung“, S. 43-53

WALLNER, Gerhard: Die Gewinnschwellen-Analyse – Hier beginnen die schwarzen Zahlen, in: Controlling-Instrumente (Loseblattsammlung), Planegg 1998, Gruppe 5 „Controlling-Instrumente“, S. 45-52

WALLNER, Gerhard: Die Kalkulation im Fertigungsunternehmen, in: Controlling-Instrumente (Loseblattsammlung), Planegg 1998, Gruppe 6 „Branchenkonzepte“, S. 1-12

WALLNER, Gerhard: Die Fixkosten-Aufteilung im Fertigungsunternehmen, in: Controlling-Instrumente (Loseblattsammlung), Planegg 1998, Gruppe 6 „Branchenkonzepte“, S. 13-20

WEBER, Jürgen: Einführung in das Rechnungswesen II, Kostenrechnung, 2. Auflage, Stuttgart 1993

WEDELL, Harald: Grundlagen des Rechnungswesens, Band 2: Kosten- und Leistungsrechnung, 7. Auflage, Herne/Berlin 1999

WILKENS, Klaus: Kosten- und Leistungsrechnung, 7. Auflage, München/Wien 1990

WÖHE, Günter: Bilanzierung und Bilanzpolitik, 9. Auflage, München 1997

WÖHE, Günter/KAISER, Hans/DÖRING, Ulrich: Übungsbuch zur Einführung in die Allgemeine Betriebswirtschaftslehre, 7. Auflage, München 1993

WOLFSTETTER, Günter: Moderne Verfahren der Kostenrechnung, 2. Auflage, Herne/Berlin 1984

WOLFSTETTER, Günter: Verfahren der Kostenrechnung, Köln 1998

ZIEGENBEIN, Klaus: Controlling, 7. Auflage, Ludwigshafen (Rhein) 2002

ZIEGENBEIN; Klaus/STEFFENS, Udo: Allgemeine Betriebswirtschaftslehre, Übungsheft 1./2. Semester, Bank-Akademie, Frankfurt am Main 1991

Stichwortverzeichnis